43

4184 S A

LEÇONS
DE PHYSIQUE
EXPÉRIMENTALE.

Par M. l'Abbé NOLLET, de l'Académie Royale des Sciences, de la Société Royale de Londres, de l'Institut de Bologne, Maître de Physique de Monseigneur LE DAUPHIN, & Professeur Royal de Physique Expérimentale au College de Navarre.

TOME QUATRIEME.
Troisieme Edition.

A PARIS,

Chez HIPPOLYTE-LOUIS GUERIN, & LOUIS-FRANÇOIS DELATOUR, rue S. Jacques, à S. Thomas d'Aquin.

M. DCC. LVII.

Avec Approbation & Privilege du Roy.

AVIS AU RELIEUR.

Les planches doivent être placées de manière qu'en s'ouvrant, elles puiſſent ſortir entiérement du Livre, & ſe voir à droite dans l'ordre qui ſuit.

TOME QUATRIEME.

Extrait des Regiſtres de l'Académie Royale des Sciences.

Du 9. Août 1748.

M. DE REAUMUR & moi , qui avons été nommés , pour examiner *le quatriéme Volume des Leçons de Phyſique Expérimentale* de M. l'Abbé Nollet , en ayant fait notre rapport , l'Académie a jugé cet Ouvrage digne de l'impreſſion : en foi de quoi j'ai ſigné le préſent Certificat. A Paris, ce 9. Août 1748.

GRANDJEAN DE FOUCHY Sécrétaire perpétuel de l'Académie Royale des Sciences.

LEÇONS

LEÇONS
DE PHYSIQUE
EXPÉRIMENTALE.

XII. LEÇON.

De la nature & des Propriétés de l'Eau.

L feroit difficile de décider, si l'eau nous eſt moins né- ceſſaire ou moins utile que l'air. Car quoique nous reſ- pirions continuellement celui-ci, & que la conſervation de notre vie dé- pende de la ſalubrité de cet élément, on peut croire que s'il étoit réduit à ſes parties propres, & qu'il manquât d'une certaine humidité qui l'accom-

pagne toujours, nous souffririons beaucoup de cette sécheresse : l'air sans
eau conviendroit peut-être aussi peu
à notre respiration, que l'eau sans air
à celle des poissons. L'eau est un agent
universel que la nature employe dans
toutes ses productions , & qui entre
si souvent & de tant de manieres ,
dans les commodités de notre vie,
que son interdiction étoit chez les Romains un supplice , dont on punissoit
les mauvais citoyens. C'est la boisson
naturelle de tous les animaux ; si nous
nous en préparons d'autres, ou celle-
ci en fait la partie principale , ou elle
y entre pour les tempérer ; & quoiqu'on puisse vivre fort long-tems &
sainement, en usant avec modération
des liqueurs spiritueuses & fermentées,
l'expérience fait voir que les buveurs
d'eau jouissent communément d'une
santé plus égale , & qu'ils sont au
moins aussi robustes que les autres
hommes.

Je ne me propose point d'exposer
ici en détail tous les avantages que
l'eau nous procure, & les différentes
vûes que peut avoir eues la sagesse
divine en créant cet élément. Ces ob-

jets ont été remplis par des Auteurs *, dont les ouvrages font célebres, & qu'on peut aifément fe procurer ; mon deffein eft d'examiner en Phyfi- cien feulement, les principaux carac- téres de l'eau, les fources d'où elle nous vient, les différens états qu'elle peut prendre, & les effets les plus géné- raux dont elle eft capable.

On peut confidérer l'eau fous trois états, 1^{ment} comme *liqueur* ; 2^{ment} comme *vapeur* ; 3^{ment} comme *glace* : ce font trois manieres d'être, qui ne changent rien à fon effence, mais qui la rendent propre à différens effets, & qui me donnent lieu de partager cette Leçon en trois Sections.

XII.
LEÇON.

* *Nieuwen- tyt, exift. de Dieu, dé- montrée par les merv. de la nat. II. part. chap. 4. Théolog. de l'eau, par M. Fabricius.*
Traité des vertus médi- cin. de l'eau comm. par Monf. Smith. &c.

PREMIERE SECTION.

De l'Eau confidérée dans l'état de Liqueur.

A Parler exactement, l'état natu- rel de l'eau, celui qu'elle auroit, fi rien ne fe mêloit à fa matiére pro- pre, feroit d'être un corps folide, comme l'ont fort bien remarqué MM.

4 Leçons de Physique

Mariotte, de Mairan, & Boerhaave.
Oui, l'eau, comme la graiſſe, la cire, & toutes les autres matiéres
que nous ne voyons couler, que
quand on les chauffe à un certain
degré, ſeroit continuellement glace,
ſi la matiére du feu qui la pénétre, pour
l'ordinaire en ſuffiſante quantité dans
les climats tempérés, n'entretenoit
la mobilité reſpective de ſes parties,
pour la rendre fluide; & dans un pays
où il fait continuellement aſſez froid
pour faire durer ſa congélation, il faut
employer le ſecours de l'art, pour la
faire couler, comme nous l'em-
ployons ici pour fondre le plomb,
le ſouffre, les réſines, &c. Mais ſi l'é-
tat de ſolidité ſemble le plus naturel
à l'eau, ce n'eſt pas celui qu'elle a le
plus communément, au moins dans
la plûpart des climats habités; & par
cette raiſon, je commence par la conſidérer comme liqueur, avant que d'ex-
poſer les propriétés qu'elle a lorſqu'elle eſt glacée.

L'eau qui n'eſt point glacée, eſt
une liqueur inſipide, tranſparente,
ſans couleur, ſans odeur, qui s'attache aiſément à la ſurface de certains

corps, qui en pénétre un grand nombre, & qui éteint les matiéres enflammées. Si elle paroît quelquefois opaque, colorée, odorante, ou qu'elle ait un goût remarquable, c'est qu'alors elle est mêlée avec une matiére étrangére, qui lui donne une qualité qu'elle n'a point d'elle-même.

La fluidité de l'eau, comme celle des autres liquides, vient de la matiére du feu qui la pénétre, & qui met ses parties en état de rouler les unes sur les autres, & d'obéir au penchant de leur propre poids, ou à toute autre impulsion : mais indépendamment de cette cause générale, on peut dire que l'eau est plus fluide que bien d'autres matiéres, parce que ses molécules font d'une extrême petitesse, & d'une figure apparemment très-propre au mouvement : je n'ai garde de décider si ce font des petits fuseaux, des petits cylindres, ou des globules, parce que je ne connois aucune observation, ni aucune expérience, qui puisse garantir cette décision ; mais une analogie assez générale me conduit à croire que leur figure, telle qu'elle puisse être, contribue à leur mobilité ;

une mefure de menus grains, ou de fable bien fec, qu'on fait couler par une trémie, peut être regardée en quelque façon comme un fluide : en pareil cas le blé coule mieux que l'avoine, parce qu'il a une figure plus propre au mouvement ; le fablon a plus de fluidité que le blé ou le feigle ; parce que fes parties plus menues font auffi plus mobiles.

Boerhaave prétend * que la fluidité de l'eau n'eft point fufceptible de plus & de moins ; qu'elle eft également liquide, foit au moment qu'elle ceffe d'être glace, foit qu'elle commence à bouillir ; & il appuie fon fentiment fur une expérience de M. Newton *, qui trouva les ofcillations d'un pendule auffi libre dans l'eau la plus froide, qu'elles avoient paru l'être dans l'eau la plus chaude. Soit dit fans bleffer le refpect que je dois à ces grands hommes, je ne fçais fi cette preuve ne feroit pas un peu fujette à révifion. La maffe qui faifoit ces ofcillations, de quelque matiére qu'elle fût, a dû fe dilater & devenir plus grande dans l'eau chaude que dans la froide : or plus un corps eft grand,

* Elem.
Chem. part.
II. p. 295.

* Traité
d'Opt. queft.
28.

plus il éprouve de réfistance dans un
milieu ; ainsi l'eau chaude, à la vérité,
plus fluide, auroit dû rendre le mouvement plus libre, mais le mobile dilaté par la chaleur répondoit à un
plus grand volume du milieu réfistant ;
cette derniére caufe a pû compenfer
l'autre, & empêcher qu'on n'apperçût
plus de fluidité dans l'eau chaude,
quoiqu'elle y fût réellement.

Il est vrai que Boerhaave fe retran-
che à dire, qu'il n'entend parler que
d'une fluidité fenfiblement égale &
conftante, & qu'il peut y avoir un plus
ou un moins que nous n'appercevons
pas ; mais ce plus ou moins, dont il
convient, il l'attribue tout entier à la
défunion des molécules, par la matiére
du feu qui fe gliffe entr'elles, mais nul-
lement à la divifion des parties de
ces mêmes petites maffes ; car il les
regarde comme des élémens qui peuvent être féparés les uns des autres,
mais non pas entamés. Cependant
toutes les autres matiéres que nous
voyons paffer d'un état à l'autre, &
qui nous laiffent le tems d'obferver
leurs changemens, ne s'amolliffent
que par degrés, & prennent fucceffi-

vement différentes nuances de fluidité ; les molécules se divisent & se subdivisent à mesure que le feu pénétre la masse , & la liquidité augmente de plus en plus , jusqu'à ce que les parties extrêmement subtilisées , se dissipent par évaporation. Je ne dis pas que l'eau ne puisse être exceptée de cette régle générale ; mais je voudrois que cette exception fût connue par des faits , & appuyée sur de bonnes preuves.

Je ne vois rien dans la nature qui favorise cette opinion ; je trouve au contraire des phénoménes familiers , & en grand nombre , qui semblent la détruire. Pourquoi l'eau froide ne pénétre - t - elle pas les corps aussi facilement que celle qui est chaude ? pourquoi celle-ci enleve-t-elle plus promptement de leur surface les matiéres qui y sont adhérentes ? pourquoi la solution des sels dans l'eau est-elle plus abondante & plus complette, à mesure que le degré de chaleur est plus grand ? enfin pourquoi fait-on cuire les viandes & les fruits dans l'eau bouillante, & non pas dans l'eau froide ? On peut me répondre que

toutes ces matiéres dilatées par la
chaleur, en deviennent plus pénétra-
bles, plus faciles à entamer, & que
l'eau elle-même animée par la chaleur, en est plus active, & je conviens
de ces raisons ; mais n'est-il pas plus
que vraisemblable aussi, que la même
chaleur subdivise les molécules de
l'eau, & les rend plus propres à s'in-
sinuer dans les matiéres dissolubles ?

L'eau nous vient, ou de l'atmosphére par les pluies, les neiges, & autres
météores aqueux ; ou du sein de la terre, par les sources & les fontaines ;
ou enfin par des canaux & des réser-
voirs qui se trouvent à la surface de
notre globe, comme des riviéres, des
lacs & des mers.

Nous avons vû dans la leçon précédente comment l'eau s'éleve en vapeurs, & s'amasse dans l'air au-dessus
de nous, pour tomber ensuite sous
différentes formes. Moyse, en nous
traçant l'histoire de la Création, nous
apprend que dès le commencement
l'Auteur de ce vaste univers sépara de
la terre habitable ce grand amas d'eau
qu'on appelle la *Mer*, & qu'il en fixa
les limites. Nous voyons naître les ri-

XII.
LEÇON.

viéres & les fleuves d'une , & le plus souvent, de plusieurs sources qui réuniffent leurs eaux , pour couler dans un même lit. Mais d'où viennent ces sources perpétuelles , qui forment & qui groffiffent les eaux courantes , & que nous rencontrons dans prefque tous les endroits où nous creufons la terre ? quelle caufe fecrette les fait naître , & les entretient ? C'eft une queftion fur laquelle les Phyficiens ne font point d'accord, & qui fait depuis long-tems l'objet de leurs recherches.

La premiére obfervation qui fe préfente , quand on raifonne fur l'origine des fontaines, c'eft que leurs eaux vont toutes fe rendre à la mer , comme à un réfervoir commun : or depuis tant de fiécles que ces écoulemens fe raffemblent ainfi , l'Océan & les autres mers auroient fans doute regorgé de toutes parts, & inondé toute la terre , fi les riviéres qui vont s'y décharger , y portoient des eaux étrangéres qui ajoutaffent continuellement à leur immenfe volume : il faut donc que ce foit la mer même qui fourniffe aux fources cette abondance d'eau qui lui rentre ; & que par une efpéce de

circulation, celles-ci puiffent couler
perpétuellement, fans trop remplir
le vafte baffin qui les reçoit.

Ce raifonnement qu'on eft comme
forcé de faire dès qu'on entame cette
matiére, eft un point fixe où fe réuniffent toutes les opinions ; mais
comment l'eau va-t-elle de la mer aux
fontaines ? voilà ce qui les partage.

De quelque maniere que l'eau foit
amenée à la fource d'où nous la
voyons fortir, il faut qu'elle puiffe,
foit en partant, foit en chemin, fe
dépouiller de la falûre, de l'amertume & de la vifcofité qu'on fçait qu'elle a naturellement : car l'eau des fontaines eft douce ; & fi elle paroît
quelquefois chargée de matiéres
étrangéres, ce n'eft point ordinairement de celles qui fe trouvent dans
l'eau de la mer. Il ne fuffit donc pas
de faire un fyftême hydroftatique par
lequel on faffe voir, comment l'eau
de l'Océan peut être déterminée à
fe porter fort avant dans le continent,
pour y former une fource ; il faut encore que par le même fyftême on
puiffe apprendre comment cette eau
fe dépouille de fon fel, de fon bitume, &c.

XII.
Leçon.
* Princip.
de la Phil. 4.
part. §. 64.

Selon la pensée de Descartes *,
l'eau de la mer, par des canaux souterreins & suffisamment inclinés, se
rend sous les montagnes dans de grandes cavités que la nature y a prati-
quées ; elle y est échauffée par un
degré de chaleur qu'il suppose encore
au-dessous de ces grandes chaudiéres, & elle s'éleve en vapeurs dans
le corps même de la montagne comme dans le chapiteau d'un alembic ;
d'où retombant ensuite par son propre poids, lorsqu'elle vient à se condenser, elle se filtre à travers des terres jusqu'à ce qu'elle rencontre une
issue.

Si tout alloit ainsi, il faut convenir
que l'eau pourroit venir de la mer,
& sortir douce au milieu du continent : mais pour rendre raison de ces
deux effets, que de suppositions sans
preuves ! J'aime assez que l'art copie
la nature ; mais j'ai mauvaise opinion
d'un systême où la nature imite l'art ;
& pour dire ce que j'en pense, il semble que celui-ci ait été fait dans le
laboratoire d'un Distillateur. Quand
bien même on admettroit ces grands
alembics qu'on suppose gratuitement ;

que feroit-on du fel & des autres matiéres dont l'eau de la mer fe dépouille
en s'évaporant ? depuis le tems que
cette diftillation dure, comment ces
grandes chaudiéres ne feroient-elles
pas encore comblées ?

C'eft apparemment pour lever cette
difficulté qu'un Auteur moderne * a
imaginé que l'eau falée, après avoir
été évaporée pendant quelque tems
fous les montagnes, fe trouvant alors
plus chargée de fel & plus péfante
qu'auparavant, reflue par fon poids
vers la mer, & que fe renouvellant
ainfi elle n'eft fujette à aucun dépôt.
Mais quoique cette penfée foit ingénieufe, & que les gouffres *abforbans*
& *vomiffans* qu'on obferve en quelques endroits de la mer, lui donnent
une forte de probabilité; on peut dire
cependant qu'elle auroit peine à fe
concilier exactement avec les loix de
l'hydroftatique, reftreintes par les frottemens & autres obftacles, & qu'elle
charge encore de nouvelles fuppofitions le fyftême Cartéfien, qui peche
déja par trop peu de fimplicité.

Une autre hypothéfe, qui ne me
paroît pas meilleure que celle-ci, &

XII.
LEÇON.

* M. Kuhn:
médit. fur l'o-
rig. des font.
pag. 239.

qui a pourtant ſes défenſeurs, c'eſt de dire, que les eaux de la mer ſe diſtribuent à toutes les parties du globe, par une infinité de canaux ſouterreins, à peu près comme le ſang qui part du cœur, s'étend par les artéres juſqu'aux extrêmités du corps animé ; qu'en paſſant à travers du ſable & des terres, elles y dépoſent leur ſel, leur bitume, &c. & qu'étant devenues douces, elles ſortent par les paſſages qu'on leur ouvre, ou que la nature leur a préparés.

Mais par quelle puiſſance toutes ces veines d'eau s'élevent-elles au-deſſus du niveau de la mer, pour ſe mettre en état d'y retourner par leur péſanteur ? pourquoi ne les voit-on jamais ſortir de la terre avant que d'être parfaitement douces, ſi cette douceur ne s'acquiert que par un long trajet ? & depuis ſix mille ans que dure cette filtration, comment la mer n'a-t-elle point perdu une grande partie de ſon ſel ? & comment ce même ſel n'a-t-il point engorgé tous ces aqueducs ſouterreins ? La vérité eſt que cette prétendue filtration eſt une chimére ; l'expérience a fait voir qu'on

ne deffale point fuffifamment l'eau
de la mer, en la faifant paffer à travers des fables, & des terres de quelque efpéce qu'elles foient ; & d'habiles Obfervateurs * ont remarqué que
les eaux fouterreines, par-tout où on
les rencontre, ont un écoulement déterminé vers la mer, ce qui prouve
avec évidence qu'elles n'en viennent
point immédiatement. En vain cite-
roit-on les puits d'eau douce qu'on
trouve dans les petites ifles & au voifinage des côtes : ces puits tariffent
dans les tems de féchereffe ; c'eft donc
l'eau des pluies, & non pas celle de la
mer, qui les entretient.

Les pluies, les neiges, les brouillards, & généralement toutes les vapeurs qui s'élevent, tant de la mer
que des continens & des ifles, font,
felon toute vraifemblance, les principales caufes qui font naître, & qui
entretiennent les fontaines, les puits,
les riviéres, & en général toutes les
eaux courantes, & qui fe renouvel-
lent continuellement. En embraffant
cette opinion, qui eft la plus fuivie,
on n'eft point en peine de fçavoir
pourquoi les eaux qui nous viennent

XII.
LEÇON.

* *Vallifneri
dell' origine
delle font.*

du fein de la terre font douces, quoique pour la plus grande partie elles
viennent originairement de la mer ;
car on fçait par expérience que l'eau,
en s'élevant en vapeurs, comme celles qui forment les nuages, abandonne les fels dont elle eft chargée, &
toutes les matiéres péfantes qui ne
peuvent pas fe volatilifer comme elle :
on comprend auffi fort aifément pourquoi les fources qui font les plus prochaines de la mer font auffi douces
que celles qui en font les plus éloignées, parce qu'elles doivent toutes
leur origine aux eaux qui viennent de
l'atmofphére, & qu'il n'y en monte
aucune qui ne foit dépouillée de fon
fel : enfin l'on explique fans difficulté
pourquoi les fources fe trouvent plus
communément qu'ailleurs au pied des
montagnes, car ces grandes maffes
qui s'élevent beaucoup dans l'atmofphére, arrêtent les nuages, préfentent plus de furface aux pluies & aux
brouillards, & fe couvrent le plus
fouvent de neiges, qui fe fondent peu
à peu, & qui produifent des écoulemens perpétuels, dont la plûpart demeurent cachés, dans les rochers,

ou

ou dans la terre , & ne fe montrent qu'aux endroits les plus bas , ou fort avant dans les plaines.

Ce que l'on objecte de plus fpécieux contre ce fyftême , c'est qu'il y a peu d'apparence , dit-on , que ces immenfes volumes d'eau que les riviéres & les fleuves font paffer continuellement fous nos yeux , & qui fe fuccédent avec tant de rapidité , puiffent être le produit d'une mince vapeur , qu'on apperçoit à peine , & qui ne tombe en pluie , en neige , &c. que par intervalles. Mais d'habiles Phyficiens * ont fait évanouir cette difficulté en comparant la quantité d'eau de pluie qui tombe à Paris , & aux environs , pendant le cours d'une année moyenne , avec celle de la Seine qui paffe en pareil tems fous le Pont-royal : il réfulte de leurs expériences & de leurs calculs , dont je me difpenfe de rapporter ici le détail , parce qu'il eft très-bien expofé dans un ouvrage moderne * qui eft entre les mains de tout le monde ; il réfulte, dis-je , que dans chaque année , il tombe beaucoup plus d'eau qu'il n'en faut pour entretenir les riviéres ,

XII.
Leçon.

* M. Mariotte , traité du mouv. des eaux, 1. part. 2. difcours. M. Halley , &c.

* Spect. de la nat. tom. 3. pag. 99. & fuiv.

Tome IV.   B

& pour remplir les étangs ; de forte que ces fçavans Obfervateurs, en répondant à une difficulté, en font naître une autre : car les riviéres ne reportant point à la mer toute l'eau qui tombe fur la terre, on demande ce que devient le refte, & pourquoi la mer ne tarit point à la longue.

On peut répondre à cette nouvelle objection, qu'une partie de l'eau qui tombe fur la terre, & qui n'entre point dans le lit des riviéres, s'infinue par les crévaffes que la féchereffe occafionne, ou par mille autres pertuis que les infectes & les autres animaux ont creufés, & qu'elle forme ces couches d'eau fouterreines qu'on obferve en bien des endroits, & qui s'écoulent lentement vers la mer ; qu'une autre partie fert de boiffon aux animaux, & de nourriture aux plantes qui en abforbent beaucoup par leurs branches & par leurs feuilles, comme on le peut voir par les expériences de M. de la Hire * & par celles de M. Hales ** ; & qu'enfin une autre partie tourne en vapeurs, & s'éléve de nouveau dans l'atmofphére. Ainfi la pluie qui tombe fur la mer

* Mémoires de l'Acad. des Scienc. 1703. pag. 60.
** Statiq. des véget. Chap. 1.

comme ailleurs , les riviéres & les
écoulemens fouterreins ne rendent au
grand réfervoir que ce qu'il en fort à
peu près ; & ce qui n'y va point , rem-
place apparemment ce qui s'évapore
continuellement de la terre & des
eaux dormantes ; car les vapeurs qui
s'élévent dans l'atmofphére , & qui
font les nuages , ne viennent pas feulement de la mer , mais auffi des continens & des ifles.

De quelque maniére que nous
vienne l'eau , elle n'eft jamais parfaitement pure : fans parler de l'air &
du feu qu'elle contient toujours en
affez grande quantité, puifqu'elle n'eft
fluide que par le mélange de ce dernier
élément , & qu'elle fe dépouille vifiblement & abondamment de l'autre ,
lorfqu'on la met dans le vuide ; fans
parler , dis-je , de ces deux matiéres
qui fe trouvent par-tout , l'eau ne va
guéres fans quelques fubftances étrangéres qui fe mêlent à fes parties propres , & qui lui donnent fouvent des
qualités qui fe font remarquer par
leurs effets. On connoît aifément que
l'eau n'eft point pure , lorfqu'elle n'a
plus fa limpidité naturelle , ou bien

B ij

lorfqu'on lui trouve de l'odeur ou du goût ; mais il peut arriver auffi , (& c'eft un cas affez commun ,) que ce qu'elle contient d'étranger ne change rien à fes qualités fenfibles ; c'eft-à-dire , qu'elle n'en paroiffe ni moins claire , ni moins infipide , &c. & alors il faut emprunter le fecours de l'art , pour s'affurer fi elle eft auffi pure qu'elle paroît l'être.

PREMIERE EXPÉRIENCE.

PRÉPARATION.

Il faut avoir de l'eau de pluie diftillée dans plufieurs vaiffeaux ; mettre fondre dans l'un du fel marin , dans l'autre du vitriol de Mars , dans un autre de l'alun , & de tout en telle quantité , qu'en goûtant l'eau , on ne puiffe pas diftinguer de quelle matiére elle eft chargée ; on doit filtrer toutes ces eaux féparément à travers d'un ou de plufieurs papiers gris , & en mettre dans des vers à boire bien nets environ 2 cuillerées de chacune ; on peut auffi en avoir quelques-uns qui contiennent de l'eau de puits bien claire.

EFFETS.

Si l'on éprouve toutes ces eaux,
1°. en y mêlant quelques gouttes de
diffolution d'argent par l'efprit de nitre, il arrive prefque toujours qu'elles fe troublent & qu'elles prennent
quelque couleur.

2°. Si l'on y jette un peu d'infufion
de noix de Galles, celle qui contient
du vitriol de Mars devient d'un roux
obfcur, & tirant fur le violet.

3°. Si l'on y met un peu d'huile de
tartre par défaillance, celles qui contiennent des matiéres falines & terreftres, deviennent laiteufes.

EXPLICATIONS.

Les parties falines, métalliques ou
terreftres qui flottent dans l'eau, n'en
altérent point la limpidité, tant
qu'elles y font feules, parce qu'elles
font extrêmement divifées, & que
leur petiteffe égale peut-être celle
des molécules de l'eau même, qui les
tient en diffolution, puifqu'elles paffent comme elles à travers du filtre ;
mais quand on y jette une liqueur
chargée de quelque matiére, avec laquelle ces particules peuvent s'unir,

alors il naît de cette union des molécules plus grossiéres, dont la grandeur, la figure, ou l'arrangement ne
convient plus de même au passage de
la lumiére : voilà d'où vient l'opacité
ou la couleur qu'on remarque dans
les eaux préparées de notre expérience. Ces mêmes eaux doivent se trou-
bler encore, lorsque les parties de sel
qu'elles contiennent sont de nature à
s'unir mieux que l'argent avec l'esprit de nitre ; car dans ce dernier cas,
les parties métalliques abandonnées
à elles-mêmes, tombent par leur propre poids, & font ce qu'on nomme
précipité. C'est par cette raison que
dans les épreuves précédentes, on a
vû devenir laiteuses les eaux qui con-
tenoient du sel marin, ou de l'alun.
On ne peut attribuer ces changemens
qu'aux corps étrangers qui nagent
dans l'eau qu'on éprouve : car la même chose n'arrive point quand on se
sert d'eau distillée avec soin, dans laquelle on n'a rien mis dissoudre ; &
quand on prend des eaux plus chargées, ces mêmes effets en deviennent
d'autant plus sensibles.

APPLICATIONS.

Les mêmes épreuves que nous avons faites dans l'expérience précédente fur des eaux préparées à deffein, peuvent nous indiquer à peu près, les matiéres qui dominent dans certaines eaux, dont on a intérêt de connoître les qualités : on pourra donc légitimement foupçonner qu'il y a du fer ou du vitriol, dans celles que l'infufion de noix de Galles rendra rouffes, brunes, ou d'un violet obfcur ; & c'eft effectivement un des moyens que l'on employe pour reconnoître les eaux minerales ferrugineufes. L'eau d'un puits ou d'une fontaine qui deviendra laiteufe, ou bleuâtre, lorfqu'on y mêlera de l'huile de tartre ou de la diffolution d'argent, pourra paffer pour une eau chargée de quelque matiére faline ou terreftre, ce que le vulgaire appelle communément *eau crue*, & qu'il reconnoît par la difficulté qu'elle a à diffoudre le favon, & à cuire les légumes.

La plus pure de toutes les eaux eft celle de la pluie ; elle eft diftillée par la nature , & elle ne peut guéres avoir d'étranger que ce qu'elle reçoit en paſſant par l'atmoſphére : mais cela ſuffit apparemment pour y cauſer du mélange ; car on a beau la recueillir dans des vaiſſeaux bien nets , & ſans qu'elle paſſe ſur les toits ni par les gouttiéres , elle ne tient jamais contre toute épreuve , ſur - tout quand elle vient après une longue ſéchereſſe & par orage ; elle ſe ſent de la grande quantité d'exhalaiſons qui régnent alors , & qu'elle emporte en tombant : mais comme la plûpart de ces ſubſtances qui viennent de l'air ſont volatiles , elle s'en dépouille en peu de tems , ſi elle n'eſt pas renfermée ; & l'on peut dire que les citernes où elle s'amaſſe & ſe conſerve , ſont d'un très-bon uſage.

Les eaux dormantes qui ne ſont pas d'une grande étendue , ont ordinairement des impuretés , dont on s'apperçoit au goût , & quelquefois à l'odorat : elles ſont ſouvent ſur un fond de terre noire & bitumineuſe ; les reptiles & les inſectes qui y frayent & qui y périſſent, les plantes de leurs rivages qui s'y pourriſſent , les chargent

gent néceſſairement de parties graſſes
& de ſels volatiles, dont tous ces corps
contiennent une grande quantité :
toutes ces cauſes enſemble font prendre à ces eaux des qualités déſagréa-
bles ou nuiſibles ; c'eſt une attention
qu'on devroit avoir dans les campa-
gnes, ſur-tout pendant les tems de
ſéchereſſe où les eaux ſont baſſes, de
tenir les marres très-propres, de ne
ſouffrir aucunes plantes ſur leurs rivages, de crainte que dans le grand
nombre il ne s'en trouve de vénimeu-
ſe, & d'empêcher qu'on n'y trempe
le chanvre ou le lin pour le rouir ; car
le bétail peut s'empoiſonner par les
mauvaiſes eaux, ou gagner des mala-
dies qui auroient des ſuites fâcheuſes.

L'eau de riviére, par les mêmes
cauſes, ne ſeroit ni plus pure, ni plus
ſaine que celle d'une marre, ſi le mouvement qui la briſe ſans ceſſe ne pré-
venoit la corruption, & ſi ſon renouvellement perpétuel, ne diviſoit &
ne raréfioit, pour ainſi dire, les matiéres étrangéres qui s'y mêlent ; &
c'eſt par le défaut de ce dernier effet,
ſans doute, que l'eau des petites riviéres eſt communément moins bonne à

boire que celle des grandes , & que celle-ci même diminue de bonté, dans les tems de sécheresse où elle demeure long-tems basse.

On sçait assez de combien de matiéres différentes les eaux des fontaines & des puits se trouvent chargées : les unes contiennent du fer , du vitriol, & d'autres substances salines ou métalliques ; telles sont nos fontaines minérales de Passy , de Forges , de Vichy , de Bourbon , de S. Aman , de Plombiéres , &c. les autres sont grasses, ou sulfureuses, jusqu'à s'enflammer : telle est celle de Sibini en Allemagne , & celle qui est en Dauphiné auprès de Grenoble *. On en voit d'autres dans lesquelles les corps se pétrifient ou s'incrustent , parce qu'elles sont chargées d'un suc pierreux dont se remplissent leurs pores, ou qu'elles déposent à a surface des matiéres qu'on y plonge ; enfin l'on en trouve qui sont tellement chargées d'un sel semblable à celui de la mer , qu'on en tire assez pour fournir à la consommation de plusieurs Provinces, comme on le voit à Salins , à Salies , &c. Les sources qui ont ces

* Histoire de l'Académ. des Sciences 1699. pag. 23.

qualités, les doivent aux mines par
lefquelles elles paffent avant que de
fortir de la terre : la nature fe fert de
toutes ces eaux errantes & comme
extravafées, pour charrier & raffembler felon fes vûes les principes des
mixtes & de toutes les concrétions qui
fe forment fecrettement & peu à peu
dans le fein de la terre ; & par fois il
arrive qu'elles fe font jour , ou qu'on
leur ouvre des paffages , avant qu'elles ayent dépofé les matiéres dont elles font chargées.

L'eau de la mer eft la moins pure
de toutes les eaux communes ; fa fa-
lure , fon amertume , fa vifcofité ,
empêchent qu'on en faffe ufage pour
boire , ou pour préparer les alimens.
Pour les voyages de long cours , on
eft obligé d'embarquer de l'eau douce, qui fe corrompt à plufieurs repri-
fes , & qui n'eft bonne que par intervalles. Cette provifion prend beaucoup de place dans un vaiffeau où
l'on n'en a jamais de trop ; & lorfqu'elle vient à manquer , il faut fouvent fe
détourner pour en aller chercher d'autre, ou bien l'équipage eft expofé à une
difette plus cruelle à fouffrir que celle

des autres alimens. Quelle commodité ne seroit-ce pas pour la navigation, si l'on pouvoit à peu de frais, & sans trop d'embarras, rendre l'eau de la mer potable ! il y a long-tems aussi qu'on en cherche les moyens ; & à la rigueur on peut dire qu'on les a trouvés ; mais les préparatifs, & certains soins qu'exige cette opération, & peut-être plus encore que toute autre chose, la difficulté d'introduire une nouveauté, quelque avantageuse qu'elle paroisse, ont empêché jusqu'à présent que cette découverte ne passât en usage. On peut voir dans un ouvrage dont la traduction paroît ici depuis quelques années *, ce qui a été fait à cet égard par différentes personnes, sur-tout en France, par M. Gautier Médecin de Nantes ; & en Angleterre par M. Hales, membre de la Société Royale, & Auteur de plusieurs bons ouvrages de Physique. De tous ceux qui se sont appliqués à cette importante recherche, on peut dire que personne n'a mieux réussi que ces deux sçavans : le dernier sur-tout a porté ses vûes plus loin que l'autre ; & par des procédés

XII.
LEÇON.

* Exp. Phyf. fur la manière de rendre l'eau de la mer potable, &c. par M. Hales.

fort simples , dont l'expérience ga-
rantit le succès , il enseigne non-seulement la maniére de purifier l'eau de
la mer ; mais encore celle de conserver sans corruption l'eau douce que
l'on embarque. (*a*)

De tous les moyens connus que
l'on peut employer pour purifier l'eau
en général , il n'y en a point de plus
usité que la filtration , ni de plus efficace que la distillation. Quand il ne
s'agit que de la purger de certaines
saletés grossiéres qui la rendent trouble , il suffit de la filtrer , comme on
fait , à travers de certaines pierres
porreuses , ou du gravier que l'on a
soin de laver & de renouveller. C'est
imiter ce qui se fait naturellement dans
les *Caves goutiéres* , ces espéces de ca-
vernes qu'on fait dans les carriéres ,
& où l'on voit l'eau des pluies passer
goutte à goutte, par les lits de pierres

(*a*) Depuis quelques années plusieurs personnes se sont appliquées de nouveau à ces recherches, & sont parvenues à rendre l'eau de la mer
potable, en la distillant , après y avoir mêlé de
la pierre à cautere ,& de la cendre d'os calcinés ,
pour lui ôter son amertume ; & M. Hales, pour
hâter l'évaporation , a joint à cela de faire passer
du vent à travers la masse d'eau que l'on distille.

qui en forment la voûte. De cette maniére l'eau devient si limpide, que l'on dit par maniére de proverbe, *clair comme l'eau de roche.* Mais il ne faut pas croire que cette clarté annonce toujours une pureté parfaite ; elle n'en est qu'un signe fort équivoque, car la plûpart de ces eaux même qui se filtrent si lentement à travers des roches, portent avec elles un suc pierreux, qui s'amasse avec le tems, & qui forme dans l'intérieur des grotes une infinité de cryftaux pendans, de différentes figures, comme on voit aux caves de l'Obfervatoire de Paris, & beaucoup plus aux grottes d'Arcy en Bourgogne. L'eau, en se filtrant, ne se dépouille donc que des matiéres plus grossiéres qu'elle, & pour qui les pores du filtre ne font pas suffisamment ouverts : mais tout ce qui est affez subtile pour paffer avec l'eau, y demeure conftamment uni, ou ne céde qu'à une filtration souvent réitérée ou fort longue.

La diftillation agit plus efficacement ; mais on ne peut pas dire encore que ce soit un moyen sûr pour avoir l'eau abfolument fans mélange.

car si les substances étrangéres qu'elle contient sont aussi évaporables qu'elle-même, elles monteront comme elle au chapiteau de l'alembic ; & l'eau, après avoir été distillée, n'en sera pas plus pure qu'auparavant. Cette méthode ne peut donc avoir lieu que pour les eaux qui sont chargées de quelque matiére fixe, encore faut-il avoir la précaution de ménager le feu, & de ne lui donner que le degré nécessaire pour élever l'eau en vapeurs.

XII.
LEÇON.

L'eau la plus épurée que l'on distille jusqu'à siccité, c'est-à-dire jusqu'à ce qu'il n'y ait plus rien de liquide, laisse toujours un peu de matiére terrestre au fond de la cucurbite ; & quoiqu'on la distille plusieurs fois, & que les vaisseaux soient bien nets, on remarque toujours ce petit résidu. Ce fait observé par Boyle, par Hook, & par quelques autres Physiciens, leur a fait conclure que l'eau n'est point d'une nature inaltérable ; & M. Newton adoptant cette pensée, dit nettement * » que l'eau se change en » une terre solide par des distillations » réitérées. » Cependant M. Boerha-

* Traité
d'Optique.

C iiij

ve, qui dit avoir examiné la chofe avec une grande attention, n'eft point de ce fentiment; il croit au contraire que les parties de l'eau font des élémens inaltérables, & què l'action du feu le plus violent ne peut les entamer, ni par conféquent leur faire changer de forme. Quant au fait fur lequel s'appuyent M. Newton & ceux qui penfent comme lui à cet égard, il l'explique en difant, que la matiére terreftre qu'on trouve après chaque diftillation, vient de la maffe d'air renfermée dans l'alembic, & à travers de laquelle les vapeurs de l'eau s'élévent, ou bien de quelque négligence dans la manipulation.

On ne peut pas nier que l'air contenu dans les vaiffeaux d'un laboratoire, où la cendre voltige affez ordinairement, ne foit chargé de quelques faletés, qui peuvent fe mêler à l'eau pendant qu'on la diftille. Il eft vrai qu'on aura peine à croire que cela puiffe fournir une quantité fenfible de matiére terreftre: mais on n'en trouve que bien peu auffi; & j'aimerois mieux croire, après l'examen qu'en a fait M. Boerhave, que

c'eſt une matiére étrangere mêlée à
l'eau, que de penſer ſur une preuve
auſſi légére & auſſi douteuſe, que l'eau
ſoit réductible en terre.

Comme les matiéres dont l'eau ſe
trouve chargée, ſont communément
plus peſantes qu'elle, on a raiſon de
regarder la plus legére comme la meilleure. Il pourroit arriver cependant,
qu'avec une moindre peſanteur, elle
eût quelque mauvaiſe qualité : mais
ce n'eſt point le cas le plus ordinaire ;
& quand cela ſe trouve, les ſubſtances dont elle eſt infectée, ſont preſque toujours ſpiritueuſes ou volatiles,
& l'odorat en peut juger.

On ne peut avoir que des à-peu-
près touchant la peſanteur ſpécifique
de l'eau, parce qu'elle eſt plus ou
moins peſante, ſelon ſon degré de
pureté. Boyle prétend que toutes les
eaux douces, de quelque pays qu'elles ſoient, péſent à peu près également ; & qu'en les examinant ſelon
les loix de l'Hydroſtatique, on y
trouve à peine un milliéme de différence : mais il eſt preſque ſeul de
ſon avis ; & je ſçais par mes propres expériences, & par celles de

plusieurs Physiciens fort exacts, que sans sortir de la même province, & quelquefois même dans le même lieu, on trouve des eaux qui pésent considérablement plus les unes que les autres. Boyle lui-même fait mention * d'une certaine Riviére, dont l'eau pese un quart moins que l'eau commune d'Angleterre, ce qui me semble bien difficile à croire : les Peuples qui en habitent les bords devroient vivre long-tems, s'il est vrai, comme le dit Hérodote *, que les Ethiopiens vieillissent communément jusqu'à 120 ans & davantage, parce que les eaux qu'ils boivent sont extrêmement légéres ; mais n'en déplaise à Hérodote, qui connoissoit mieux l'histoire morale des hommes que celle de la Nature, je crois qu'il est permis de douter & du fait & de sa cause.

La pesanteur spécifique de l'eau la moins chargée de corps étrangers, telle qu'est pour l'ordinaire celle de la pluie ou de la neige fondue, est à celle de l'or à peu près comme 1 est à 19 $\frac{1}{2}$; à celle du mercure, comme 1 à 14 ; à celle de l'air, comme 1000

* De Usu Philos. Experim. part. 2.

* Lib. 3. c. 125.

à 1 ¼. Si l'on veut ſçavoir le rapport
de l'eau comparée, quant au poids, a-
vec un plus grand nombre de matiéres;
il faut conſulter la Table qui ſe trouve dans le ſecond Volume de cet Ouvrage *pag.* 393. *& ſuiv*. Mais je dois
avertir les perſonnes qui ſeroient cu-
rieuſes ou de répéter ces ſortes de
comparaiſons, ou d'en tenter de nouvelles, ſoit avec l'Aréométre, ſoit en
uſant de tout autre moyen, de faire
leurs épreuves avec toutes les précautions que j'ai marquées, quelques
pages avant la Table dont je viens de
parler.

De toutes les attentions qu'on
doit avoir dans ces ſortes d'experien-
ces hydroſtatiques, une des plus eſſen-
tielles, c'eſt de ne point comparer
deux eaux enſemble, qu'elles n'ayent
préciſément un égal degré de chaleur,
& que cette température commune
ne différe pas beaucoup de celle de
l'air, ou du milieu dans lequel on
opére; car l'eau, comme toutes les
liqueurs, & pour parler plus généralement, comme toutes les matiéres
du monde, ſe raréfie & devient plus
légére, à meſure qu'elle s'échauffe,

comme elle se condense & devient plus pesante en se refroidissant. Ce n'est donc qu'avec un Thermométre très-sensible, & scrupuleusement observé, qu'on peut entreprendre ces opérations, dont les résultats ne peuvent donner que des différences peu considérables, & dans lesquelles la plus petite erreur devient une grande faute.

L'eau qui cessant d'être glace, commence à être liqueur, & que l'on expose à l'action du feu dans un vaisseau où l'air extérieur a un libre accès, s'échauffe & se dilate peu à peu, jusqu'à ce qu'elle bouille ; après quoi elle cesse de se dilater & de s'échauffer, quoique l'on continue ou que l'on augmente même la violence du feu : mais comme elle bout plus ou moins facilement, selon que sa surface est plus ou moins libre de se soulever, il peut arriver qu'elle soit dilatée autant qu'elle peut l'être, avant qu'elle ait reçu toute la chaleur qu'elle pourroit prendre ; ou bien elle peut être gênée de façon qu'en se dilatant moins que de coutume, elle s'échauffe cependant beaucoup davantage.

Les Expériences suivantes serviront &
d'explications & de preuves à ces pro-
positions.

II. EXPERIENCE.

PREPARATION.

Il faut choisir un matras dont le
col ait environ 15 pouces de longueur, & 12 ou 14 lignes de diamétre intérieurement ; le placer dans
une cuvette remplie de neige ou de
glace pilée, & à côté de lui un vaiffeau de verre ou de métal fort mince
plein d'eau qu'on laiffe refroidir pendant quelques heures. *Voyez la Fig.* 1.
Prenez enfuite de cette eau refroidie
avec un chalumeau de verre renflé
au milieu, & que vous n'emplirez jamais que jufqu'au fil *A*. Faites en forte qu'une telle mefure vuidée 25
fois dans le matras le rempliffe à
peu près jufqu'à la naiffance du col ;
alors vous y plongerez un petit Thermométre de mercure, gradué avec
des fils fur fon propre tube, & que
vous arrêterez dans le col du matras,
par le moyen de deux petites rondel-
les de liége, taillées en rofettes afin

qu'elles ne bouchent point entiérement & qu'elles laiſſent un libre accès
à l'air extérieur.

Tout étant ainſi diſpoſé, marquez
avec un fil ſur le col du matras, l'endroit où ſe terminent les 25 premiéres meſures d'eau ; & continuez d'en
mettre encore 2 ou 3, dont chacune
ſera marquée par un fil. Puis vous les
ôterez en inclinant le vaiſſeau, ou
avec un chalumeau, de ſorte qu'il
n'en reſte que 25.

Il faut avoir un bain de ſable qu'on
puiſſe échauffer avec un réchaud plein
de charbons allumés, & dans lequel
on puiſſe placer le matras.

Enfin il faut encore que ce matras
placé dans ſon bain de ſable, puiſſe
répondre au récipient d'une machine
pneumatique, par le moyen d'un ſcyphon, comme on le peut voir par la
Fig. 2.

EFFETS.

1°. Lorſqu'on a tranſporté le matras, de la cuvette pleine de glace dans
le bain de ſable, & qu'on l'a chauffé
juſqu'à ce que l'eau commence à
bouillir ; alors le Thermométre mar-

que 212, s'il eſt gradué comme ceux
de Fahrenheit, ou de Preins; & le
vaiſſeau ſe trouve plein juſqu'au ſecond fil, comme il l'étoit quand il y
avoit 26 meſures d'eau froide.

XII.
Leçon.

2°. Quoique l'on continue de chauffer le bain de ſable, l'eau ne s'élève
pas davantage dans le matras; & la
liqueur du Thermométre, reſtant
toujours à la même élévation, marque évidemment que le degré de
chaleur eſt toujours le même.

3°. Si, lorſqu'on fait chauffer l'eau,
au lieu de laiſſer le matras ouvert &
communiquant avec l'air extérieur,
on adapte ſon orifice au ſcyphon,
comme on le voit par la *Fig.* 2. &
qu'en faiſant agir la pompe, on raréfie d'abord le plus qu'il eſt poſſible,
l'air qui eſt dans ces vaiſſeaux, & qui
s'étend juſqu'à la ſurface de l'eau contenue dans le matras; à peine le Thermométre eſt-il monté au 64me degré,
ce qui marque une chaleur bien médiocre, (*a*) que l'eau commence à
bouillir fortement.

(*a*) Ce degré de chaleur répond au ſeiziéme
du Thermométre de M. de Reaumur; c'eſt un
peu plus que la température moyenne de l'Atmoſphére dans le climat de Paris.

4°. Si l'air eft moins raréfié, l'eau bout plus tard, c'eft-à-dire, qu'il faut qu'elle ait acquis une plus grande chaleur que dans le cas précédent; & le retardement de l'ébullition augmente comme la denfité de l'air qui agit fur la furface de l'eau.

III. EXPERIENCE.

PREPARATION.

B C, *Fig.* 3. eft une boëte cylindrique de métal, qui a par-tout environ 8 lignes d'épaiffeur, & dont le couvercle également épais, s'applique par le moyen d'une groffe vis D, & d'une bride ou étrier très-folide, de fer forgé. Il faut mettre plufieurs anneaux de papier mouillé entre les parties qui fe joignent, afin que le vaiffeau demeure exactement fermé. E F eft une efpéce de réchaud, ou de fourneau de taule forte, dans lequel on met de la braife ou du charbon allumé, pour échauffer le vaiffeau B C, que l'on place dedans, fur un trépied qui le tient élevé de quelques pouces au-deffus du feu.

EFFETS.

EFFETS.

Si l'on emplit d'eau cette espéce de marmite , à peu près jusqu'aux trois quarts de sa capacité , & qu'on y renferme des os les plus épais & les plus durs , après lui avoir donné un degré de chaleur capable d'évaporer subitement une goutte d'eau qu'on jette dessus, on trouve les os blanchis, amolis , de maniere qu'on les écrase facilement sous les doigts , comme s'ils avoient été calcinés ; & si l'on employe des os de veau, avec un peu de corne de cerf, & un degré de feu beaucoup moindre, l'eau étant refroidie , a la même consistance & le même goût qu'une gelée de viande.

Si l'on y a mis des morceaux de Chêne, de Hêtre, d'Orme, &c. on les retire semblables à du bois mort , qui auroit été long-tems exposé à l'air & à la pluie ; & l'eau dont ils ont été pénétrés, annonce par sa couleur , par son odeur & par son goût , qu'elle en a extrait les huiles, les sels & les soufres qui servoient à lier les fibres.

EXPLICATIONS.

Quand on fait chauffer de l'eau

dans un vaſe ouvert , le feu qui s'inſinue entre les parties du liquide , qui
tend à les écarter & à les diviſer , fait
un effort continuel pour dilater la
maſſe & en augmenter le volume ;
les parois & le fond du vaſe d'une
part , & de l'autre le poids de l'atmoſphére qui preſſe la ſurface , ſont
autant d'obſtacles qui s'oppoſent à
cet effet ; mais comme l'air peſe autant autour du vaſe que deſſus , l'eau
s'y trouve doublement contenue ,
tandis qu'à ſa ſurface il n'y a que la
preſſion de l'atmoſphére à vaincre :
ainſi à meſure qu'elle ſe dilate , elle
s'éléve peu à peu , juſqu'à ce qu'enfin
les pores étant ſuffiſamment ouverts ,
la matiére du feu paſſe librement à
travers de la maſſe , & n'en ſouléve
plus que certaines parties les plus ex-
poſées à ſon choc , & qui retombent
auſſi-tôt , ce qui fait l'ébullition.

Mais ſi le poids ou le reſſort de
l'air ne preſſe plus , ou qu'il preſſe
moins la ſurface de l'eau ; le feu , avec
un moindre effort , peut la ſoulever:
paſſer librement , & la faire bouillir,
c'eſt donc pour cela qu'on a vû l'eau
du matras s'élever en gros bouillons,

quoiqu'elle fût à peine tiéde ; car
alors l'air qu'on avoit extrémement
raréfié, n'étoit plus en état de la contenir aussi long-tems contre l'action
du feu.

Par la raison du contraire, lorsque
l'eau est enfermée de toutes parts,
dans un vaisseau bien solide, comme celui de la troisiéme Expérience,
le feu qui ne peut la soulever , pour
se faire un passage libre, s'amasse en
plus grande quantité ; & le liquide
qui tend à se dilater & à s'étendre,
avec une force proportionnée à cette
résistance , pénétre tout ce qui est
enfermé avec lui ; & les os dilatés
eux-mêmes par un grand degré de
chaleur , en deviennent plus péné-
trables ; l'eau s'insinue donc dans
leurs pores , & en enléve tous les
sucs qui lient les parties , de sorte
qu'après cette extraction, les lames
osseuses & leurs parties se désunissent
au moindre effort.

Quand on fait ainsi chauffer l'eau
dans un vaisseau fermé exactement ,
il faut bien prendre garde de l'exposer à un feu trop violent ; car une dilatation forcée pourroit faire tout cre-

ver, au grand danger de ceux qui se trouveroient présens ; c'est pour cela que je me sers d'une boëte de fonte qui a par tout 8 lignes d'épaisseur, & que je ne lui donne qu'un degré de feu peu considerable.

Il faut remarquer aussi que l'amollissement des os, & les dissolutions qu'on peut faire par le moyen de cette machine, réussissent d'une maniére plus complette, & plus promptement, lorsqu'on fait agir le feu avec plus de vigueur : c'est-à-dire, que la même quantité de charbon allumé lentement, n'a pas autant d'effet que s'il étoit brûlé tout ensemble, & poussé avec plus de force ; apparemment, parce qu'un feu lent a le loisir de s'évaporer en partie à travers le métal, ce qui diminue d'autant son action dans l'intérieur du vaisseau.

APPLICATIONS.

Puisqu'il faut moins de feu pour faire bouillir l'eau, lorsqu'elle est moins pressée par le poids ou par le ressort de l'air ; dès qu'on a eu cette connoissance, on a dû présumer qu'au sommet d'une montagne la chaleur

de l'eau bouillante ne devoit pas être
aussi grande, qu'elle le feroit dans un
lieu moins élevé ; car la colonne d'air
qui répond à l'ouverture du vase,
étant plus courte, est aussi moins pesante. Cette présomption vérifiée par
MM. de Thury & le Monnier, nous
apprend que la chaleur de l'eau bouillante, qu'on regarde communément
comme un terme fixe, ne l'est pourtant qu'à certaines conditions ; c'est
pourquoi Fahrenheit, en construisant
ses thermométres, ne manquoit pas
d'avoir égard à la hauteur actuelle du
barométre, & ne marquoit le terme
de l'eau bouillante, au 212e degré,
que dans les lieux & dans les tems où
le poids de l'atmosphére soutenoit
28 pouces de mercure, mesure du
Rhein, ce qui revient à peu près à
27 pouces $\frac{1}{2}$ de France, hauteur
moyenne du barométre ; j'en use de
même à l'égard des thermométres de
mercure, à qui je donne une marche
fort étendue.

Il est probable que ce que nous venons d'observer ici à l'égard de l'eau,
est commun à toutes les liqueurs :
ainsi l'esprit-de-vin d'un thermomé-

tre doit bouillir d'autant plutôt , que
le tube de l'inftrument eft purgé d'air
plus parfaitement. Les premiers qui
ont été conftruits fur les principes de
M. de Reaumur , ne foutenoient pas
la chaleur de l'eau bouillante , par
cette raifon ; mais on peut leur donner cette propriété , en laiffant un
peu d'air dont le reffort s'oppofe à
l'ébullition, lorfque la liqueur monte
aux plus hauts degrés. Il faut alors
que les verres foient un peu plus é-
pais que de coutume , pour réfifter à
l'effort qui fe fait intérieurement.

Cette efpéce de marmite dans laquelle nous avons fait amollir les os ,
eft une invention que l'on doit à Papin , dont elle a toujours porté le
nom ; il fut le difciple de M. Hughens à Paris , & enfuite à Londres
celui de Boyle , fous la direction duquel il fit une grande partie des expériences phyfico-méchaniques, qu'on
trouve dans les ouvrages de ce dernier Auteur. En publiant cette machine , fon deffein étoit d'introduire
un moyen facile & de peu de dépenfe , pour extraire les fucs de toutes
les matiéres , tant animales que vé-

gétales ; & pour cuire fans évaporation toutes les matiéres qui fervent
d'alimens. On peut voir, dans un
volume *in*-12 * qu'il fit imprimer en
1688, la defcription de ce *digefteur*,
(c'eft le nom qu'il lui donne ;) les
corrections qu'il y fit en différens
tems, & un grand nombre d'expériences fort curieufes, d'où il réfulte,
qu'en peu de tems, & avec une petite quantité de charbon, on peut
faire de fort bonne gelée, avec les
os de bœufs & autres matiéres, dont
on ne fait point ufage ; qu'on peut
cuire les viandes, le poiffon & les
fruits dans leur jus, leur conferver
leur fuc & un meilleur goût ; extraire les teintures de différentes matiéres, amollir les bois durs & l'yvoire,
de maniére qu'on puiffe y imprimer
des médailles, &c.

   Tous ces avantages que perfonne
n'a jamais conteftés, & que les gens
de l'art lui accordent même encore
aujourd'hui, portent naturellement à
demander pourquoi l'on néglige l'u-
fage de cette machine. C'eft qu'il y a
quelques difficultés à vaincre : il faut
qu'avec une force fuffifante pour l'em-

XII.
LEÇON.

*La ma-
niére d'a-
mollir les
os, & de
&c.

pêcher de crever au feu, & avec la capacité d'une marmite ordinaire, elle devienne affez fimple pour être confiée aux foins d'un domeftique, & d'un prix qui s'accorde avec les vûe d'œconomie qui l'ont fait inventer.

Une des principales propriétés de l'eau, & dont on voit le plus communément les effets, c'eft de s'introduire dans prefque tous les corps, & d'en diffoudre un très-grand nombre: à l'exception des matiéres graffes, des réfines, & de quelques concrétions ou compofitions très-dures, comme font les criftaux, le verre, &c. elle pénétre toutes les autres ; il n'y a de différence que du plus au moins : l'énumération qu'on en pourroit faire occuperoit ici trop de place, & c'eft un détail qui appartient plus à la chymie qu'à la phyfique : je me bornerai donc à quelques exemples qui m'ont paru plus remarquables que les autres, ou qui font plus intéreffans par l'ufage qu'on en peut faire.

Les fels, & fur-tout ceux qu'on nomme *alkalis*, font de toutes les matiéres, celles qui fe diffolvent ou en plus

plus grande quantité ou plus vîte
dans l'eau, & dont la solution offre
les phénoménes les plus curieux : en
voici deux des principaux, & qui me
donneront occasion d'en rapporter
d'autres : 1^{ment}, un sel que l'on jette
dans l'eau s'y dissout en plus ou moins
grande quantité, selon la nature dont
il est, & le degré de chaleur de l'eau :
2^{ment}, il la refroidit communément.

IV. EXPERIENCE.

PRÉPARATION.

Que l'on pése séparément une de-
mie-livre de sel marin, & autant de
salpêtre raffiné, l'un & l'autre pulvérisé & bien séché ; qu'on en mette peu
à peu dans deux vases qui contiennent chacun une livre d'eau distillée,
& dont le degré de chaleur soit égal,
jusqu'à ce qu'enfin ces deux portions
d'eau soient rassassiées, l'une de sel
marin, l'autre de salpêtre, ce qui
s'apperçoit lorsque les grains demeurent au fond sans se dissoudre ; & que
l'on pése les restans des deux sels
pour sçavoir duquel on a employé le
plus.

Tome IV. E

EFFETS.

On trouve plus de falpêtre que de
fel marin ; & par conféquent on voit
que la même eau, à chaleur égale,
diffout plus du dernier que du premier.

V. EXPERIENCE.

PREPARATION.

Si l'on met dans l'eau bouillante
autant de fel commun qu'elle en peut
diffoudre, & qu'on la laiffe refroidir
enfuite :

EFFETS.

A mefure que l'eau perd fa chaleur,
on voit une partie du fel tomber au
fond ; & fi on la fait chauffer de nouveau, ce fel difparoît, & rentre dans
l'eau.

EXPLICATIONS.

Chaque grain de fel que nous
voyons, eft un affemblage de petits
criftaux que nos yeux, aidés du meilleur microfcope, ne pourroient point
appercevoir féparément les uns des

autres ; ces particules , lorſquelles
ſont réunies , & qu'elles font maſſe,
laiſſent entr'elles des petits intervalles dans leſquels l'eau s'inſinue , par
la même cauſe apparemment, qui la
fait entrer dans les tuyaux capillaires.
Mais comme cette cauſe , telle qu'elle ſoit , eſt plus puiſſante que la force avec laquelle les parties du ſel ſont
jointes enſemble, l'eau non-ſeulement ſe gliſſe entr'elles ; mais elle les
écarte & les ſépare les unes des autres : alors la maſſe qui étoit viſible
diſparoît , & ſes parties déſunies flottent dans le diſſolvant.

Ces particules ſalines , auſſi fines
peut-être que celles d'un fluide , en-
filent à leur tour les pores de l'eau ,
& ſe diſtribuent uniformement dans
toute la maſſe, dans laquelle , malgré
leur excès de péſanteur, elles demeurent ſuſpendues par le frottement, ou
par la même cauſe qui les a fait monter. Une preuve que le ſel diſſout ſe
loge dans les pores de l'eau , c'eſt que
les deux volumes ſe confondent ; c'eſt-
à-dire , qu'on peut faire fondre dans
l'eau une certaine quantité de ſel ,
ſans que le vaſe qui la contient en

foit plus plein : il faut donc que les parties de celui-ci n'occupent dans le fluide que des places qui étoient vuides, ou remplies d'une matiére qui n'étoit point de l'eau.

Les parties du fel s'uniffant à celles de l'eau, en augmentent la grandeur, & en changent la figure : ces deux caufes, dont une pourroit fuffire, rendent le diffolvant moins propre à entamer de nouvelles maffes ; & c'eft par cette raifon fans doute que l'eau ne peut diffoudre qu'une certaine quantité de fel.

Mais comme la chaleur augmente la fluidité de l'eau, fa porofité & celle du fel, la diffolution qui dépend beaucoup de ces conditions, devient plus prompte & plus complette avec l'eau bouillante qu'avec toute autre ; & lorfque le froid vient à refferrer les pores, les parties de fel qui n'y trouvent plus de place, fe raffemblent & tombent au fond du vaiffeau.

Comme la diffolution dépend encore d'une certaine proportion de grandeurs & de figures entre les parties du diffolvant, & les pores du

corps diffoluble , & que les fels dont
les parties différent fuivant l'efpéce ,
doivent par cette raifon avoir des
pores fort différens les uns des autres , l'eau ne doit point avoir prife
également fur tous. Voilà pourquoi
peut-être elle diffout, par exemple ,
plus de fel marin que de falpêtre.

On peut croire que toutes les parties de l'eau ne font point d'une grandeur égale , que fa porofité par conféquent n'eft point uniforme , & qu'il
y a dans fa maffe des interftices plus
ouverts les uns que les autres ; il eft
très-probable auffi que certains fels
ont des parties affez déliées pour
remplir jufqu'aux plus petits pores de
l'eau , tandis que d'autres , en fe diffolvant , ne peuvent fe loger que dans
les plus grands : dè-là il doit s'enfuivre
que l'eau chargée d'un fel, autant que
l'analogie ou la proportion des parties
le permet , foit encore en état d'en
diffoudre quelqu'autre ; auffi voit-on ,
par exemple , l'eau raffafiée de nitre
diffoudre encore un peu de fel marin.

E iij

VI. EXPERIENCE.

Préparation.

Dans une chopine ou une livre d'eau bien pure & bien fraîche, il faut mêler 4 ou 5 onces de sel armoniac pulvérisé.

Effets.

A mesure que le sel se dissout, l'eau se refroidit considérablement; ce qu'il est facile d'appercevoir, non-seulement au tact, mais encore mieux, par le moyen d'un thermométre que l'on tient dans le mélange, & dont on voit baisser la liqueur de 11 à 12 degrés.

Explications.

Le sel armoniac vient d'Egypte : on le tire de la suie des cheminées où l'on a brûlé des excrémens d'animaux mêlés avec de la paille. M. Geofroy qui nous en a appris l'origine, nous a aussi donné les moyens d'en faire artificiellement, & de nous passer à cet égard du commerce étran-

* Mem. de ger *. M. son frere, en éprouvant les

différens degrés de froid ou de chaud
que le mélange des fels peut faire
prendre à l'eau *, remarqua, comme
avoit fait Boyle avant lui, que de tous
ceux qui la refroidiffent, il n'y en a
point qui ayent autant d'effet que le
fel armoniac ; que ce refroidiffement
peut aller jufqu'à faire glacer, non pas
l'eau même qui eft chargée de fel,
mais toute eau pure qui touche le
vafe où eft le mélange.

XII.
LEÇON.
*l'Acad. des
Sc. 1720.
p. 189.
* Mém. des
l'Acad. des
Sc. 1700. p.
110.

Ce fçavant Chymifte attribue ces
fortes d'effets au repos des parties, en
fuppofant, felon l'opinion qui étoit la
plus commune alors, que la chaleur,
dans les corps, n'eft autre chofe que le
mouvement inteftin des petites maffes
qui les compofent. « Ayant établi, dit-
» il *, (avec tous les Phyficiens) que
» le froid n'eft que la diminution du
» mouvement, je dis que le refroi-
» diffement que les fels apportent à
» l'eau, me paroît venir de ce que les
» parties falines étant fans mouve-
» ment, & partageant celui de la li-
» queur, le diminuent d'autant, ce
» qui produit le refroidiffement plus
» ou moins grand de cette même li-
» queur. » Et pour expliquer en par-

* Ibid. p.
114.

E iiij

XII.
LEÇON.
* Ibid. p.
115.

ticulier pourquoi le sel armoniac refroidit l'eau plus qu'aucun autre, il
ajoute * : « Le sel armoniac est, (com-
» me l'on sçait,) un composé de sel
» marin & de sel d'urine ; l'un très-
» aisé, l'autre très-difficile à dissou-
» dre. Les parties du sel marin étant
» comme emprisonnées entre les par-
» ties du sel d'urine, il arrivera que
» beaucoup de parties d'eau pénétrant
» d'abord très-promptement les parti-
» cules salines de l'urine, y perdront
» aussi-tôt beaucoup de leur mouve-
» ment ; & ce mouvement s'affoibli-
» ra d'autant plus, que ces parties
» d'eau rencontreront ensuite des par-
» ties salines d'une autre nature, &
» dont la résistance est beaucoup plus
» considérable que celle des sels de
» l'urine ; ainsi dans les premiers ins-
» tans de la dissolution, le mouve-
» ment d'une grande quantité de par-
» ticules aqueuses se trouvant rallenti
» tout d'un coup très-considéra-
» blement par les sels de l'urine, &
» par le sel marin, excitera dans ces
» premiers momens un froid bien plus
» grand que le froid des autres disso-
» lutions des sels, que l'eau ne pé-
» nétre pas si promptement. »

Ces explications font intelligibles; elles n'employent que des caufes méchaniques dont on entrevoit au moins la poffibilité; mais elles fuppofent un principe que j'ai peine à admettre, & fur lequel j'ai déja dit ma penfée ailleurs *; rien ne m'engage à croire que les liquides comme tels ayent un mouvement de parties autre que celui qui fe trouve dans tous les corps indifféremment, par leur degré de chaleur aɗuel. Je ne vois donc pas bien pourquoi les parties de fel feroient fans mouvement, ni pourquoi elles diminueroient celui de l'eau en le partageant. Mais ne pourroit-on pas dire, que par la pénétration réciproque de l'eau dans le fel, & des parties falines dans les pores de l'eau, la matiére du feu eɗ expulfée pour quelque tems, ce qui doit rallentir cette efpéce de mouvement en quoi confiɗe la chaleur, & qui dépend d'elle pour naître & pour fubfiɗer? Ce qui femble autorifer cette conjeɗure, c'eɗ qu'il y a certaines fermentations froides qui exhalent des vapeurs chaudes, & qui femblent indiquer par cet effet, que le feu

XII. Leçon.

* Tom. II. p. 442.

chaffé avec violence des matiéres qui
fe pénétrent mutuellement , emporte
avec lui les parties les plus fubtiles de
ces mêmes matiéres.

APPLICATIONS.

Quelques Auteurs attentifs aux caufes finales , & occupés du défir de les
faire connoître , confidérant que la
mer eft falée par-tout , & qu'elle l'eft
davantage dans les pays chauds que
dans ceux qui font plus froids , prétendent que fans cette précaution, l'O-
céan n'eût été qu'un grand cloaque
d'eaux corrompues, inhabitable pour
tout être animé , & inacceffible aux
hommes. » La divine providence , di-
» fent-ils, qui veille à la confervation
» de toutes chofes , ayant donné au
» fel la propriété d'empêcher la cor-
» ruption , en a mis dans les eaux de
» la mer pour les conferver faines ; &
» proportionnant le reméde aux be-
» foins, elle a employé ce minéral en
» plus forte dofe , dans les climats où
» l'eau eft le plus en danger de fe cor-
» rompre, par la chaleur qui y ré-
» gne. »

Il eft certain que Dieu a tout fait

pour le mieux ; & par mille exemples frappans qui fe préfentent d'eux-
mêmes, & que nous ne fçaurions voir
avec affez d'admiration & de recon-
noiffance, nous fommes convaincus
que fa fageffe a établi les moyens les
plus fimples & les plus fûrs, pour conferver ce bel ordre qui régne dans fes
œuvres, & d'où dépend notre bien
être : mais par-tout où fes deffeins ne
fe montrent point d'eux-mêmes, je
crains toujours de me tromper en effayant de les deviner, & de prêter à
l'Auteur de la nature des intentions
qu'il n'a point eues, & que la nature
même démente lorfqu'elle fera mieux
obfervée. Si le fel a été mis dans la
mer par une main qui ne fe trompe
jamais, comme un préfervatif néceffaire pour empêcher la corruption ;
pourquoi l'eau de la mer fe corrompt-
elle comme d'autres quand on la garde dans des vaiffeaux fermés ? Pourquoi les grands lacs, & toutes les
eau douces, même des pays chauds,
ne deviennent-ils pas des cloaques
infectes ? Enfin s'il falloit abfolument
que l'eau de la mer fût incorruptible,
pour être en état de faire vivre des

êtres animés, pourquoi les eaux crou-
pies fourmillent - elles d'animaux?
Etoit-il plus difficile de créer des
poiſſons qui puſſent vivre, comme la
plûpart de nos reptiles, dans une eau
corrompue, que d'en faire naître qui
s'accommodaſſent d'une eau ſalée où
tous les autres périſſent. Je m'en tiens
donc au fait, & je vois que ſelon le
réſultat de la 5e expérience, la mer
doit être plus ſalée, (comme elle
l'eſt en effet,) dans les climats chauds
que dans le nord, puiſque l'eau tient
d'autant plus de ſel en fuſion, qu'elle
eſt plus chaude. Ce n'eſt pas qu'on
ne trouve quelquefois, ſur-tout près
des côtes, à l'embouchure des riviéres, & dans les courans, l'eau de la
mer plus douce dans un pays chaud,
qu'elle ne l'eſt communément dans
un climat plus froid : mais ce ſont des
cas particuliers qui ont auſſi leurs cauſes à part ; & il s'agit ici du général.

Il n'eſt pas douteux que le goût
ſalé qu'on trouve à l'eau de la mer,
ne vienne du ſel qu'elle contient ; on
l'en ſépare tous les jours par évaporation dans les marais ſalans qui
ſont ſur les côtes d'Aunis, de Breta-

gne, &c. pour être diftribué enfuite
dans les gabelles du Royaume ; & par
les expériences de M. le Comte de
Marfilli, de MM. Halley, Hales,
&c. quoique les réfultats ne foient pas
tout-à-fait les mêmes, il paroît qu'il
y a par livre d'eau environ 4 gros de
fel ; c'eft-à-dire, $\frac{1}{32}$ du poids. Mais
on voudroit fçavoir comment ce fel
fe trouve dans l'eau de la mer, &
comment il s'y entretient toujours à
peu près en même quantité ; ces deux
queftions n'ont encore fait naître que
des conjectures.

L'opinion la plus commune fuppofé qu'il y a dans le lit de la mer des
mines de fel comme on en trouve en
divers autres endroits de la terre ; que
l'eau qui les baigne continuellement
s'en charge peu à peu, & que le mouvement diftribue cette falûre uniformément dans toute la maffe des eaux.
Cette fuppofition n'a rien qui choque
au premier afpect ; elle eft appuyée
fur des exemples, & ce n'eft pas la
détruire que de dire : « Jamais la fon-
» de dont on fe fert pour connoître
» les différens fonds de la mer, n'a
» montré l'exiftence de ces préten-

» dues mines de fel ; » car la fonde
ne va point par-tout ; & quand elle
iroit, ces lits de fel peuvent être auffi
durs qu'une infinité d'autres corps
qu'elle n'entame point, & dont elle
n'apporte jamais d'échantillons. Mais
ce qui fouffre plus de difficulté, c'eft
de fçavoir pourquoi de ces mines que
la mer couvre & frotte continuellement, il ne s'en diffout que 4 gros
par livre d'eau, tandis qu'on fçait
d'ailleurs que cette eau même en peut
diffoudre beaucoup plus : Quelle eft
donc la caufe qui arrête les progrès
de cette diffolution.

Dira-t-on qu'elle continue toujours
pour remplacer le fel qu'on tire de la
mer ?

Un remplacement fi précis, que
la falûre foit toujours égale, à peu
de chofe près, paroît fufpect ; on ne
tire point du fel de la mer dans toutes
les faifons, & cependant la falûre eft
toujours la même.

Vaudroit-il donc mieux dire que
ces mines font épuifées dès les premiers tems de la création, & que la
mer ne diffout plus de nouveau fel,
parce qu'elle n'en trouve plus à dif-

foudre. Mais comment remplacer
alors celui qu'on en tire chaque année, pour rendre raifon d'une falûre
qui paroît être égale.

J'avoue que cette opinion a bien
fes difficultés auffi : mais cependant
s'il falloit prendre parti pour quelqu'une, ce feroit à celle-ci que je don-
nerois la préférence. Quant au remplacement du fel, je trouve un moyen
de le faire, en confidérant que celui
qu'on extrait de la mer, & qui s'employe foit dans nos alimens, foit à
d'autres ufages, ne s'anéantit point;
qu'il n'eft que difperfé; qu'étant fixe,
comme on fçait qu'il l'eft, il ne peut
que fe répandre à la furface de la terre, ou s'y enfoncer peu profondé-
ment. Les eaux douces doivent néceffairement s'en charger; & comme
elles vont toutes à la mer, ce fel qui
en étoit forti y rentre continuellement : en un mot, il faut admettre
cette circulation, ou fuppofer que
tout le fel qui fort de la mer refte en
terre, & augmente la maffe du continent. Mais quand on fait attention
à la prodigieufe quantité de fel qui fe
confume depuis tant de fiécles, &

à l'infipidité de la terre, cette derniére fuppofition perd toute vraifemblance.

Il eft vrai que les eaux qui retour-
nent à la mer, paroiffent infipides
auffi ; mais ce qu'elles contiennent de
fel, ne peut venir que de la confommation courante, ce qui eft bien peu
de chofe, en comparaifon de la quantité qui devroit fe trouver dans la
terre, fi tout y reftoit. Leur infipidité
même n'en eft point une abfolument ;
les perfonnes qui ont le goût délicat,
fçavent bien faire la différence des
eaux qu'ils boivent : les eaux courantes deviennent prefque toutes laiteufes ou troubles, quand on les éprouve
avec la diffolution d'argent ; & tout le
monde trouve l'eau diftillée fenfiblement plus fade que celle qui ne l'eft
pas ; ce font autant de raifons pour
croire que l'eau commune, que nous
appellons *douce*, ne l'eft que par comparaifon à l'eau de la mer, qui eft beaucoup plus falée qu'elle.

Pour ne rien diffimuler ici de ce
qu'on peut objeéter contre l'opinion
que je défends, je dois obferver que
tout le fel qui fe confume ne vient
point

point de la mer ; on en tire beaucoup
des mines d'Espagne , de Pologne,
&c. & des puits salés de Franche-
Comté, du Languedoc, &c. dont on
sçait que les sources ne viennent point
de la mer : si les eaux courantes rap-
portent le sel à la mer, ces sels fossiles qui lui sont étrangers devroient
augmenter sa salûre ; ainsi la raison
que j'ai donnée pour faire voir que
le sel de la mer ne doit pas diminuer,
semble en être une pour croire qu'il
doit augmenter ; ce qui est également
ment contredit par les observations.

  Cette difficulté est fort grande , &
je sens bien qu'elle pourroit devenir
encore plus spécieuse , si elle se pré-
sentoit avec un certain appareil de
calculs dont elle est susceptible ; mais
on doit faire attention que tout le sel
qui sort de la mer n'y rentre pas sans
déchet , parce que la nature en employe une quantité assez considérable à la nutrition des animaux , à la
végétation des plantes , & généralement à la formation & à l'accroisse-
ment de tout ce qui augmente en masse & en volume , & qu'il en reste aussi
dans la terre, pour y entretenir les mi-

nes de cette eſpéce, ou pour en former
de nouvelles : ainſi la mer reprend à
peu près la même quantité de ſel qu'on
en tire, parce que les eaux courantes y font rentrer une partie de celui
qu'on fait dans les marais ſalans, &
une partie de celui qui vient des mines : par ce moyen la ſalûre demeure
toujours égale, non à la rigueur, mais
avec des plus & des moins dont ce
ſyſtême ne peut guéres ſe paſſer, &
qui ſe trouvent heureuſement d'accord avec les expériences qui ont été
faites en différens tems.

Les ſels ſe mêlent aſſez facilement
avec les matiéres graſſes auſquelles
l'eau ne s'unit qu'avec beaucoup de
peine ; c'eſt pour cela que les leſſives enlévent ſi bien la craſſe du linge
& les parties huileuſes qui ont pénétré les étoffes ; car les molécules de
l'eau armées, pour ainſi dire, des parties ſalines & aiguës de la cendre, en-
tament & détachent la graiſſe, ſur laquelle elles ne feroient que gliſſer,
ſi elles étoient ſeules ; & comme le
bois flotté, ou qui a été trop long-
tems dans l'eau, ſe trouve dépouillé
d'une grande partie de ſon ſel, ſa

cendre ne vaut rien pour les leſſives ,
& l'on a raiſon de lui préférer celle
du bois neuf.

L'union de l'eau avec les matiéres
graſſes ſe fait encore bien plus facilement , lorſque le ſel qui ſert d'interméde ſe trouve déja uni avec quelque
huile ; c'eſt pourquoi l'on fait pour
blanchir le linge , une eſpéce de pâte
qu'on nomme *ſavon* , & qui eſt principalement compoſée d'huile, de ſuif,
& de quelque matiére ſaline , comme
la ſoude d'Alicant , la chaux vive,
où la cendre de chêne.

Il y a des eaux qui ſont naturellement ſavoneuſes par la nature du terrein où elles coulent , & qui, par cette
raiſon , ſont plus propres que d'autres
à certains uſages ; on croit communément , par exemple , que la petite
riviére des Gobelins , contribue beaucoup par la qualité de ſes eaux , à la
beauté des teintures qu'on admire
dans les ouvrages de cette célébre
manufacture : mais on exagére ſouvent ces ſortes de propriétés , en attribuant à la nature d'un pays un mérite qu'on voit avec jalouſie tourner
au profit de ceux qui y cultivent cer-

tains arts avec diftinction. (a)

Le défir de boire frais pendant les chaleurs, nous fait faire des provifions de glace qui fe conferve d'une année à l'autre dans des efpéces de caves fermées de toutes parts, & impénétrables aux rayons du foleil ; mais il y a des tems & des lieux où l'on n'a point cette commodité, foit parce qu'il n'y fait point affez froid pour convertir l'eau en glace, foit parce qu'on manque de glaciére pour la ferrer. La 6ᵉ expérience nous fournit un moyen d'y fuppléer : il n'y a guéres d'endroits où il n'y ait un puits ou quelque fouterrein qui ait 25 ou 30 pieds de profondeur. A une telle diftance de l'air extérieur, j'ai éprouvé plufieurs fois avec un thermométre, que la température, dans toutes les faifons de l'année, eft à peu près de 8 ou 10 degrés au-deffus du terme de la congélation ; fi l'on y defcend

(a) Par ce correctif je ne prétens point dire qu'il n'y ait dans certains terreins ou dans certaines eaux des propriétés qui les diftinguent ; il y a mille exemples qui le prouvent ; mais je combats feulement l'abus que l'on fait de cette connoiffance, en attribuant fouvent à la nature ce qui eft dû à l'art ou à l'induftrie.

du fel armoniac dans un vaiffeau bien
fermé, & de l'eau dans une bouteille;
que l'on retire l'un & l'autre une heure après, pour mêler enfemble une
partie de fel contre quatre d'eau ; ce
mélange deviendra plus froid que la
glace, & l'on y pourra faire également
rafraîchir fa boiffon. J'avoue que cette
maniére de fuppléer à la glace eft un
peu chére ; car le fel armoniac vaut
à peu près 35 fols la livre ; mais
on le retire avec très-peu de déchet,
en faifant évaporer l'eau par le feu,
ou autrement, & il eft également bon
pour le même ufage. Voyez, dans le
volume de l'Académie des Sciences
pour l'année 1756, un mémoire, que
j'ai donné, *fur la maniére de fuppléer
à l'ufage de la glace.*

On peut encore, (mais ceci n'eft
que de pure curiofité,) par la folution
du fel armoniac, parvenir à un refroidiffement capable de glacer de l'eau
pure. Voici comment il faut procé-
der à cet effet. Prenez de l'eau la plus
fraîche que vous pourrez avoir, du fel
armoniac pulvérifé qui foit rafraîchi
de même ; & placez-vous pour cette
opération dans un lieu où il régne le

moins de chaleur qu'il fera poſſible : faites un premier mélange ſelon la doſe marquée ci-deſſus, & en telle quantité que vous y puiſſiez faire refroidir dans deux vaiſſeaux ſéparés, environ 8 onces d'eau d'une part, & de l'autre 2 onces de ſel armoniac en poudre, dont vous ferez enſuite un ſecond mélange ; ſi vous y plongez pendant quelques minutes un petit tube de verre fort mince & rempli d'eau pure, vous le retirerez tout glacé ; cela vous réuſſira de même dans le premier mélange, ſi la ſaiſon vous permet d'avoir de l'eau qui n'ait que 5 à 6 degrés au deſſus du terme de la congélation.

S'il ſe trouvoit donc quelques couches ou quelques veines de terre, où il y eût une matiére de la nature du ſel armoniac, ou du nitre qui a la même propriété, l'eau qui y paſſeroit, & qui la mettroit en diſſolution, ne ſe géleroit pas, mais elle pourroit faire geler l'eau des environs, dans un tems même, où il ne géleroit point ailleurs. C'eſt ainſi qu'on avoit expliqué certaines merveilles qu'on débitoit touchant la grotte de Beſançon ; mais M.

de Coffini qui l'a examinée depuis
avec toute l'attention dont on fçait
qu'il eft capable, & avec le feul défir
de découvrir la vérité, n'y a rien vû
d'auffi extraordinaire qu'on l'avoit dit.
L'explication dont on avoit fait les
frais ne fera pas perdue pour cela ; on
dit qu'il fe fait fouvent dans les Indes
des congélations qui reffemblent
beaucoup à celles qu'on racontoit de
la grotte de Befançon ; peut-être que
dans la quantité il s'en trouvera quelqu'une de réelle : en tout cas c'eft un
phénoméne expliqué par avance ; car
s'il n'eft pas, il eft poffible qu'il foit.

SECONDE SECTION.

De l'Eau confidérée dans l'état de vapeur.

Lorfqu'un vafe contient de l'eau
plus chaude que l'air qui l'environne, le feu qui s'en exhale emporte
avec lui les parties de la furface qui fe
trouvent expofées à fon choc ; ces petites maffes ainfi détachées s'élévent
ou s'étendent, tant par l'impulfion

qu'elles ont reçues, que par la fuccion
de l'air qui fait l'office d'une éponge ;
& elles forment cette efpece de fumée
qu'on nomme *vapeur* , & qui eft
d'autant plus épaiffe qu'elle eft reçue
dans un air plus froid & plus capable
de la condenfer. C'eft ainfi que nous
voyons fumer l'hyver, l'eau fraîche-
ment tirée d'un puits ; l'été nous
n'appercevons pas le même effet ;
car lorfque la chaleur de l'atmofphére
eft plus grande que celle du puits, le
feu, bien loin de s'exhaler de l'eau,
y entre au contraire ; & quand il s'en
éleveroit quelque vapeur , la chaleur
qui régne dans l'air ne feroit que la
fubtilifer & la dérober à la vûe.

Ce qui prouve bien que le départ
des vapeurs eft caufé par l'impulfion
du feu qui s'exhale, c'eft qu'elles fuivent, en partant de la maffe , la même route que lui. Car on fçait qu'un
corps chaud qui fe refroidit dans l'air,
tranfmet fa chaleur de toutes parts ;
& s'il eft couvert d'un linge mouillé,
la vapeur qu'il fait naître, s'étend auffi
dans toutes fortes de directions.

La vapeur de l'eau n'eft point une
liqueur ; c'eft un fluide qui a quelques

ques propriétés particuliéres, & très-remarquables. Elle n'eſt pas ſenſiblement plus chaude que l'eau d'où elle ſort, lorſqu'elle paſſe librement dans l'air de l'atmoſphére ; mais quand elle eſt retenue dans un vaiſſeau fermé de toutes parts, elle reçoit, comme l'eau, des degrés de chaleur, dont on n'a point encore oſé eſſayer de trouver les bornes, à cauſe du danger auquel on s'expoſe en faiſant ces ſortes d'expériences. On ſçait déja cependant que l'eau, ou ſa vapeur, miſe à l'épreuve du feu dans la marmitte de Papin, devient aſſez chaude, pour fondre l'étain & le plomb, ce qui a fait dire à d'habiles Phyſiciens * que l'eau ſeroit peut-être capable de devenir auſſi ardente que le cuivre ou le fer fondu.

* *Boerhaave Elem. Chem. part. II. p. 327. Muſch. Eſſ. de Phyſ. p. 434.*

Mais ce qu'on admire le plus dans la vapeur de l'eau, c'eſt ſa prodigieuſe dilatabilité qui ſurpaſſe incomparablement celle de l'air,& celle de l'eau ; car nous avons fait voir précédemment que celle-ci ne ſe dilate que d'$\frac{1}{26}$ depuis le moment où elle ceſſe d'être glace, juſqu'à celui où elle commence à bouillir, & nous avons prouvé dans la dixiéme Leçon que, pour augmenter de deux tiers le volume de l'air, il falloit une chaleur capable d'amollir le verre; mais l'expérience qui suit, prouvera qu'avec une chaleur bien moindre, l'eau réduite en vapeur prend un volume 13000 ou 14000 fois plus grand.

VII. EXPERIENCE.

PREPARATION.

Il faut faire choix d'une boule creuse de verre fort mince, garnie d'un tube, à peu près comme les verres des thermométres ordinaires ; y faire entrer une goute d'eau, dont le volume par estimation, soit à celui de la boule, à peu prés dans le rapport de 1 à 14000, ce qu'on trouve aisément par la comparaison des diamétres. Il faut ensuite chauffer fortement cette boule, en la tournant doucement au-dessus d'un réchaud ardent, pour réduire la goute d'eau en vapeur, & tremper promptement le bout du tube dans un verre plein d'eau, que l'on aura purgée d'air. *Voyez les Fig.* 4. & 5.

EFFETS.

Quelques inftans après cette immerfion , l'eau monte précipitamment, & remplit prefqu'entiérement
la boule.

EXPLICATIONS.

La goute d'eau qui fe dilate par
l'action du feu , & qui s'étend en
vapeur , chaffe l'air qui eft renfermé
avec elle dans la boule ; mais lorfqu'elle vient à fe refroidir , & à reprendre fon premier volume, la place qu'elle n'y occupe plus , devient
un vuide , où le poids de l'atmofphére qui péfe fur la furface du vafe **G,**
Fig. 5. fait monter fubitement autant
d'eau , qu'il en eft forti d'air.

Le volume d'eau qui s'éléve ainfi ,
indique donc celui de l'air qui a été
chaffé , & celui-ci étant connu , montre le volume de la vapeur à qui il a fait
place ; fi l'eau qui monte occupe toute
la boule , c'eft une marque que cette
boule avoit été remplie par la goute
d'eau réduite en vapeur ; & fi la boule eft 14000 fois plus groffe que la
goute d'eau , il eft évident que la va-

G ij

peur a pris un volume qui égaloit 14000 fois celui de la goute.

Cette expérience seroit fort délicate, s'il s'agiſſoit d'avoir exactement le rapport des volumes ; mais pour faire connoître que la vapeur de l'eau eſt prodigieuſement dilatable, un à peu près tel que celui-ci eſt plus que ſuffiſant.

Je me ſers d'eau purgée d'air, pour plonger le tube & pour avoir un volume d'eau qui exprime celui de l'air qui eſt ſorti de la boule ; ſans cette précaution, dès que l'eau entre dans la boule vuide, elle ſe déſaiſit de ſon air, & ce fluide ſe tenant toujours au-deſſus d'elle à cauſe de ſa légéreté, remplit lui-même une partie de la place, & empêche qu'il n'entre dans la boule autant d'eau qu'il en eſt ſorti d'air, lorſque la vapeur s'eſt dilatée.

Applications.

En parlant de l'air dilaté par l'action du feu, & de l'uſage qu'on peut faire de ce principe, pour emplir des vaiſſeaux dont l'orifice trop étroit ne permettroit pas qu'on ſe ſervît d'en-

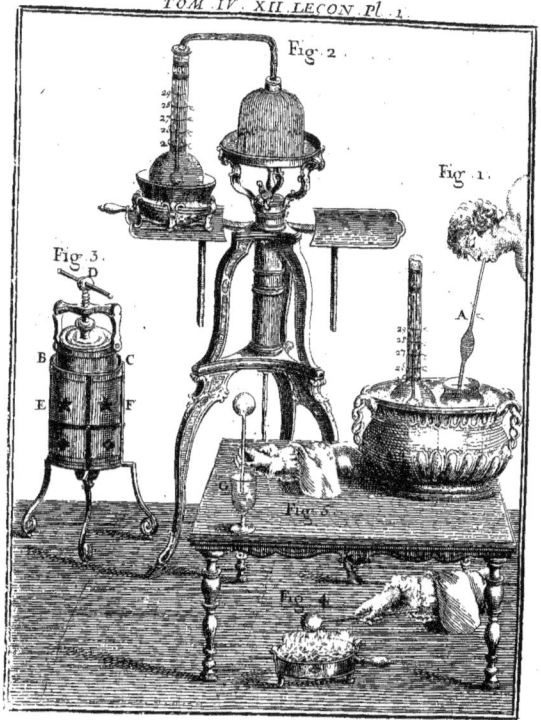

TOM. IV. XII. LECON. Pl. 1.

Fig. 2.

Fig. 1.

Fig. 3.

Fig. 5.

Fig. 4.

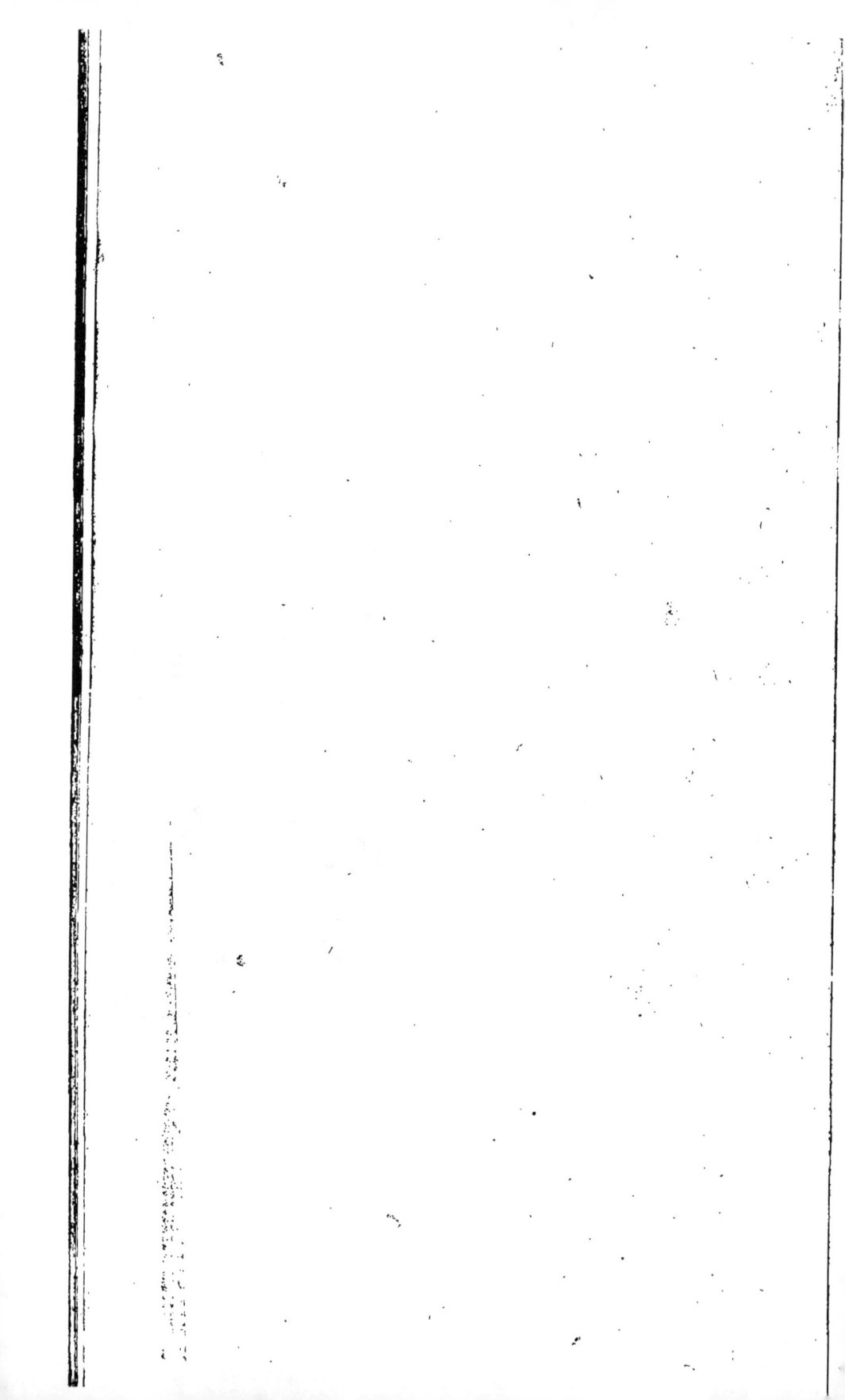

tonnoir ; j'ai dit qu'on ne pourroit par
ce moyen remplir qu'imparfaitement
les verres des thermométres , & que
dans tous les cas où il faudroit que
de pareils vaiffeaux fuffent entiérement pleins , on devoit avoir recours
à un autre expédient que j'ai promis
de faire connoître ; c'eft précifément
celui par lequel j'ai fait fortir tout l'air
de la boule de verre, dans l'expérience précédente ; car comme les vapeurs font plus dilatables que l'air, fi
l'on fait d'abord entrer quelques goutes de la liqueur dans le verre , &
qu'on les convertiffe en vapeurs ; fi
l'on plonge auffi-tôt le tube dans l'efprit de vin préparé , le verre du thermométre fera bien-tôt plein. Car ce
n'eft pas feulement la vapeur de l'eau
qui fe dilate ainfi , toutes les autres
matiéres folides ou liquides font capables des mêmes effets , quand on
les convertit en vapeurs ; ainfi les thermométres qu'on fait avec du mercure ,
& dont les tubes font capillaires, s'em-
pliffent de la même façon , & fi l'on
vouloit en faire d'huile , on pourroit
s'y prendre de même.

Quand la vapeur qu'on dilate n'a

G iij

pas de quoi s'étendre, elle fait effort contre tout ce qui lui résiste, & cet effort peut vaincre des obstacles assez considérables.

VIII. EXPERIENCE.

PREPARATION.

H, *Fig. 6.* est une petite poire creuse de métal, dans laquelle on met un peu d'eau, & dont l'orifice est fermé avec un petit bouchon de liége qui le remplit bien exactement, mais qui n'y est point poussé à force. Cette petite poire est montée sur un bâtis fort léger, au milieu duquel on a pratiqué une lampe d'esprit-de-vin, & le tout est mobile comme un petit charriot à trois roues ; on place cet instrument sur un plan bien droit & uni, & l'on met le feu à la lampe pour échauffer la poire.

EFFETS.

Quelques instans après qu'on a allumé la lampe, le bouchon de la poire saute avec éclat, la vapeur de l'eau sort impétueusement, & toute la machine recule en roulant.

EXPLICATION.

Le feu qui échauffe la petite poire, fait bouillir le peu d'eau qu'elle contient, & la réduit en vapeurs qui se dilatent, & qui font dans tout l'intérieur du vaisseau un effort semblable à celui d'un ressort qui tend à se débander ; lorsque cet effort augmente jusqu'à un certain point, il fait sauter le bouchon, la vapeur qui sort brusquement, pousse l'air avec plus de vîtesse qu'il ne peut céder, & se trouvant par-là appuyée comme sur un point fixe qui ne tient point à la machine, elle porte son effort contre le fond de la poire qui lui obéit en reculant, parce qu'elle est portée sur un bâtis qui est mobile. C'est ainsi que se fait le recul des armes à feu ; c'est aussi à peu près de même qu'une fusée s'élève, lorsqu'on a mis le feu à la partie inférieure, comme je l'ai expliqué *, en parlant du choc des corps à ressort.

Tom. I. p. 360. & suiv.

APPLICATIONS.

Lorsqu'on rafraîchit les canons après plusieurs coups tirés, il arrive quelquefois que l'écouvillon qu'on fait entrer

G iiij

la piéce, pour la mouiller, eſt promptement & vigoureuſement repouſſé :
c'eſt que le métal échauffé convertit
en vapeurs l'eau qu'on y porte, &
quand l'écouvillon remplit trop exactement le calibre, cette vapeur dilatée le chaſſe dehors, avec une force
ſupérieure à celle des Canoniers qui
font ce ſervice.

Quand un Cuiſinier jette dans la
friture, (ſur-tout ſi elle eſt trop chaude,) du poiſſon, ou quelques légumes humides, on entend pétiller pendant quelque tems, & l'huile bouillante ſaute quelquefois aux mains & au
viſage de ceux qui s'en tiennent trop
près. Ces effets viennent de ce que
les matiéres graſſes prennent beaucoup plus de chaleur que l'eau n'en
peut ſupporter ſans s'évaporer ; lorſque les parties de celle - ci entrent
dans la friture, elles ſont d'abord tranſ-
formées en vapeurs, qui ſe dilatent
ſubitement, & qui font jaillir de toutes parts l'huile qui les enveloppe :
& comme ces ſortes d'exploſions ſe
font entre le fond de la poile & l'air
qui péſe deſſus, l'une & l'autre en ſont
frappés, & retentiſſent avec éclat.

Mais ces accidens (qui pourroient
pourtant devenir facheux) ne font
rien, en comparaifon de ceux aufquels
s'expofe un fondeur qui coule fa matiére dans un moule qui n'eft pas bien
féché ; combien de fois n'a-t-on pas
vû manquer des entreprifes confidérables , & la fonte s'élever, ou fe répandre comme un torrent de feu , au
grand danger des fpectateurs. Le plus
fouvent ces triftes effets viennent d'u-
ne vapeur humide, dilatée par le métal embrafé, qui créve les formes pour
fe faire jour, & qui chaffe devant elle
tout ce qui s'oppofe à fon paffage.

Quelques Auteurs ont déja dit que
la force prodigieufe, que l'on eft toujours furpris de voir dans la poudre à
canon, ne vient point tant de l'air
qu'elle contient, ou qui fe trouve logé entre les grains, que de la grande
dilatabilité de fa propre matiére ; &
ce fentiment me paroît très-plaufible :
car en effet quand le feu embrafe une
charge de poudre, qu'y fait-il autre
chofe , quel changement y appor-
te-t-il, finon de convertir en vapeurs
du foufre & du falpêtre, qui font en
confiftance de folide ? mais ces va-

XII.
Leçon.

peurs ne font pas fitôt formées, que le même feu qui les a fait naître, continuant fon action, les dilate autant qu'elles font dilatables, ou autant que le peut permettre l'obftacle qui les retient, par la durée de fa réfiftance : c'eft donc en général au fluide embrafé qui fe dilate, que ces prodigieux efforts doivent être attribués; mais l'air n'en fait qu'une partie de ce fluide, & ce n'eft ni la plus grande ni la plus dilatable ; il eft donc vraifemblable que le plus grand effort ne vient pas de lui.

Ces petites ampoulles de verre qu'on fait créver en les jettant au feu, font beaucoup plus d'éclat, lorfqu'on joint quelques goutes d'eau à l'air qu'elles renferment ; car alors le verre ne pouvant point s'échauffer affez pour s'amollir, non feulement il donne le tems à l'air de fe dilater avec plus de force, comme on l'a dit, en parlant de l'action du feu fur ce fluide ; mais la goute d'eau fe mettant en vapeur plus dilatable que l'air même, fait une éruption plus violente. Les œufs de poiffon qu'on jette fur des charbons ardens, font des pe-

tards naturels à peu près de cette efpéce , & qui crévent par la même
raifon ; car c'eft toujours une matiére
renfermée fous une enveloppe dure
& difficile à rompre , qui fe dilate par
l'action du feu.

Il parut en 1695. un petit ouvrage de M. Papin , alors Profeffeur de
Mathématiques dans l'Univerfité de
Marbourg , touchant plufieurs nouvelles machines qu'il avoit inventées ,
& parmi lefquelles il propofoit la conftruction d'une nouvelle pompe , dont
les piftons feroient mis en mouvement
par la vapeur de l'eau bouillante , al-
ternativement dilatée & condenfée.
Cette maniére d'élever l'eau imagi-
née & publiée dès-lors , fut propofée
encore depuis , & même exécutée
par M. Dalefme qui fit voir en 1705.
à l'Académie des Sciences une machine par laquelle il faifoit jaillir l'eau
à une grande hauteur , fans employer
d'autre puiffance que le reffort de cette vapeur dilatée par le feu. * Enfin
les Anglois ufant de ce principe , &
peut-être de l'application qu'on en
avoit déja faite , (car M. Papin étoit
membre de la Société Royale, & fon

XII.
LEÇON.

* Hiftoire
de l'Académ.
des Sciences
1705. page
137.

ouvrage étoit public,) en firent une pompe qu'ils employérent avec fuccès dans les travaux publics, & que nous avons nous - mêmes imitée : c'eft par le moyen de cette admirable machine, qu'on defféche les mines de Condé en Flandres : M. Belidor, dans fon Architecture Hydrolique, fait une ample & élégante defcription de la maniére dont elle eft conftruite, de fes ufages, & de fes produits ; c'eft là qu'il la faut étudier pour en connoître toutes les parties & tous les avantages ; je me contenterai de faire voir ici feulement une application du principe, dans une machine toute fimple, & fans piftons.

A B, *Fig.* 7. eft une caiffe plus longue que large, garnie de plomb pardedans, & remplie d'eau à peu près jufqu'à moitié : *C D* font deux montans élevés fur la caiffe pour foutenir une auge *E* qui eft auffi doublée de plomb. *F G* eft un petit fourneau de métal dans lequel il y a une lampe d'efprit-de-vin, & qui porte une bouilloire *H I*, qu'on emplit d'eau environ à moitié, par un trou qui eft enhaut, & qu'on ferme enfuite avec un

bouchon à vis *K* , fous l'épaulement
duquel on enferme des anneaux de papier mouillé. *L M* , eſt un cylindre de verre creux, garni haut & bas d'un fond de métal qui s'applique avec des anneaux de cuir interpoſés, pour empêcher toute communication du dedans au dehors , par les bords du verre ; celui d'en-bas *M* porte un tuyau ouvert de part & d'autre , dont un bout eſt plongé dans l'eau de la cuvette , & l'autre qui eſt garni d'une foûpape , répond à la partie inférieure du cylindre de verre. Le fond d'en-haut *L* porte un robinet dont la clef percée ſelon ſon axe, & ſelon un de ſes rayons , fait communiquer le vaiſſeau cylindrique *L M* , que l'on emplit d'eau ſeulement pour la premiére fois , tantôt avec le canal *N* qui aboutit à la bouilloire , tantôt avec celui qui joint le tuyau montant *O P*.

La lampe étant donc allumée, dès que l'eau vient à bouillir , & que les vapeurs ſont dilatées dans la partie ſupérieure de la bouilloire ; ſi tournant la clef du robinet, on les laiſſe paſſer dans le vaiſſeau *L M*, elles s'y étendent, & en chaffent toute l'eau qui y eft, par le tuyau montant *O P* ; alors fi l'on tourne la clef du robinet, de maniére qu'il y ait communication entre la boête cylindrique & le canal *Q* qui aboutit au tuyau montant, il y tombe quelques goutes d'eau froide qui condenfent la vapeur, c'eft-à-dire, qui la réduifent à un fi petit volume, que le vaiffeau peut être réputé vuide ; auffi-tôt le poids de l'atmofphére qui agit par le trou *M* fur l'eau de la caiffe, y porte de l'eau, & le remplit, comme nous avons vû qu'il eft arrivé à la boule de verre de la feptiéme expérience ; cette eau eft chaffée comme la premiére, dès qu'on laiffe rentrer la vapeur ; & cette vapeur fait encore place à de nouvelle eau, dès qu'on la condenfe, en retournant la clef pour emprunter quelques goutes d'eau froide du tuyau montant. Par ces alternatives réitérées, on épuiferoit la caiffe, & l'on rempliroit l'auge d'en-haut ; mais pour faire durer le jeu de la machine plus long-tems, on a pratiqué un tuyau de décharge *R S*, qui raméne l'eau à fa premiére fource.

Il y auroit du danger pour ceux qui font occupés au fervice de ces fortes de pompes, s'ils fe laiſſoient furprendre par une dilatation trop violente des vapeurs ; c'eſt pourquoi l'on y pratique un petit foûpirail *H*, fur lequel on met une foûpape chargée d'un poids qui fait moins de réfiſtance que la bouilloire n'eſt capable d'en faire ; afin que ſi la vapeur devient trop forte, elle trouve une iſſue qui la ralentiſſe, avant qu'elle puiſſe faire crever le vaiſſeau.

On ne peut pas nier que la pompe à feu ne puiſſe être très-utile, & que ſon fervice ne ſoit fort ſûr, puiſqu'on en eſt convaincu par l'expérience même ; mais il en eſt d'elle comme de toutes les machines, qu'il faut toujours employer dans des circonſtances convenables ; car fouvent celle qui eſt bonne dans un cas, eſt mauvaiſe dans un autre. Les Anglois ont employé d'abord la pompe à feu dans leurs mines de charbon ; elle a réuſſi parfaitement, & on en continue l'uſage : ils l'ont établie à Londres pour diſtribuer l'eau de la Tamiſe, dans les différens quartiers de la Ville ; ils ont été obligés de l'abandonner : pourquoi cette différence ? C'eſt que cette machine dépenſe beaucoup en feu, & qu'elle enfume tous les environs; ces deux inconvéniens ſe ſouffrent aiſément dans les lieux découverts où la fumée ſe diſſipe, & dans des mines de charbon, où le feu ne coûte preſque rien à entretenir; mais dans le centre d'une Capitale, cela eſt tout différent.

Il y a toute apparence que Papin, qui paroît avoir imaginé le premier de faire ſervir la vapeur de l'eau comme un nouveau principe de mouvement, a été conduit à cette penſée, par l'uſage de ſon *digeſteur* dont j'ai fait mention ci-deſſus ; car toutes les fois qu'on lâche la vis qui arrête le couvercle, avant que le vaiſſeau ſoit ſuffiſamment refroidi, la vapeur le chaſſe très-bruſquement, & ſort elle-même avec impétuoſité. Mais l'effet de l'Eolipile, ſi connu long-tems auparavant, auroit dû apprendre plutôt de quelle force eſt capable une vapeur dilatée, & ce qu'on peut attendre de ſon effort, ſi les Phyſiciens ſe copiant les uns les autres ne ſe fuſſent

fent fait comme une habitude d'attribuer à la dilatation de l'air ce qui appartient véritablement à celle de la
vapeur de l'eau, où de la liqueur qu'on
fait bouillir dans cet inftrument.

On appelle *éolipile*, une poire creufe de métal, dont la queue *T*, eft un
canal fort étroit ; on y fait entrer en
la chauffant, comme on l'a dit en
plufieurs endroits ci-deffus, de l'eau
ou quelqu'autre liqueur qui rempliffe
la moitié, ou tout au plus les deux
tiers de fa capacité : on la place enfuite comme une caffetiére fur des
charbons ardens, & l'on pouffe le
feu jufqu'à ce qu'elle fouffle violemment, par le petit canal de fa queue.
Voyez la Fig. 8. Enfuite on renverfe
l'éolipile, en continuant de la chauffer avec le réchaud qu'on incline un
peu ; & auffi-tôt la liqueur en fort en
forme de jet qui monte quelquefois
à la hauteur de 25 pieds. Si cette liqueur eft de l'eau-de-vie, on peut
rendre le fpectacle plus agréable, en
préfentant quelques pouces au-deffus
de la naiffance du jet, un flambeau
allumé ; car alors la liqueur s'enflamme & forme un jet de feu, *Fig.* 9.

Tome *IV.*   H

Dans tout ceci, où eſt l'action de l'air? Eſt-ce dans ce premier ſouffle qui devient ſi violent lorſque la liqueur commence à bouillir, *Fig.* 8 ? Pour ſe convaincre que ce n'eſt qu'une vapeur, il n'y a qu'à préſenter un verre plein d'eau, de façon que l'orifice par où elle ſort ſoit un peu plongé, & l'on verra qu'il n'en vient que très-peu, ou point de bulles d'air. Eſt-ce dans la ſortie précipitée du jet, *Fig.* 9. comme ſi c'étoit l'effet de l'air qui ſe dilate dans la partie la plus élevée de l'inſtrument ? Mais cet air eſt-il plus chaud alors qu'il n'étoit l'inſtant avant, lorſque la poire étoit droite? N'a t-il pas pris toute ſa dilatation, avant qu'on renverſe l'inſtrument ? Et s'il pouvoit ſe dilater encore, pourroit-on lui attribuer la violente éruption de la liqueur, quand on ſçait que le degré de chaleur qu'il a alors, ne peut augmenter ſon volume que d'un tiers, à commencer même d'un état au-deſſous de celui qu'il a communément dans l'atmoſphére, comme je l'ai prouvé dans la 10ᵉ

Tome III. Leçon * ? N'eſt-il pas bien plus
p. 250. vraiſemblable, & comme démontré,

que la liqueur eſt chaſſée par ſa propre vapeur, qui occupe la partie la plus
élevée du vaiſſeau, parce qu'elle eſt
plus légére, & qui la preſſe de ſortir,
parce que continuant de s'échauffer
& de ſe dilater, elle tend toujours à
s'étendre ? je ne crois pas que cette
explication puiſſe être conteſtée, après
les expériences qu'on a vûes précédemment.

XII.
Lɛçoɴ.

Une des grandes vertus de l'eau,
& que perſonne n'ignore, c'eſt quelle ſert à éteindre le feu, pourvû cependant qu'elle ne ſoit pas convertie
ſubitement en vapeur : car la vapeur
mêlée à l'air eſt un milieu élaſtique,
dans lequel les matiéres enflammées
peuvent continuer de brûler, à moins
qu'étant retenu par des obſtacles, ſon
reſſort ne prenne un degré de tenſion
trop conſidérable. On voit des preuves de cette reſtriction aux incendies
qui naiſſent dans des lieux fermés,
comme dans les caves, d'où la fumée, & en général les vapeurs, ne
peuvent ſortir librement ; le feu,
comme on ſçait, s'y étouffe de lui-
même, ou n'y fait que des progrès
fort lents. Mais quand l'eau qu'on
Hij

jette fur le feu, eſt en fuffifante quantité ; qu'elle ne s'évapore pas fur le
champ ; en un mot, quand elle fubfifte plus long-tems en liqueur, que
l'embrafement ne peut durer aux furfaces qu'elle touche, elle ne manque
guéres de produire l'extinction qu'on
en attend. Car on doit confidérer
alors le corps enflammé, & l'eau dont
on l'arrofe, comme ne faifant qu'un.
Mais ce liquide n'eſt fufceptible en
plein air que d'un certain degré de
chaleur, beaucoup inférieur à celui
qu'il faut pour brûler les autres corps ;
aucun mixte enduit d'eau ne peut
donc reſter enflammé, parce que l'eau
avec laquelle il faudroit qu'il pût s'embrafer, n'eſt point inflammable ; il en
eſt tout autrement des liqueurs graffes
qui peuvent, avant que de s'évaporer, devenir affez chaudes pour brûler le bois, fondre l'étain, &c.

En 1721 il fe répandit un bruit qu'en
Allemagne, il y avoit quelques particuliers qui fçavoient éteindre les incendies, par le moyen d'une certaine
poudre dont ils y jettoient un paquet.
Quelle attention ne devoit-on pas
donner à un fecret auffi important !

des paquets de cette poudre devoient être des provifions qu'on
pouvoit avoir & garder par-tout,
& qui devoient fe porter bien plus
aifément que de l'eau aux édifices les
plus élevés, &c. mais quelle défiance
ne devoit-on point avoir auffi d'une
merveille fi finguliére, & annoncée
de loin ! Auffi raifonna-t-on de cette
nouvelle bien différemment. Ceux
qui ne fçavoient rien des effets de la
nature & de l'art, finon qu'on exagére fouvent par de faftueufes pro-
meffes les découvertes que fait l'efprit humain en étudiant l'une, & en
cultivant l'autre, n'en voulurent rien
croire abfolument; les autres, qui en
fçavoient affez pour douter, fufpen-
dirent leur jugement, & fe mirent
même en devoir de deviner le fecret.
L'affaire en étoit là en 1722. lorfque
deux Allemands vinrent en France,
pour y faire des expériences qui devoient conftater la réalité de ce qui
avoit été annoncé à ce fujet dans les
nouvelles publiques. On peut voir
par un rapport bien circonftancié
qu'en fit M. de Reaumur à l'Académie *, comment & en préfence de

XII.
Leçon.

* Mem.

XII.
LEÇON.
de l'Acad.
des Scienc.
1722. pag.
343.

qui elles furent faites, & jufqu'à quel
point elles réuffirent. Il me fuffira de
dire ici que le fecret confiftoit, à faire rouler ou glifler au milieu de l'embrafement un tonneau plein d'eau, au
centre duquel étoit une boëte de fer
blanc qui contenoit quelques livres
de poudre à canon. Le feu prenoit à
cette poudre par le moyen d'une méche & d'un tuyau, qui traverfoit un
des fonds de la barique, & qui abou-
tiffoit à la boëte de métal ; l'explofion de la poudre faifoit tout crever,
jettoit l'eau de toutes parts fur les matiéres enflammées, & faifoit ceffer la
flamme.

On voit déja par ce récit abrégé,
combien il y avoit à rabattre de l'i-
dée trop avantageufe que le bruit public auroit pû faire prendre de cette
invention. Ce n'étoit plus un paquet
qu'un homme pût jetter avec la main
par-tout où le feu auroit pris ; c'étoit
un tonneau plein qu'il eût été affez
difficile de porter à quelque édifice
élevé : de l'aveu même de ceux qui
avoient intérêt de faire valoir ce myf-
térieux tonneau, (car il fallut le deviner ;) ce moyen n'étoit efficace que

dans des lieux clos & de peu d'étendue ; & l'expérience fit voir à tous les
fpectateurs un peu intelligens , que
tout ce qu'on en pouvoit attendre ,
c'étoit d'appaifer la flamme , & de
rendre l'embrafement acceffible ,
ce qui eft encore un avantage affez
confidérable ; ainfi quoique cette invention n'ait point un mérite auffi é-
tendu qu'on l'attendoit , ou qu'on
l'avoit promis , elle peut être employée avec fuccès dans plufieurs cas :
& d'ailleurs on peut dire qu'elle eft
fort ingénieufe , puifqu'elle raffemble
en elle toutes les maniéres connues
d'éteindre le feu ; une forte commo-
tion qui difperfe la flamme , & qui la
fépare de fon aliment , une raréfaction d'air qui fuffiroit feule pour éteindre le feu , fi elle duroit affez , & une
diftribution bien ménagée de l'eau ,
qui attaque en même-tems une très-
grande quantité de furfaces , à peu
près comme pourroit faire un arro-
foir.

Les éruptions des volcans font fi
terribles , les forces qui remuent ainfi
les entrailles de la terre font fi fort au-
deffus des mouvemens ordinaires dont

nous connoissons l'origine, que ces prodigieux effets nous paroissent toujours plus grands que les causes physiques ausquelles nous les attribuons: cette disproportion apparente, qui ôte toujours aux conjectures les plus raisonnables une grande partie de leur vraisemblance, ne viendroit-elle pas de ce que nous n'envisageons ces causes que par parties, lorsqu'il s'agit d'expliquer un effet qui est le produit de plusieurs ensemble? Les matiéres calcinées & les flammes que vomissent ces grands fourneaux, annoncent visiblement des fermentations & des effervescences, un embrasement souterrain. M. Amontons a prouvé d'ailleurs, que la force élastique de l'air dilaté par la chaleur est d'autant plus grande, que ce fluide est plus comprimé. Dans ces bouleversemens qui arrivent à certaines parties de notre globe, ne considérons donc pas seulement une fermentation qui prend feu, & qui fait bouillir, pour ainsi dire, les matiéres sulfureuses & salines qui se font mêlées, mais encore des volumes d'air chargés d'une masse énorme, & qui tendent à se dilater avec d'autant

plus

plus de force qu'ils font plus retenus. A ces deux premiéres caufes, joignons-en une troifiéme qui eft encore plus puiffante ; c'eft la dilatation des vapeurs, non - feulement des matiéres inflammables, mais encore de l'eau, qui peut fe rencontrer dans le voifinage, & qui détermine peut-être par des écoulemens accidentels ces éruptions qui arrivent de tems en tems. Ce n'eft qu'en confidérant ainfi le concours de plufieurs caufes connues, & en embraffant même la poffibilité de plufieurs autres qui ne le font point encore, qu'on peut ôter à ces grands effets l'idée de prodige, par laquelle ils s'annoncent depuis fi long-tems. Voyez ce que j'ai obfervé au Véfuve depuis les premiéres Éditions de ce volume. *Mémoire de l'Académie des Sciences* 1750. p. 78.

III. SECTION.

De l'Eau considérée dans l'état de Glace.

Lorsque l'eau ne contient pas une quantité suffisante de cette matiére qu'on appelle *feu*, & qui est, comme nous l'avons dit, la cause générale de la fluidité des corps, ses parties se touchant de trop près, perdent leur mobilité respective, s'attachent les unes aux autres, & forment un corps solide, transparent, qu'on nomme *glace* ; & ce passage d'un état à l'autre, s'appelle *congélation*. La glace par conséquent est plus froide que l'eau, & son froid augmente de plus en plus, si elle continue de perdre cette matiére déja trop rare ou trop peu active pour la rendre liquide.

Les bornes que je me suis prescrites dans cet ouvrage, & la loi que je me suis faite d'y faire entrer par préférence tout ce qui regarde la partie expérimentale, ne me permettent pas d'entrer dans un plus long

détail, fur les caufes phyfiques de la
congélation & fur leurs différens progrès ; je m'en difpenfe avec d'autant
moins de regret, que le lecteur y pourra fuppléer amplement, en jettant les
yeux fur une excellente differtation
que M. de Mairan a donnée fur cette
matiére * ; tout ce que je pourrois
entreprendre de mieux, ce feroit de
l'extraire ; mais elle n'en eft pas fufceptible, parce qu'en difant tout ,
elle ne contient rien de trop. Je m'en
tiendrai donc aux phénoménes les
plus importans, & aux caufes les plus
prochaines , qui peuvent fe prouver
par des faits.

XII.
LEÇON.

* Differ-
tation fur la
glace , ou
explic. phyf.
&c. réimpri-
mée avec
beaucoup
d'augmenta-
tions en
1749.

PREMIERE EXPERIENCE.

PRÉPARATION.

Il faut expofer à l'air, lorfqu'il géle, plufieurs petits vafes cylindriques
de verre mince , pleins d'eau pure,
Fig. 10. & obferver attentivement ce
qui s'y paffe.

EFETS.

S'il ne géle que foiblement, on remarque d'abord une pellicule de glace

très-mince , qui se forme à la surface d'en-haut qui touche immédiatement l'air : ensuite il part des parois du petit vase, des filets qui prennent différentes directions ; & peu à peu il se forme d'autres filets qui joignent & qui coupent les premiers, faisant avec eux toutes sortes d'angles : enfin ces filets se multiplient & s'élargissent en forme de lames, qui augmentant elles-mêmes en nombre & en épaisseur , s'unissent toutes en un même corps. Ce cylindre de glace paroît assez plein & transparent , depuis sa surface extérieure , jusqu'à une certaine distance en - dedans ; mais dans l'axe , & aux environs , il est interrompu par une grande quantité de bulles d'air ; & la surface d'en-haut qui s'étoit d'abord formée plane , se trouve élevée en bosse, & toute raboteuse.

Si la gelée est plus âpre , à peine a-t-on le tems d'observer ces filets & ces lames ; tout se passe plus confusément : les bulles d'air interrompent indifféremment toute la masse , & la rendent opaque : la superficie d'en-haut , est fort inégale & convexe, & le verre se casse assez ordinairement.

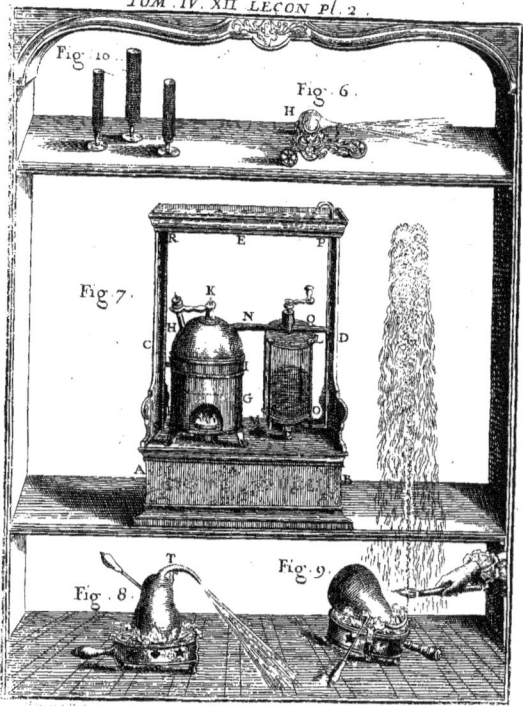

Si l'on trempe pendant un inftant le vafe dans l'eau chaude, pour détacher & en ôter le cylindre de glace ; cette glace jettée dans un vafe plein d'eau froide y furnage toujours, ce qui marque inconteftablement qu'elle eft plus légére que l'eau.

Quand on veut faire ces expériences dans une autre faifon que l'hyver, on peut faire un froid artificiel, en mêlant du fel commun avec de la glace pilée dans un vaiffeau, où l'on puiffe plonger des tubes de verre mince remplis d'eau : on verra ci-après comment on peut régler les degrès de ce froid artificiel.

EXPLICATIONS.

Lorfqu'il géle dans l'air, la matiére du feu y eft plus rare, ou moins en mouvement, que dans l'eau qui eft encore liquide. Le petit vafe cylindrique étant donc expofé à la gelée, le feu qui eft dans l'eau s'évapore, & paffe dans l'air qui l'environne, jufqu'à ce que ce fluide actif fe trouve uniformément répandu dans l'un & dans l'autre, à peu près comme l'humidité d'un linge mouillé s'exhale dans l'air qui le touche de toutes parts, jufqu'à ce que l'un & l'autre foient également fecs ; l'eau perd donc de fon feu à proportion de ce qu'il en manque dans l'air environnant : or en hyver, quand il géle, il y a dans l'atmofphére une grande difette de feu ; ou (ce qui revient au même,) le mouvement de ce fluide eft fort rallenti : ce qu'il en refte dans l'eau en pareil cas ne fuffit plus pour entretenir la mobilité de fes parties ; elles retombent donc les unes fur les autres, & s'arrangent de diverfes façons, felon que la matiére qui les défunifloit s'évapore plus ou moins promptement, & de tel ou tel côté, plutôt que d'un autre.

Mais à mefure que les parties de l'eau s'approchent les unes des autres, leurs pores fe retréciffent, & l'air qui s'y trouvoit logé, & qui ne peut plus tenir dans ces interftices, dont la capacité diminue de plus en plus, fe réunit en globules fenfibles, & demeure enfermé dans la maffe qui eft déja devenue folide. Outre ces globules d'air qu'on apperçoit à la vûe fimple, fi l'on examine la glace avec

une loupe de verre , on en diftingue
encore une infinité d'autres beaucoup
plus petites & plus près les unes des
autres.

Cet air , tant qu'il n'a occupé que
les pores de l'eau , c'eſt-à-dire , des
places vuides ou comme telles , n'en
augmentoit point le volume ; mais ſi-
tôt qu'il ſe met en globules ſenſibles ,
il interrompt la continuité de la maſſe , & la rend plus grande. Voilà
pourquoi la ſurface ſupérieure ſe tu-
méfie , & devient convexe ; & c'eſt
pour cette raiſon auſſi que le verre ſe
caſſe , ſe trouvant trop étroit pour
contenir l'eau convertie en glace.

L'augmentation de volume donne
à la glace cette légéreté qui la fait ſur-
nager ; car un corps eſt plus léger
qu'un autre , lorſqu'à quantité égale
de matiére, ſon volume eſt plus grand ;
ou (ce qui eſt la même choſe ,) lorſqu'à volume égal, il contient moins
de matiére : or le cylindre de glace
eſt plus grand que l'eau dont il eſt
formé , puiſqu'il caſſe le verre , ne
pouvant ſe contenir dans les mêmes
dimenſions : l'eau qui ſe géle devient
donc plus légére, parce qu'elle augmente en volume.   I iiij

Cependant ce seroit prendre une fausse idée de la glace, que de la regarder comme une eau dilatée, comme ont fait Galilée, & quelques autres Auteurs. MM. Hughens, Homberg, de Mairan, Mariotte, & presque tous les Physiciens modernes qui ont étudié l'eau dans cet état, ont toujours cru qu'elle étoit condensée, & n'ont attribué l'augmentation de son volume qu'à l'air extravasé qui entrecoupe la masse, & qui y forme comme des vuides, à peu près de la même maniére qu'une pierre de meuliére peut être plus légére qu'une pierre de liais de grandeur égale; non pas qu'en ce qu'elle a de plein, elle ne soit plus compacte, plus serrée, plus dure que celle-ci, mais parce qu'elle est interrompue par une infinité de cavités, qui contribuent à son volume sans augmenter son poids.

Tout ce qu'on pourroit désirer, pour appuyer cette explication, c'est qu'en faisant de la glace avec de l'eau purgée d'air, elle se trouvât alors aussi pésante que l'eau même : il paroît que M. Homberg en est venu à bout, par un procédé qui dura deux

ans *. J'ai tenté plusieurs fois de répéter cette expérience en moins de
temps, ne voyant point de nécessité
de la faire tant durer : j'avoue que je
n'ai jamais pû obtenir le même résul-
tat; aussi n'ai-je jamais pû faire de glace qui ne contînt des bulles d'air,
quelque soin que j'eusse pris d'en purger l'eau, en employant tous les
moyens connus & toutes les précautions que j'ai pû imaginer : mais j'ai
fait plusieurs fois de la glace sensiblement plus pésante qu'elle n'a coutume de l'être, & cela doit suffire à
quiconque n'a point un penchant déterminé pour un autre système.

Ce qui a fixé l'attention des Physiciens sur l'augmentation du volume
de l'eau qui devient glace, c'est que ce
phénoméne est une exception à la
loi générale ; car presque toutes les
matiéres qui perdent leur fluidité
pour devenir solides, au lieu d'augmenter, diminuent de grandeur ; &
la cause de cet effet se présente d'elle-
même : un corps n'est fluide que par
le mélange d'une matiére étrangére
qui écarte ses parties, & qui les aide
à rouler les unes sur les autres, com-

XII.
Leçon.
* Mem. de
l'Acad. des
Scien. 1699.
tom. X. p.
255.

me nous l'avons dit en parlant des caufes de la fluidité *. Tant que cet état dure, le volume doit être plus grand ; mais fi-tôt que cette matiére étrangére vient à fortir, les parties doivent fe rapprocher, & le tout doit devenir plus petit, plus ferré, & fpécifiquement plus péfant. La légéreté de la glace eft donc une chofe remarquable, & qui mérite d'être expliquée.

Cette exception n'eft point la feule dans la nature. M. de Reaumur a déja remarqué, que le fer fondu, dans l'inftant qu'il perd fa liquidité, augmente en volume ; & (ce qui en eft une conféquence naturelle,) que les ouvrages coulés de cette matiére, viennent ordinairement fort bien, parce qu'au lieu de s'écarter du moule comme les autres métaux, elle s'en approche au contraire en prenant la confiftance de folide. Il attribue, avec beaucoup de vraifemblance, cette propriété du fer à un arrangement imparfait de fes parties, au moment qu'elles font fixées par un refroidiffement fubit : comme il faut une extrême chaleur pour faire couler ce métal, & que le moindre froid lui fait perdre sa liquidité, ses parties hérissées les unes contre les autres, ne font déja plus en état de couler, quoiqu'elles ayent encore assez de flexibilité, pour s'affaisser peu à peu à mesure que le feu s'évapore, & que le mouvement se rallentit.

Sans abandonner l'explication que nous avons donnée ci-dessus, ne pourroit-on pas soupçonner quelque chose de semblable dans l'eau qui se glace? Ce qui me porteroit à cette conjecture qui s'est déja présentée à l'esprit de plusieurs sçavans *, c'est que la congélation de l'eau comme celle du fer, est très-subite, & que l'augmentation de son volume est d'autant plus grande, que la glace se fait par un froid plus âpre. Si l'on demande pourquoi les autres matiéres, qui suivent la loi générale, diminuent de grandeur en devenant des corps solides: on peut répondre, qu'elles perdent plus lentement leur fluidité; que leurs parties ont le tems de s'arranger en s'approchant les unes des autres; qu'elles contiennent moins d'air, ou que celui qu'elles contiennent, ne se ras-

* M. de la Hire, Mém. de l'Acad. des Scienc. avant 1700. tom. IX. p. 477. M. de Mairan, Disser. sur la glace, p. 606.

semble point en bulles capables d'interrompre la continuité de la masse.

M. Muschenbroek qui a beaucoup travaillé sur la matiére que nous traitons présentement, prétend que le froid & la gelée, font deux choses tout-à-fait différentes ; que l'un n'est qu'une simple privation du feu, au lieu que l'autre est l'effet d'une matiére saline répandue dans l'air, & qui venant à pénétrer l'eau, la coagule, & lie les parties de maniére qu'elles ne peuvent plus couler : » Ainsi, dit-il, l'eau » qui se géle augmente en volume, » parce qu'elle est raréfiée par la pé- » nétration de ces petits corps étran- » gers ; & elle se dissipe & s'évapore » facilement, parce que cette cause » interne fait continuellement effort, » pour écarter les parties de la mas- » se ». Il faut voir dans les ouvrages mêmes * de M. Muschenbroek, sur quelles preuves il appuie son système ; je ne puis les rapporter ici dans toute leur étendue, & je craindrois de les affoiblir, si je n'en donnois qu'un extrait.

Je souscrirois volontiers à cette opinion, s'il ne falloit, pour me dé-

* Comment.
in tentam.
Exp. Acad.
del Cimen-
to. p. 183.
& seq.

terminer, que l'autorité d'un habile
Maître ; mais j'ai pris pour régle de ne
me rendre qu'à l'évidence , ou au
plus vraifemblable , & je ne puis diffimuler que je n'ai trouvé ni l'un ni
l'autre dans les raifons fur lefquelles fe
fonde M. Mufchenbroek. Qu'il y ait
dans l'air des parties nitreufes , & qu'il
y en ait plus en hyver qu'en toute autre faifon , c'eft une penfée qui eft
venue à prefque tous ceux qui ont
raifonné fur la nature & fur les caufes
du froid. Mais s'ils ont foupçonné
que ces matiéres falines pouvoient
caufer le refroidiffement de l'atmofphére , je ne vois pas qu'aucun d'eux ,
excepté M. de la Hire *, ait jugé néceffaire de les faire paffer dans l'eau
pour la glacer : contens d'entrevoir
de quelle maniére l'air pouvoit fe refroidir , ils ont cru qu'étant devenu
froid , cet élément étoit bien capable
en cet état d'ôter à l'eau le degré de
chaleur qu'il lui faut pour couler : en
ufant ainfi avec retenue d'une caufe
dont l'exiftence eft douteufe , ils ont
prévenu plufieurs difficultés , aufquel-
les on s'engage à répondre, lorfqu'on
embraffe , comme M. Mufchenbroek,

XII.
Leçon.

* Mém. de
l'Académie
des Scien-
ces , avant
1699. tom.
IX. p. 476.

l'opinion de M. de la Hire. L'expérience nous apprend, comme on le verra bien-tôt, que les matiéres salines, quoiqu'elles ayent la propriété de refroidir l'eau, la rendent cependant plus difficile à se glacer. Si l'on suppose donc que les parties *frigorifiques* ou *glaçantes* sont salines, il faut encore supposer que ce sont des sels d'une nature toute particuliére, & tels qu'on ne les puisse comparer à aucun de ceux qui sont connus; ainsi ce ne sera plus ce *nitre aërien* que plusieurs sçavans ont admis, & qui voltige, dit-on, plus abondamment au-dessus des terreins qui en contiennent davantage; car le salpêtre, & tous les sels fossiles que nous connoissons, étant mêlés avec l'eau, ne font que retarder sa congélation, au lieu de la coaguler.

Dans les plus grandes chaleurs de l'été, on fait de la glace qui ressemble parfaitement à celle que la gelée fait en hyver. Y a-t-il donc alors des parties frigorifiques en l'air? ou bien si elles sont dans le mêlange de sel & de glace dont on se sert pour opérer ces congélations artificielles, pour-

quoi ce mélange même se fond-il en
devenant plus froid ?

Si ce sont ces parties salines qui
augmentent le volume de la glace,
en dilatant l'eau qu'elles pénétrent,
pourquoi sont-elles un effet tout contraire sur les vaisseaux de verre ou de
métal, par lesquels elles sont obligées de passer ? car on sçait que la gelée condense les matiéres les plus dures : il seroit bien singulier qu'il n'y eût
que l'eau dont elles fussent capables
d'écarter les parties.

Comment se peut-il faire encore
que cette matiére étrangére, à qui
l'on attribue la propriété de lier les
parties de l'eau entr'elles, & qui,
pour me servir des termes de M. Muschenbroek, ou de son Traducteur, *
fait à leur égard l'office de *colle* ; comment, dis-je, cette matiére peut-
elle être en même tems la cause de
la prompte évaporation de la glace ?
comment peut-elle fixer un fluide,
dont elle tend à dissiper les parties ?

* *Essais de
Phys.* pag.
443.

Enfin ces parties frigorifiques qui
sont d'une nature saline, comment ne
font-elles pas perdre à l'eau son insi-
pidité naturelle ? On ne peut pas di-

re qu'elles y foient en trop petite quantité ; puifque la glace eſt communément d'un $\frac{1}{19}$ *, & felon Boyle, d'un
$\frac{1}{10}$ plus grande que le volume d'eau,
dont elle eſt formée, il faut non feulement que cette matiére étrangére
en occupe les pores, mais encore
un efpace affez confidérable dans la
maſſe ; eſt-ce donc un fel infipide ?
autant vaudroit dire un fel qui n'en
eſt point un ; & alors fous quelle idée
fe préfentera-t-il, pour avoir la propriété de s'infinuer, d'entamer, d'é-
carter les parties de l'eau, & de fe loger dans fa maſſe ?

Dans les expériences de l'Académie *del Cimento*, on en trouve une
qui eſt très - favorable à l'opinion
que je viens de combattre. La liqueur d'un thermomètre a parû baiſ-
fer au foyer d'un miroir ardent, expofé vis-à-vis d'un tas de glace, péfant
500 livres. » Il y a donc des rayons
» de froid poſitifs, & capables d'ê-
» tre réfléchis ; la congélation de l'eau
» ne vient donc pas d'une fimple pri-
» vation ou diminution de chaleur. »
Voilà l'argument qu'en ont tiré ceux
qui ont adopté, & qui ont voulu
faire

XII.
LEÇON.
* M. de
Mairan,
Differt. fur
la glace, p.
617.

faire valoir le fentiment de MM. de
la Hire & Muſchenbroek ; mais pourquoi ces deux Auteurs ont-ils manqué à citer cette expérience, comme
une preuve de leur ſyſtême, le dernier ſur-tout, qui a traduit & commenté l'ouvrage où elle ſe trouve écri-
te? En voici, je penſe, la raiſon ;
c'eſt qu'au même endroit du texte *,
où il en eſt fait mention, on lit que
le réſultat en a parû douteux, & qu'elle n'a point été faite avec aſſez de
précaution & de ſoin pour mériter
qu'on y ajoûte foi : *Nom enim ea omnia
fecimus quæ neceſſaria forent, ad hoc ex-
perimentum ita confirmandum, ut fides ei-
dem haberi poſſit.*

  Une autre raiſon de cette omiſſion
qu'on peut bien préſumer encore, &
qui eſt plus forte que la premiére ;
c'eſt qu'un Phyſicien auſſi zélé & auſſi
laborieux que l'eſt M. Muſchenbroek,
n'aura pas manqué de répéter cette
expérience, qui doit paroître très-cu-
rieuſe & importante ; & s'il en a pris
la peine, comme il eſt vraiſemblable,
il aura été convaincu par le fait même,
comme je l'ai été pluſieurs fois, pendant les hyvers de 1740 & 1742, que le

Tome IV.   K

** Experim.
IX. circa
glaciem na-
turalem.*

miroir concave, ne fait en pareil cas
que ce que pourroit faire tout autre
obſtacle, de quelque figure qu'il fût,
c'eſt-à-dire, arrêter entre la glace &
lui une maſſe d'air qui ſe refroidit ſimplement par communication, ſi elle
n'eſt point d'abord auſſi froide que la
glace. Ainſi ou la liqueur du thermométre placé entre le miroir & la glace ne baiſſe point ; ou ſi elle baiſſe,
cet effet arrive indifféremment, lorſque l'inſtrument eſt par-tout ailleurs
qu'au foyer.

Applications.

Un des plus communs effets de la
gelée, eſt de faire caſſer les vaiſſeaux
qui ſe trouvent remplis d'eau: s'ils ne
ſont pas bouchés, & que leur ouverture ſoit un peu grande, la glace commence par la ſuperficie qui touche
l'air extérieur ; l'eau qui eſt ſous cette
premiére couche ſe trouve alors renfermée de toutes parts, & en devenant glace, elle ne peut plus s'étendre qu'en écartant les parois, ou en
les rompant, s'ils ne ſont point d'une
matiére aſſez extenſible ; ainſi les va-
ſes de verre, de fayance, & même de

fer fondu, foutiennent rarement cette
épreuve, & c'eft une fage précaution
que de les tenir vuides pendant la
gelée.

Cet effort de l'eau qui fe géle eft
prodigieux ; on voit par une expérience de M. Hughens , qui a été ré-
pétée depuis par plufieurs perfonnes ,
qu'il eft capable de faire crever un
canon de moufquet. Boyle ayant fait
geler de l'eau dans un vaiffeau cylindrique de cuivre qui avoit environ 3
pouces de diamétre , trouva que ce
petit volume en fe glaçant, foulevoit
un poids de 74 livres. Mais avant lui
les Académiciens de Florence avoient
déja éprouvé par des procédés plus
ingénieux, de quelle épaiffeur devoit
être un vaiffeau cylindrique de cuivre , pour réfifter à la force expanfive de la glace ; & M. Mufchenbroek ,
qui a fçavamment commenté leurs
expériences , jugeant de la valeur de
cet effort, par la réfiftance du métal,
eftime qu'il équivaut à un poids de
27720 livres ; ce qui eft prefqu'incroyable.

Il ne faut donc plus s'étonner de
voir que la gelée fouléve le pavé des

rues, qu'elle faſſe fendre les pierres
& les arbres, qu'elle creve les tuyaux
des fontaines, quand on n'a point la
précaution de les tenir vuides, &c.
Car par-tout où l'eau ſe trouve, dès
qu'elle devient glace, elle fait effort
pour s'étendre, & les plus grands
obſtacles ne ſont pas capables de l'en
empêcher. Mais il faut obſerver, que
la plûpart de ces effets n'arrivent point
par une gélée qui a été précédée d'un
tems ſec, mais plûtôt après un faux
dégel, ou bien après une longue ou
abondante humidité ; car ce n'eſt que
dans ces derniéres circonſtances que
les corps les plus poreux ſe trouvent
pénétrés d'eau. On peut remarquer
encore que le marbre, les cailloux,
le verre, & généralement tout ce
qui ne devient point intérieurement
humide, ne ſe fend point à la gelée,
comme la pierre tendre où les parties de l'eau s'inſinuent aiſément, &
deviennent en ſe glaçant, comme
autant de petits balons qui s'enflent,
& ſoulévent les feuillets ou les couches qui les couvrent.

M. Homberg cherchant la cauſe de
cette force énorme avec laquelle l'eau

s'étend en devenant glace , crut la
trouver dans le nouvel état de l'air
qui fe raffemble par bulles dans la
maffe ; ce fçavant Phyficien fait à cet
égard une remarque très-judicieufe :
» Les particules d'air , dit-il, qui font
» logées dans les pores de l'eau , y
» font preffées & retenues avec plus
» de force, étant ainfi divifées, qu'el-
» les ne le font après leur réunion ;
» car comme elles préfentent beau-
» coup plus de furface au liquide am-
» biant , la fomme de toutes les pref-
» fions qu'elles ont à foutenir fépa-
» rément , furpaffe auffi de beau-
» coup le poids dont eft chargée une
» bulle d'air compofée de toutes ces
» particules réunies. » D'où il conclut que l'air, dont l'eau fe défaifit en
fe glaçant , & qui demeure renfermé
dans la maffe , exerce plus librement
fon reffort ; qu'il doit par conféquent
s'étendre , & augmenter , avec toute
la force qui lui eft rendue, le volume
dont il fait partie.

Le raifonnement de M. Homberg,
fondé fur les loix de l'Hydroftatique,
& fur la connoiffance que nous avons
des propriétés de l'air , conclut affez

bien que ce fluide, à mesure qu'il se dégage des pores de l'eau, en doit étendre le volume par son ressort devenu plus libre : mais que cette nouvelle force, dont il commence à jouir alors, soit capable de vaincre des obstacles tels que ceux dont j'ai fait mention, voilà ce que j'ai peine à comprendre ; car lorsque la glace est formée, le ressort de l'air qu'elle renferme est-il entiérement détendu, ou ne l'est-il pas ? les uns prétendent que oui, les autres soutiennent le contraire ; & opposant expérience à expérience, ceux-ci assûrent, (& il m'a semblé voir la même chose,) que si l'on perce la glace pour donner jour aux bulles d'air, ce fluide marque en s'échappant avec précipitation, que son ressort y étoit contraint ; mais le degré de vîtesse avec lequel il sort, ne répond point aux effets que produit l'eau qui se géle, par son expansion. D'un autre côté, si l'air qu'on voit dans la glace est revenu à la même densité que celui de l'atmosphére, que peut-on donc attribuer au ressort qu'il a acquis en se rassemblant en bulles ? C'est tout au plus d'avoir contribué

à une augmentation de volume qui
n'excéde pas la dix-neuviéme partie
du tout. Je dis d'avoir contribué; car
le volume de l'eau qui se géle doit
augmenter par la seule raison, que
l'air se rassemble en bulles, comme
nous l'avons dit dans les explications
précédentes.

Pour dire ce que j'en pense ; je ne
rejette point cette cause ; elle pourroit bien avoir quelque part à l'augmentation du volume de la glace: mais
je ne crois pas que ce soit là la principale ; & voici comment je croirois
pouvoir rendre raison de la force presque invincible avec laquelle se fait
cette expansion.

L'air rassemblé en bulles est incontestablement la cause immédiate de
l'augmentation du volume, puisque
sans l'interruption qu'il cause dans la
masse, l'eau se contiendroit dans un
moindre espace ; & les choses doivent être ainsi, quand même cet air
ne feroit aucun effort pour s'étendre.
Mais il se rassemble d'autant plus d'air
en bulles, qu'il en sort davantage des
pores où il est naturellement logé :
l'expansion du volume vient donc

XII.
Leçon.

originairement de la cauſe, (telle qu'elle puiſſe être,) qui rétrécit les pores de l'eau, & qui la condenſe : or celle qui condenſe l'eau, & qui la rend un corps dur, eſt ſans doute la même qui durcit les autres matiéres, lorſqu'une cauſe interne ceſſe d'entretenir leur fluidité ; & nous ſçavons par milles exemples familiers avec quelle puiſſance elle agit : comme la condenſation de l'eau eſt plus forte & plus prompte, quand le froid eſt plus âpre, en pareil cas la glace doit être plus remplie de bulles d'air, avoir un plus grand volume, & être capable d'un plus grand effort, ce qui s'accorde parfaitement avec l'expérience.

Quand les riviéres ou les étangs ſe gélent, la glace commence toujours, par la ſuperficie de l'eau, quoi qu'en diſe un Auteur célébre, qui a été trompé, ſans doute, par le témoignage unanime des bateliers, des meuniers, & généralement de tous les ouvriers qui travaillent ſur les eaux courantes. Ces ſortes de gens ſoutiennent opiniâtrément que la glace ſe forme d'abord au fond de l'eau, & qu'elle ſurnâge enſuite. L'unanimité

d'erreur

d'erreur, parmi des gens qui font à portée de voir les mêmes chofes, m'a
fait foupçonner, que quelque fait mal
interprété y donnoit occafion ; & véritablement en examinant la chofe de
près, j'ai vû ce qui peut faire prendre le change à des gens fans principes, & qui s'en tiennent aux premiéres apparences. Quand une riviére eft
prife par la gelée, fi l'on en coupe un
glaçon à quelque diftance du bord,
& qu'on l'enléve, un inftant après
on voit paroître à l'embouchure du
trou une maffe de glace imparfaite,
comme fpongieufe, remplie de terre
ou d'autres faletés, & que les gens de
riviére appellent *Bouzin* ; on feroit
tenté de croire qu'elle s'éléve du fond,
fi l'on ne fçavoit pas que le froid qui
fait glacer vient de l'atmofphére, &
que cette caufe ne peut avoir fon effet au fond de l'eau, fans avoir fait
geler auparavant toute celle qui eft
au-deffus. Mais quand même on igno-
reroit ce principe, il fuffit de fonder
le fond, où l'on ne trouve jamais de
glace, & où la terre eft le plus fouvent d'une autre couleur que celle
dont le bouzin eft rempli ; d'ailleurs

cette saleté qui en impose, ne se trouve pas dans des glaçons qui ont 5 à 6 pouces d'épaisseur, comme elle devroit y être cependant, s'ils venoient du fond.

Pour sçavoir la vraie origine de cette sorte de glace, il faut observer que la gelée fait prendre les eaux courantes tout autrement que celles qu'on nomme dormantes ; & que la glace des unes différe beaucoup de celle des autres par sa dureté, sa couleur, sa transparence : quand le froid agit sur une eau tranquille, il se communique uniformément d'une couche à l'autre ; les parties se lient également, & l'air qui s'en échappe, gagnant toujours le dessous, en interrompt moins la continuité ; ainsi cette glace est communément la plus dure, la plus unie, la plus claire, & d'une couleur plus semblable à celle de l'eau. Il n'en est pas de même des glaçons qu'on voit flotter sur les riviéres, lorsqu'elles charient : ils sont plus opaques, d'une couleur blanchâtre ; ils ont moins de consistance ; le dessous & les bords sont chargés d'une épaisseur assez considérable de bouzin.

C'eſt une erreur de croire que ces glaçons flottans ſoient détachés des bords, ou par la chaleur du ſoleil, ou par les ſoins de quelques meûniers qui rompent en certains endroits la glace qui les incommode ; car la riviére charie la nuit comme le jour ; & la grande quantité de glaçons dont elle eſt continuellement couverte, ne peut point être regardée comme l'ouvrage d'un petit nombre de par-ticuliers. Mais voici ce qui arrive.

Quand la gelée eſt aſſez forte, non ſeulement l'eau ſe glace aux bords & dans les anſes où elle n'eſt point agitée par le courant, mais auſſi dans les en-droits où ſes parties n'ont aucune vî-teſſe reſpective, c'eſt-à-dire, où elles n'ont qu'un mouvement commun, qui ne les déplace point les unes à l'égard des autres ; ce ſont ces endroits qu'on nomme *miroirs*, qu'on voit communé-ment aux grandes riviéres, & où l'eau ſemble être dormante, parce qu'on n'y apperçoit point de flots. Lors donc que la ſuperficie d'un de ces mi-roirs eſt priſe, il en réſulte un glaçon iſolé, qui ſuivant le courant, donne lieuà un autre de ſe former après lui

L ij

dans la même place. Mais comme ces glaçons font d'abord très-minces, il n'y en a qu'une partie qui fe confervent entiers, ou dont les fragmens reftent d'une certaine grandeur : les autres font brifés & comme broyés par mille accidens ; de forte que la riviére eft couverte en partie de grands glaçons qu'elle charie gravement, & en partie de ces petits fragmens, qui flottent au gré de l'eau, que le moindre obftacle arrête, ou qui font pouffés fous la glace qui tient au rivage. De-là il arrive deux chofes.

1^{ment}. Comme les grands morceaux de glace confervent plus de vîteffe que les petits, ceux-ci continuellement expofés à la rencontre des premiers s'amaffent à leurs bords, & y forment comme une croûte qui s'éléve au-deffus du plan ; ou bien paffant deffous, & s'y arrêtant par le frottement, ils y font fixés par la gelée, & ils augmentent l'épaiffeur du grand glaçon. De-là vient que ces glaces flottantes font d'une couleur blanchâtre & opaque, & qu'elles font moins dures que celles des eaux dormantes, parce qu'elles font faites,

pour la plus grande partie, de toutes
ces piéces mal jointes, & qui renferment entr'elles, ou beaucoup d'air,
ou d'autres matiéres qui s'y font mêlées pendant qu'elles flottoient.

2^{ment}. Quand ces petits fragmens
font chaffés fous la glace qui tient au
rivage, ils ne s'attachent enfemble
que fort imparfaitement, parce que
le degré de froid qui y régne, eft à
peine capable de geler. De-là vient
ce bouzin dont nous avons parlé ci-
deffus, qui n'eft qu'une glace fpongieufe, qui a peu de confiftance, &
qu'on trouve toujours fale, parce
qu'en obéiffant au fil de l'eau fous la
grande glace, elle a fouvent touché
le fond, & s'eft chargée de fable,
d'herbes, & généralement de tout ce
qui a pû s'y attacher.

Pour revenir à notre premier fait, fi
l'on enléve donc un morceau de la
grande glace fous laquelle eft le bouzin, celui-ci ne manque pas de s'en détacher par fon propre poids ; fa chûte
le porte un peu avant dans l'eau, & un
inftant après, lorfqu'il remonte à la
furface, il femble qu'il vient du fond ;
& ceux qui ne portent point leurs ré-

flexions au-delà de cette premiére ad-
parence, s'imaginent qu'il s'y eſt formé.

Le milieu d'une grande riviére, ce
qu'on appelle *le fil de l'eau*, où il y a
toujours des flots, ne ſe glace point
par lui-même, parce que ſon mouvement étant irrégulier, & ſe faiſant
comme par ſauts, les parties qui doivent s'unir & s'attacher, ne ſont jamais deux inſtans de ſuite à côté les
unes des autres ; & la gelée n'a point
le tems de les fixer. Une grande riviére ne ſe prend donc entiérement
que quand les arches d'un pont, ou
quelque autre obſtacle arrête les glaçons qu'elle charie, & leur donne
occaſion de ſe joindre, & de ſe ſou-
der, pour ainſi dire, l'un à l'autre.
C'eſt pour cela que la glace d'une riviére entiérement priſe n'eſt point
unie comme celle d'un étang, & qu'on
y voit communément des piles de glaçons amoncelés les uns ſur les autres.

Ces ſortes d'engorgemens n'arrivent
point, quand les glaçons flottans ſont
moins nombreux, parce qu'ils ont le
tems de s'écouler, ce qui entretient
libres les paſſages les plus étroits ; &

les riviéres n'en charient jamais moins
que pendant les gelées qui tiennent
des deux extrêmes; c'est-à-dire, quand
il géle foiblement, ou bien quand il
fait un froid exceffif. On conçoit de
refte pourquoi l'on voit flotter moins
de glaçons lorfqu'il géle peu ; mais
que le froid le plus âpre puiffe avoir
le même effet, c'eft un paradoxe qu'il
faut expliquer.

Les glaçons qui flottent quittent les
miroirs où ils ont été formés, & font
emportés par le courant, parce que
ces places font féparées du rivage ou
des glaces qui le bordent, par des filets d'eau dont le mouvement un peu
moins régulier ne donne point prife
au même degré de froid ; mais cette
raifon ne fubfifte plus, dès qu'il géle
affez fort pour faire glacer non-feulement le miroir, mais auffi le filet d'eau
qui le fépare du rivage ; car alors l'un
& l'autre ne font qu'une même glace
qui demeure fixe. Ainfi quand le froid
vient à augmenter jufqu'à un certain
degré, au lieu de multiplier les glaçons flottans, il en diminue le nombre, parce qu'il arrête beaucoup de
ceux qui auroient flotté par un moindre froid.   L iiij

C'eſt ainſi qu'on peut expliquer un fait qui parut fort ſingulier dans le tems qu'on l'obſerva, & qui le paroît encore tellement aujourd'hui, que bien des gens refuſent de le croire, quoiqu'il ſoit bien atteſté. Pendant l'hyver de 1709, la Seine ne fut point entiérement priſe; il y eut toujours un courant découvert entre le Pont-neuf & le Pont-royal; & l'on ſçait cependant que cette riviére ſe géle communément par un froid de 8 ou 10 degrés, plus foible par conſéquent que celui de 1709, qui fut de 15 deg. $\frac{1}{2}$. Il eſt ſingulier de pouvoir dire en pareil cas, la riviére ne ſe glace point tout-à-fait, parce qu'il fait trop froid.

Le froid fait glacer non-ſeulement l'eau commune, mais encore toutes les liqueurs qui tiennent de ſa nature, & généralement toutes les matiéres où elles ſe rencontrent en ſuffiſante quantité; cependant ſelon la quantité ou la qualité des ſubſtances qui ſont mêlées avec l'eau, ſa congéla-tion eſt accompagnée de circonſtan-ces différentes, que nous aurons lieu d'obſerver dans l'expérience ſuivante.

II. EXPERIENCE.

PREPARATION.

Il faut expofer en plein air , pendant une forte gelée , ou bien plonger dans un mélange de glace & de fel , trois tubes de verre mince de 7 à 8 lignes de diamétre , fermés par un bout , & remplis l'un d'eau pure, l'autre de vin rouge , & le troifiéme d'eau dans laquelle on aura fait diffoudre une pincée de fel commun. On doit obferver de minute en minute ce qui fe paffe dans ces liqueurs , & examiner enfuite la glace de chacune, après l'avoir ôtée de fon tube.

EFFETS.

1º. L'eau pure fe convertit en glace avant les deux autres liqueurs ; & cette glace toujours la plus dure & la plus folide des trois ne fe trouve interrompue que par des bulles d'air.

2º. La glace d'eau falée eft plus long-tems à fe former, elle eft moins dure , & plus chargée de fel au centre que vers l'extérieur.

3º. Le vin glacé fe léve par feuillets affez femblables à des pelures d'oignon : les premiéres de ces couches font infipides & plus dures que celles qui font deffous ; & le centre eft occupé par une liqueur qui eft fort fpiritueufe.

Explications.

La congélation de l'eau n'étant qu'une union plus intime , & une fixation de fes parties occafionnée par l'abfence du feu , qui les tenoit auparavant plus écartées les unes des autres , & mobiles entr'elles ; cet effet doit être plus prompt & plus complet dans l'eau pure que dans toute autre , parce qu'il n'y a rien qui fupplée à la matiére du feu, pour empêcher que les parties ne s'approchent ; & l'on doit préfumer que la glace d'une eau tellement purgée de toute matiére étrangére, qu'elle ne contînt pas même d'air , fe feroit plus vîte, & deviendroit plus dure que toute autre.

Par la raifon du contraire, l'eau falée fe géle plus difficilement ; car les parties de fel s'oppofent à l'union de celles de l'eau, comme celles-ci em-

pêchent le fel de fe durcir tant qu'il eft
mouillé intérieurement : les particules falines cédent enfin à la force qui
condenfe l'eau , & qui en rétrécit les
pores ; & elles entrent dans la portion qui eft encore liquide , à mefure
qu'elles font forcées d'abandonner
celle qui devient folide : c'eft pour
cela que cette glace n'a point une falûre égale par-tout, & que le milieu
trop chargé de fel ne fe géle point ,
ou ne prend que très-peu de confiftance.

Le vin eft une liqueur mixte qui
contient un peu d'efprit & beaucoup
de flegme. Or de ces deux parties ,
il n'y a que la derniére qui foit de la
nature de l'eau , & qui puiffe fe geler comme elle : c'eft pourquoi à mefure que la gelée réunit les parties
aqueufes , & qu'elle les lie enfemble,
ce qu'il y a de fpiritueux entr'elles fe
déplace , & forme une couche de liqueur qui fépare cette première glace d'une autre qui fe fait plus avant ,
à mefure que le froid pénétre. Ainfi
la partie fpiritueufe étant concentrée
de plus en plus, fe trouve fi abondante vers le milieu , que le peu de fle-

gme qu'elle peut contenir encore, ne peut plus se glacer.

Applications.

L'expérience qu'on vient de voir, nous apprend donc en général, que l'eau se géle d'autant plus vîte & d'autant plus solidement, qu'elle est moins mêlée avec des matiéres capables d'empêcher l'union & la cohérence de ses parties : ainsi l'eau de la mer, à cause du sel qu'elle contient, ne se géleroit point s'il ne faisoit qu'un degré de froid, capable seulement de glacer les eaux douces ; les mers du nord se gélent très-profondément, parce qu'elles sont exposées à un froid d'une plus longue durée, & d'une plus grande âpreté que celles des autres climats ; c'est là sans doute la principale cause de leur congélation ; mais on peut ajouter encore, que leurs eaux sont communément moins chargées de sels. La boue des rues, lorsque la gelée commence, est toujours moins dure que la glace, parce que l'eau s'y trouve mêlée avec un grande quantité de terre qui rend sa congélation plus difficile.

Les crêmes & les liqueurs glacées
qu'on sert sur les tables, sont toujours
chargées de sucre, ou bien elles sont
spiritueuses ; & c'est une des raisons
pour lesquelles on ne peut les faire
prendre, que par un degré de froid
beaucoup plus grand, que celui qui
suffiroit pour la congélation de l'eau
commune : & comme ces liqueurs
portent plus ou moins de sucre les
unes que les autres, que celles-ci sont
moins spiritueuses, celles-là davantage, il arrive que quand on ne pousse
point leur refroidissement au-delà de
la simple congélation, il y en a qui
sont sensiblement plus froides les unes
que les autres, quoique chacune d'elles n'ait que le degré qu'il lui faut
pour être glacée.

Il est passé en usage, parmi les
Physiciens, de regarder comme un
terme fixe le degré de froid qui est
nécessaire, & qui suffit pour geler
l'eau. M. de Reaumur l'a marqué par
zéro aux thermométres comparables
dont il nous a donné la construction ;
& il part de-là pour compter les degrès de dilatation ou de chaud en
montant, & ceux de condensation

ou de froid en descendant. En effet, en quelque tems & en quelque lieu qu'on ait plongé ces instrumens dans de la glace ou de la neige qui commence à fondre, ou dans de l'eau qui commence à se geler, jusques à présent l'expérience a fait voir, que la liqueur revient toujours au fil auprès duquel est marqué zéro, & vis-à-vis, *terme de la glace*, ou *congélation de l'eau* : ce qui prouve qu'on a raison de regarder comme invariable le degré de froid qui commence à faire geler l'eau. Ce principe n'est pourtant recevable qu'à condition que le froid agisse sur une eau pure, ou qui ne soit point chargée de quelque matière capable, par sa quantité ou par sa qualité, d'en retarder la congélation; car si l'on plongeoit un thermomètre dans de l'eau salée, par exemple, jusqu'à ce qu'elle commençât à se convertir en glace, la liqueur de l'instrument seroit alors plus bas que zéro, par les raisons que nous avons dites ci-dessus. Avec cette attention, on aura donc un terme fixe, que je crois plus commode & plus sûr que tout autre; quoi qu'en dise l'auteur anony-

me d'une brochure * qui parut ici en
1741 , & dans laquelle on propoſe la
température des ſouterreins profonds
comme un terme préférable à celui
de la glace : ces ſouterreins ſe trou-
veront-ils auſſi commodément & auſſi
univerſellement que la glace ou la neige ? quand on les trouveroit ; comment ſera-t-on ſûr qu'ils ſont tous
d'une température égale , puiſque,
ſur le témoignage de M. Caſſini, les
caves même de l'Obſervatoire , en
changent ſenſiblement ?

L'eau des mares qui ſe trouve ſouvent mêlée avec l'urine des animaux,
avec les parties graſſes ou ſalines des
matiéres , tant animales que végétales , qui s'y ſont pourries : ces eaux,
dis-je , lorſqu'elles ſe glacent, repré-
ſentent fort ſouvent des figures bi-
zarres , des deſſeins qui ont quelques
reſſemblances avec les ouvrages de
l'art , ou même avec ceux de la nature ; l'imagination acheve d'en faire
des merveilles ; pour peu qu'on ſe
frappe de ces accidens, on y voit des
dentelles , des arbres , des animaux,
&c. il n'en a point fallu davantage
pour faire naître un ſyſtême : certains

XII.
Leçon.
* Deſcrip-
tion de la mé-
thode d'un
thermométre
univerſel.

Auteurs ont prétendu que l'eau dans laquelle une plante a péri, qui en contient par conséquent les principes les plus fixes, ou que la leſſive même de ſes cendres, venant à ſe glacer, en repréſente fidélement l'image : cette eſpéce de réſurrection ou *palingénéſie* eſt une chimére que M. l'Abbé de Valmont * a priſe fort à cœur, mais qu'il n'a point prouvée ; car une ſeule expérience ne ſuffit point, il faut qu'en la répétant pluſieurs fois le même réſultat ſe ſoutienne conſtamment ; & c'eſt ce qu'on ne trouve dans aucun Auteur digne de foi. Ce que diſent Boyle & le Chevalier Digby, en faveur de la palingénéſie, tombe de ſoi-même ; car le premier met ce prétendu phénoméne au rang des expériences qui ne réuſſiſſent point, & l'autre l'appelle un jeu de la nature ; c'en eſt un véritablement, qui s'explique en diſant, que les parties de la glace s'arrangent entr'elles relativement à la quantité & à l'ordre des corps étrangers, qui ſe trouvent mêlés dans l'eau, & qui interrompent ou retardent plus ou moins la congélation ; ou bien encore ſelon les routes

XII. Leçon.

* Curioſité de la nat. & de l'art, ſur la végett. l'agricult. &c.

tes que prend la matiére du feu, qui
s'évapore de l'eau à mesure que celle-
ci perd sa fluidité.

Les fruits se gélent & se durcissent,
comme on sçait, pendant les hyvers
qui sont un peu rudes ; & lorsque le
dégel arrive, ils ont perdu leur goût,
& le plus souvent on les voit tomber
en pourriture : ces désordres viennent de ce que leurs sucs sont des liqueurs dont l'eau fait une grande partie ; la gelée les décompose comme le
vin de notre expérience, & les parties aqueuses deviennent des petits
glaçons dont le volume augmente,
qui brisent & qui crèvent les petits
vaisseaux dans lesquels ils sont renfermés.

Il arrive quelque chose de semblable aux animaux mêmes qui habitent
les pays froids : c'est une chose assez
commune d'y voir des gens qui ont
perdu le nez ou les oreilles, pour
avoir été exposés à une forte gelée,
ces accidens sont plus rares dans les
climats tempérés ; mais on en voit
cependant de tems en tems des exemples.

Quand les corps organisés ont été
Tome IV. M

gelés, on ne peut espérer de les sauver qu'en les faisant dégeler fort lentement, en les tenant, par exemple, quelque tems dans la neige avant que de les exposer à un air doux, afin de donner le tems aux parties de reprendre l'ordre qu'elles ont perdu; sans cette précaution, la fluidité revenant aux parties à qui elle convient, avant que les vaisseaux qui ont été forcés soient consolidés, les sucs ou les humeurs s'extravasent, ou bien leurs principes demeurent désunis.

Il n'en est point du froid qui fait geler l'eau pure, comme du degré de chaleur qui la fait bouillir dans un vase ouvert. L'eau qui bout ne devient jamais plus chaude; mais celle qui est parvenue à la congélation, peut devenir beaucoup plus froide, de deux maniéres : 1^{ment}, si elle demeure exposée à une gelée qui augmente de plus en plus; car alors elle se refroidit autant que l'air qui la touche, & cet effet lui est commun avec tous les autres corps qui y sont exposés comme elle : 2^{ment}, si on la mêle avec certaines matiéres qui puissent la pénétrer, & qu'elle pénétre

elle-même en se fondant. Les sels
concrets, cest-à-dire, ceux qui ont
la consistance de solide, sont connus
pour avoir spécialement cette propriété : mais ils ne sont pas les seuls ;
plusieurs liqueurs refroidissent la glace comme eux , & même davantage.
Quant au refroidissement qui vient
de l'atmosphére , il suffit , pour s'en
convaincre, de plonger dans la glace
ou dans la neige qui est exposée à l'air,
un thermométre , lorsqu'ayant été
exposé de même , il se trouve de plusieurs degrés plus bas que le terme de
la congélation ; car cette immersion
ne faisant point remonter la liqueur ,
on voit évidemment que le froid est
le même dans l'eau gelée que dans l'atmosphére ; c'est-à-dire , plus grand
que celui qui suffit pour glacer l'eau
simplement. Je ne m'arrêterai donc
qu'aux refroidissemens artificiels, à
ceux que l'on fait , en mêlant avec la
glace des sels ou quelqu'autre matiére.

M ij

III. EXPERIENCE.

PREPARATION.

On entoure de glace pilée ou de neige la boule d'un petit thermomé-tre placée dans un vaiffeau : on at-tend que la liqueur fe foit fixée au terme de la congélation : alors fi l'on jette deffus la glace une once ou deux de quelque fel que ce foit ;

EFFETS.

Peu de tems après , le fond du vafe fe remplit d'eau falée , & l'on voit defcendre la liqueur du thermo-métre au-deffous du terme où elle s'é-toit fixée.

EXPLICATIONS.

De la glace qui fe fond en fe refroi-diffant , qui ceffe d'être , par un plus grand froid , ce qu'elle ne peut être que par le froid même , eft un phé-noméne fingulier , & qu'il n'eft pas facile d'expliquer : les difficultés au-gmentent encore , quand on s'arrête aux idées que la plûpart des Phyfi-ciens fe font faites de la nature des fluides : car si leur état consiste dans un mouvement actuel , & que l'eau se refroidisse par le mélange des sels, parce que ses parties , comme fixées par les particules salines , ne peuvent plus se mouvoir avec la même vîtesse qu'auparavant ; * comment ces mêmes sels mêlés avec la glace font-ils renaître la liquidité ? Est-ce que, contre leur coutume, ils y raniment le mouvement ? ou bien le froid qui augmente n'est-il plus le signe du mouvement rallenti ? Pour moi , comme je l'ai déja dit plusieurs fois, ne voyant nulle nécessité d'admettre cette agitation particuliére & actuelle dans les liquides , je m'en tiens toujours à la mobilité réspective de leurs parties , que je regarde comme la seule condition essentielle à cet état. Je ne crois pas non plus que les sels qui sont diffous dans l'eau , puissent par eux mêmes en fixer les parties , & les empêcher de rouler les unes sur les autres ; puisqu'au contraire les eaux salées ne se glacent que difficilement.

Je conjecture donc que le refroidissement de la glace , par le mélange des sels , se fait à peu près comme ce-

XII.
LEÇON.

* Mem.
de l'Acad.
des Scienc.
1700. pag.
114.

lui de l'eau ; l'humidité pénétre le fel, le divife & le met en état de faire la même chofe à l'égard de la glace ; les deux matiéres fe pénétrent mutuellement à mefure qu'elles fe fondent, & les parties de l'une parcourant rapidement les pores de l'autre, en chaffent pour un tems la matiere du feu qui s'y trouve encore ; & de-là il naît une plus grande privation de chaleur dans le mélange : j'appuye cette penfée fur les obfervations fuivantes.

1°. Quand les grains de fels qu'on mêle avec la glace font gros & bien fecs, on entend pétiller & craquer tout le mélange ; & l'on apperçoit affez fouvent de petits éclats de glace qui s'élancent ou qui fautent, ce qui dénote que la pénétration fe fait avec violence, & que les deux matiéres n'agiffent pas feulement l'une fur l'autre par les furfaces.

2°. A mefure que le refroidiffement fe fait, il s'amaffe au fond du vafe une eau qui eft chargée de fel ; ce qui marque une fufion réciproque des deux matiéres ; & cette condition eft fi néceffaire, que quand on y met obftacle, le mélange demeure fans effet ;

comme je l'ai éprouvé moi-même
d'après M. de Reaumur, en mettant
ensemble de la glace & du sel que j'a-
vois desséchés par un froid de 12 ou
14 degrés ; dès qu'il n'y a point d'humide pour fondre le sel, & pour le
mettre en état d'entamer la glace,
l'un & l'autre mêlés ensemble, demeurent au même degré de froid
qu'ils ont acquis séparément. Mais si
l'on répéte la même expérience en
employant de l'esprit de nitre ou de
sel marin, au lieu de sel concret, le
refroidissement augmente considérablement, parce que cette liqueur saline est toujours en état de pénétrer
la glace. En procédant ainsi, on peut
faire un froid artificiel qui égale presque deux fois celui du fameux hyver
de 1709, ou qui représente dans ces
climats, la gelée qui régne assez communément en Laponie.

3°. Pendant tout le tems que la
glace se refroidit, & que les deux matiéres se pénétrent réciproquement,
on observe autour du vase qui contient le mélange, une vapeur épaisse
qu'on peut attribuer, avec assez de
vraisemblance, au feu qui s'exhale,

& qui emporte avec lui des parties aqueufes qui fe font trouvées expofées à fon choc.

Mais, dira-t-on, fi la matiére du feu eft la caufe générale de la fluidité, & que l'eau ne devienne glace, que quand elle en eft dépourvûe à un certain point, comment fe peut-il faire qu'une plus grande difette de cette matiére, rende la glace liquide?

Je réponds à cette difficulté, que ce n'eft point parce qu'il y a moins de feu dans la glace, qu'elle fe convertit en eau, mais parce qu'on fubftitue au feu qui en eft forti, & qui continue de s'exhaler, une autre matiére qui fe loge entre les parties, & qui les rend mobiles les unes à l'égard des autres. Quoique le feu foit la caufe la plus générale de la liquidité, il n'eft point la feule qui puiffe faire naître ou entretenir cet état : il fuffit qu'une matiére interpofée empêche les parties d'un corps de fe joindre, & qu'elle ne leur ferve pas de lien commun; ce corps auffi-tôt eft un fluide, quelque degré de froid qu'il ait d'ailleurs; c'eft ainfi que les efprits-de-vin, de fel, de

nitre

nitre, &c. mêlés avec l'eau en suffisante
quantité, empêchent sa congélation,
& lui rendent sa fluidité quand elle l'a
perdue ; les sels extrêmement divisés
par la dissolution , produisent le même effet, & par la même raison.

A cette occasion , nous remarque-
rons un fait qui est fort singulier : l'esprit-de-vin mêlé avec la glace la fait
fondre & la refroidit considérablement : si on le mêle avec de l'eau , il
fait tout le contraire ; le mélange devient sensiblement plus chaud, que ne
l'étoient les deux liqueurs avant leur
union. Ces deux effets qui sont si fort
opposés , dépendent de bien peu de
chose ; car un degré de plus ou de
moins fait que de l'eau devient glace,
ou que la glace retourne en eau : cependant on ne peut s'en prendre qu'à
cette différence d'état ; & s'il est permis de conjecturer , quand on manque de raisons évidentes , voici comment j'essayerois d'expliquer ce double phénoméne.

Le mélange de glace & d'esprit-
de-vin se refroidit, parce que ces deux
matiéres se pénétrent réciproquement , & que l'une, enfilant les po-

res de l'autre, en chasse la matiére du feu, comme je l'ai dit ci-deffus à l'égard du fel ; la double pénétration que je fuppofe ici paroît prouvée d'ailleurs ; car M. de Reaumur a fait voir * que le volume de l'eau & de l'efprit-de-vin mêlés enfemble, n'égale point celui que ces deux liqueurs ont féparément ; il faut donc qu'en s'uniffant, elles fe logent l'une dans l'autre. Mais quand une liqueur en pénétre une autre, & qu'elle chaffe devant elle la matiére du feu qu'elle rencontre dans les pores, elle frotte néceffairement les parois de ces mêmes pores, dont les parties extrêmement mobiles fe mettent à tourner fur elles-mêmes fans fe déplacer ; & fi la pénétration eft réciproque, il doit naître dans tout le mélange un mouvement inteftin, une forte de fermentation qui ne va guéres fans chaleur, parce que le peu de feu qui refte fe trouve animé par cette agitation : ainfi l'efprit-de-vin refroidit la glace, parce qu'en la pénétrant il n'opére qu'une plus grande difette de feu ; mais il échauffe l'eau, parce qu'en lui faifant perdre une partie de fon feu, il pro-

XII.
Leçon.

Mém. de
l'Acad. des
Sc. 1733. p.
168.

éure à celui qui reſte une augmentation de mouvement qui ſupplée à la
quantité qui manque.

APPLICATIONS.

Pour faire glacer la crême, les liqueurs & les fruits, on ſe ſert pendant l'été, dans les offices, & chez les
limonadiers, de la glace qu'on a gardée dans des ſouterreins, & qui n'a
plus que le degré de froid néceſſaire
pour être dans cet état ; ſi on l'employoit ſeule, elle ne pourroit point
faire geler de l'eau pure, ni à plus
forte raiſon des matiéres graſſes, ſpiritueuſes, & chargées de ſucre, parce
qu'en communiquant de ſon froid,
elle reçoit une partie de la chaleur
du corps qu'elle refroidit ; & l'un &
l'autre après cette communication réciproque, demeurent toujours moins
froids que de la glace qui n'eſt point
fondue ; on eſt donc dans l'uſage de
la refroidir artificiellement, en y mêlant quelque ſel ; celui qu'on employe
le plus communément eſt le ſel qu'on
tire de la mer, ou des mines, pour aſ-
ſaiſonner les alimens ; on en met environ une partie contre deux de glace

N ij

pilée, on mêle promptement l'un avec
l'autre, & l'on y plonge un canon
de fer blanc ou d'argent qui contient
la liqueur qu'on veut faire glacer.
Quand on veut hâter cette congélation, il faut agiter continuellement
le vaiffeau, & ratiffer la glace à mefure qu'elle s'attache aux parois inté-
rieures, afin que les parties qui font
vers le centre, changent de place, &
viennent à leur tour à l'endroit où
régne le plus grand froid. Ces mouvemens procurent encore un autre
avantage ; ils empêchent que la liqueur qui fe géle ne fe convertiffe en
glaçons, & ils ne lui laiffent prendre
que la confiftance de neige. On a
raifon de fouhaiter que cela foit ainfi ;
car comme l'eau qui fe géle tranquil-
lement fe défaifit en partie des matie-
res étrangéres qu'elle contient, ces
fortes de liqueurs en fe glaçant en repos fe décompoferoient, & leurs glaçons fe trouveroient toujours prefque
infipides. La dofe du fel qu'on doit
employer avec la glace pour la refroidir, n'eft point une chofe indifféren-
te ; fi l'on n'en met point affez, la pénétration mutuelle d'où dépend le

refroidiffement , n'eft ni affez prompte , ni affez complette ; fi l'on en
met trop , ce qui ne fe fond point ,
eft un corps étranger , qui , toujours
plus chaud que la glace , la fait fondre par le feul attouchement des furfaces , & par conféquent fans la refroidir. Pour éviter ces deux inconvéniens , on doit prendre pour régle ,
de mêler avec la glace à peu près autant de fel que l'eau la plus froide en
peut diffoudre.

Dans les pays de gabelles où le fel
marin coûte 10 fols la livre , des raifons d'œconomie ont fait chercher
quelqu'autre fel de moindre prix ,
qu'on pût lui fubftituer pour refroidir
la glace : on s'eft fervi avec fuccès du
falpêtre le plus commun , de celui de
la premiére cuite , e'eft-à-dire , qui
n'a encore eu qu'une façon , & qu'on
peut avoir pour 6 ou 7 fols la livre.
La réuffite de cette épreuve , & l'o-
pinion où l'on eft , qu'il y a dans l'air
des parties nitreufes qui font la principale caufe de fon refroidiffement ,
ont fait préfumer que le falpêtre étoit
le plus puiffant de tous les fels pour
refroidir la glace ; ce fentiment eft

N iij

* Mém. de
l'Acad. des
Sc. 1734. p.
167.

devenu fort commun , & quelques Sçavans même l'ont avancé fans preuves : mais M. de Reaumur ayant examiné * , le thermométre à la main , la valeur de chaque fel pour cet effet, a reconnu que le falpêtre par lui-même ne procure qu'un foible refroidiffement , & que lorfqu'il en opére un plus grand , c'eft moins en qualité de falpêtre, qu'en vertu du fel marin avec lequel il eft mêlé , & dont on le dépouille par la feconde & par la troifiéme cuites.

Par cette épreuve non-feulement on corrige une erreur qui commençoit à gagner ; mais on nous fournit un moyen affez fimple , & plus fûr que ceux qui font en ufage, pour connoître la meilleure poudre à canon ; car comme le falpêtre en fait la principale partie , & que le foufre & le charbon qui n'y entrent qu'en petite quantité , ne font point capables de refroidir la glace ; il eft évident que de plufieurs fortes de poudres celle-là doit paffer pour la meilleure, qui fait prendre à la glace un moindre refroidiffement, car c'eft une marque qu'elle eft faite avec le falpêtre le

plus raffiné, le plus dépouillé de fel
marin.

Le falpêtre non rafiné, ou le fel qu'on en tire, & qu'on n'employe point aux ufages ordinaires à caufe de l'amertume qui lui refte, ne font pas les feules matiéres dont on puiffe fe fervir pour refroidir la glace, au lieu du fel qu'on achete aux gabelles. Si l'on veut épargner la dépenfe, on peut employer la foude, non pas celle qui vient d'Alicant, & qui en porte le nom, mais une autre efpéce qu'on appelle *Varec*, qui fe fait communément fur les côtes de Normandie,& qui n'eft autre chofe que la cendre de l'*Algue*, & de quelques autres plantes marines qu'on y brûle en grande quantité. Cette foude la moins bonne de toutes, & la moins eftimée dans le commerce, ne coûte que 2 fols la livre, & elle refroidit affez la glace pour tenir lieu de fel marin, & même pour lui être préférée à certains égards; car quoiqu'elle faffe un refroidiffement moins grand que lui, dans tous les cas où l'on ne fe pique point d'opérer en 5 ou 6 minutes, elle exige moins de foins, pour empêcher qu'il

N iiij

ne se fasse des glaçons, & elle conser-
ve plus long-tems bonnes à prendre,
les liqueurs qu'elle a converties en
neiges.

Comme l'évaporation du feu qui
passe de l'eau dans l'air, à mesure
que l'atmosphére se refroidit, occa-
sionne la congélation ; aussi lorsque
le feu se ranime dans l'air, & qu'il rentre dans la glace en suffisante quantité, il la fait fondre, il lui rend sa
premiére fluidité ; & c'est ce qu'on
nomme *dégel*. Le feu, pour produire
ce dernier effet, agit non seulement
par lui-même, mais encore par les
parties solides des corps qu'il anime,
& qui ont plus de prise que lui-même sur la glace ; par conséquent à
chaleur égale, la glace se fond d'autant plus vîte qu'elle est touchée par
des matiéres plus denses : sa dissolution se fait donc plus promptement
dans l'eau que dans l'air ; aussi remar-
que-t-on que le dégel n'est jamais
plus général, & ne fait des progrès
si rapides que par un vent du Sud,
parce qu'alors l'air est communément
plus doux & plus humide.

Quand le dégel est commencé,

s'il survient une nouvelle gelée, l'humidité abondante qui mouille la surface de la terre, & le pavé des rues devient une glace continue qu'on nomme *verglas*, & sur laquelle il est difficile de marcher, parce que se conformant aux inégalités du terrein, elle présente continuellement aux pieds des plans différemment inclinés & fort glissans.

XII.
Leçon.

L'eau qui dégoute des toits & des endroits qui ont été couverts de neige, dans ces sortes d'occasions. forme des glaçons pendans qui prennent différentes figures, suivant les circonstances qui accompagnent ces écoulemens, & le degré de froid qui les saisit.

Mais un des plus funestes effets de ces faux dégels, c'est d'abreuver d'eau les terres ensemencées ; car aussi-tôt que la gelée survient, la racine du grain & sa tige naissante se trouvent enveloppées de glace qui les froisse, qui les coupe, & qui souvent les fait périr.

XIII· LEÇON·

De la nature & des propriétés du Feu.

CE que le vulgaire appelle *Feu*, n'est à proprement parler qu'un corps embrasé, dont les parties se désunissent ou s'évaporent en fumée, en flamme, en vapeur, &c. mais cette espéce de dissolution, cet embrasement que l'on connoît tant, & sur lequel le commun des hommes réfléchit si peu, n'est encore aux yeux du Physicien que l'effet (toujours admirable) d'une cause secréte qui pique extrêmement sa curiosité, & qui se dérobe à ses recherches. Comme les objets nous échappent, quand nous les considérons de trop loin, aussi ne les voyons - nous que confusément quand nous en sommes trop près : le feu naît avec nous, il pénétre notre propre substance, ses effets nous suivent par tout ; rien ne nous est plus familier, & c'est peut-être une des

raiſons qui nous empêchent de connoître ſa nature , & qui font que la
Phyſique la plus éclairée ne peut encore offrir que des probabilités ſur
cette grande queſtion. Après une étu-
de de deux ou trois mille ans , après
les méditations des Deſcartes , des
Newton , des Malbranche , après les
obſervations & les expériences des
Boyle, des Boerhaave, des Reaumur,
des Lemery , &c. nous en ſommes encore à ſçavoir definitivement ſi le feu
eſt une matiére ſimple , inaltérable ,
deſtinée à produire par ſa préſence ou
par ſon action, la chaleur, l'embraſement , la diſſolution des corps ; ou
bien ſi ſon eſſence conſiſte dans le
mouvement ſeul, ou dans la fermentation des parties qu'on nomme *inflammables* , & qui entrent comme
principes , en plus ou moins grande
quantité dans la compoſition des
mixtes.

A la vérité cette derniere opinion
n'a plus guéres de partiſans , & ceux
qui la ſoutiennent encore attribuent
communément, ou à l'éther, ou à la
matiére ſubtile le mouvement primi-
tif, ce mouvement inteſtin des par-

ties, en quoi ils font confifter la nature du feu, ce qui rapproche beaucoup les deux fentimens.

Puifqu'il faut donc revenir à une
matiére qui eft comme le principe du
feu, & fans laquelle le mouvément
qui lui eft propre n'auroit pas lieu,
j'aime autant dire avec la plûpart des
Phyficiens, qu'il y a dans la Nature
un fluide propre à cet effet, créé tel
dès le commencement, & qui n'a befoin que d'être excité pour agir : que
ce foit l'éther, que ce foit le premier
ou le fecond élément de Defcartes,
c'eft ce que je n'examine point ici ; le
nom n'y fait rien : & comme la Nature ne produit les êtres qu'avec épargne, tandis qu'elle multiplie leurs propriétés avec profufion ; je fuis très-
porté à croire que c'eft la même matiére qui brûle & qui éclaire, qui nous
fait fentir la chaleur & voir les objets ; en un mot, que le feu & la lumiere confidérés dans leur principe,
font une feule & même fubftance différemment modifiée. Développons
cette idée, & tâchons d'en tirer les
explications des phénomenes que
nous avons à examiner dans cette

leçon & dans celle qui la fuit.

Pour ce qui concerne le feu, j'exa-
minerai d'abord quelle peut-être fa
nature, & comment fon action fe diftribue aux parties des corps qui la reçoivent : J'expoferai enfuite les différens moyens par lefquels on excite
cet élément pour le faire agir : & enfin, je ferai voir à quoi fe réduifent
fes principaux effets , & j'en fuivrai
les différens progrès ; ce qui donnera
lieu à quatre Sections dans lefquelles je comprendrai tout ce que j'ai à
dire fur cette matiére.

En traitant , fuivant la Méthode à
laquelle je me fuis affujetti dans tout
cet Ouvrage , & qui m'a paru la plus
propre à éclairer l'efprit dans la recherche des vérités phyfiques, en traitant, dis-je , par voie d'expérience ,
d'une matiére que fon extrême fubtilité dérobe à nos fens, & que nous ne
pouvons guéres connoître que par
les différens rapports qu'elle a avec
des objets plus fenfibles , & par les
changemens qu'elle peut caufer dans
les autres êtres matériels ; il feroit
peut-être plus naturel de faire précé-
der tout ce que nous pouvons fçavoir

de l'action réciproque du feu fur les
corps, & des corps fur lui, avant que
de rien prononcer fur fon effence &
fur fa maniere d'être ; mais lorfqu'il
s'agira d'expliquer comment certains
procédés mettent le feu en mouvement & augmentent fa force, ou pourquoi il en réfulte tels ou tels effets en
certains cas ; je ferai fouvent obligé
d'employer des idées qu'il eft à propos d'avoir au moins expofées précédemment ; & c'eft ce que je me pro-
pofe de faire dans la premiere fection. Une partie des propofitions que
j'y énoncerai paroîtront peut-être
moins folidement prouvées par les
raifonnemens que j'y joindrai, qu'elles ne le feront par les faits que j'aurai
à citer dans les fections fuivantes ;
mais on pourra toujours les admettre
comme des fuppofitions vraifemblables, fauf à fufpendre fon jugement,
jufqu'à ce que l'expérience vienne à
l'appui du raifonnement.

PREMIERE SECTION.

*Examen préliminaire de la nature
du feu & de sa propagation.*

ARTICLE PREMIER.

De la nature du Feu.

LE Feu confidéré dans son principe doit être autre chose que le mouvement inteftin des parties échauffées, ou la diffipation actuelle des corps embrafés : car dans l'état naturel, tout mouvement une fois imprimé fe ralentit, & ceffe enfin d'être fenfible, en fe diftribuant à une plus grande quantité de matiére, comme je crois l'avoir fuffifamment prouvé dans la troifiéme & dans la quatriéme leçon ; le feu au contraire fe communique avec accroiffement : nous voyons tous les jours qu'une étincelle devient un incendie. Quand je confidére à la fin du jour combien il a fallu de mouvement pour diffiper en flamme, en fumée & en cendres tout le bois que j'ai fait brûler dans ma cheminée, il s'en faut bien que je le trouve tout ce mouvement, dans le choc du caillou & du morceau d'acier, par le moyen duquel on a allumé mon feu le matin. Il y a donc une cause indépendante des parties combustibles, qui non-seulement entretient la premiere inflammation, mais qui facilite encore ses progrès, une cause dont l'action devient plus libre & plus puissante par ses propres effets.

Cette cause doit être une matiére: peut-on la soupçonner d'être autre chose, sans s'écarter des idées les plus généralement reçûes, sans donner dans des fictions qui auroient peine à s'accorder avec un raisonnement méthodique, ou sans mettre en jeu la toute-puissance du Créateur, ce qu'on ne doit faire qu'avec beaucoup de réserve, pour ne pas risquer de lui attribuer des chiméres? On verra dans toute cette Leçon, & dans la suivante, que le feu agit immédiatement & localement sur les corps organisés & autres, qu'il se divise & se partage entre eux, qu'il se contient dans des limites, qu'il reçoit du mouvement, & qu'il en communique

nique : tous ces caractéres n'annon-
cent-ils pas clairement une substance
matérielle ? & l'être qui en est revêtu
ne peut-il pas sans aucune difficulté se
ranger dans la classe des fluides sub-
tils, de même que l'air, l'éther, &c.
sur le genre & sur l'existence desquels
il n'y a point de contestation ?

Boerhaave qui a traité du feu * très-
sçavamment, & d'une maniére plus
complette qu'aucun Auteur que je
sçache, en admirant la prodigieuse
subtilité de cet élément, observe que
quelques Physiciens, frappés aussi de
cette merveille, l'ont pris pour un esprit, plutôt que pour un corps : *ut ab
aliis pro spiritu verius quàm pro corpore
sit agnitus.* Mais on auroit tort de croire que ce sçavant Chimiste ait voulu
souscrire à cette doctrine ; puisqu'au
contraire dans la suite de son Ouvrage * il établit solidement. & par des
preuves d'expérience, que le feu considéré même dans son principe, (*ignis Elementalis,*) est véritablement une
matiére à part, & distinguée des autres à la vérité, mais qui doit être
comprise dans la classe des êtres purement matériels.

** Elem. che-
miæ Tom. I,
pag. 68.*

** Ibid. pag.
203.*

Tome IV.   O

Cet habile homme, exercé dès ses premiéres années à juger de la nature des substances, par la connoissance qu'il sçavoit si bien acquérir de leurs attributs & de leurs propriétés, n'a point balancé sur celle du feu, quoiqu'il crut avec plusieurs autres Sçavans, que cette matiére n'a pas comme les autres corps sublunaires, la tendance déterminée de haut en bas, qu'on nomme pesanteur, opinion combattue par les argumens les plus forts, mais qui a cependant frappé quelques esprits métaphysiciens jusqu'au point de leur faire imaginer en faveur du feu une classe d'êtres mitoyens entre l'esprit & le corps, une demi-matérialité. Car, disent-ils, la gravité étant une propriété de la matiére, si le feu n'est point grave, il n'est point pure matiére.

Il est vrai que nous ne connoissons point de corps appartenant à la terre, qui n'ait une tendance vers le centre de cette planete; mais on ne peut pas dire pour cela que la pesanteur soit un attribut essentiel à la matiére, qu'une substance ne puisse être matérielle, sans être pesante; le feu pourroit être

un fluide , fi généralement répandu
dans la nature , qu'il n'appartînt pas
plus à une planete qu'à une autre ,
qu'il n'eût aucune tendance particuliére & déterminée , & qu'il affectât
feulement de fe répandre uniformément , & de fe mettre en équilibre
avec lui-même par un effort qui feroit
tout autre que celui de cette pefanteur , dont il eft ici queftion , ce qui
n'empêcheroit pas qu'il ne fût une
vraie matiére.

Mais avant que d'en venir à cette
raifon, on ne doit pas convenir, comme d'une chofe décidée , que le feu
n'ait point de pefanteur ; on peut citer au contraire plufieurs expériences
faites & répétées par mains de maîtres, fur la foi defquelles il paroît que
certaines matiéres ont acquis du poids
en acquérant du feu , comme fi cet
élément en eût en effet augmenté la
maffe, en fe mêlant avec elles , & en
fe logeant dans leurs pores.

Boyle a écrit un Traité tout entier *
pour prouver que la flamme eft pe-
fante ; l'Hiftoire de l'Académie des
Sciences par M. Duhamel fait mention
de plufieurs minéraux calcinés , dont

* De ponderabilitate flammæ.

XIII. LEÇON.

O ij

le poids a été augmenté d'un $\frac{1}{16}$;
ou même quelquefois d'un $\frac{1}{10}$ dans
l'opération : & c'eſt une choſe connue de tous les ouvriers qui travaillent à la fayance , que l'étain
réduit en chaux pour faire cette eſpéce d'émaïl blanc , dont on enduit
les vaiſſeaux quand ils ſont fabriqués
en terre , que cet étain , dis-je, ſort
du fourneau pour l'ordinaire d'un $\frac{1}{12}$,
ou environ plus peſant qu'il ny étoit
entré.

Je ne diſſimulerai pas que ces expériences ne ſont pas auſſi déciſives
qu'on pourroit le croire ; ſoit parce
qu'on peut ſoupçonner que cette augmentation de poids n'eſt pas cauſée
par le feu proprement dit , mais par
toute autre matiére qui s'unit aux
corps que l'on calcine , & qui peut
venir ou de l'air qui les touche , ou
des vaiſſeaux qui les contiennent, ou
des inſtrumens avec leſquels on les
agite pendant l'opération , ou bien
même du charbon qui ſert d'aliment
au feu , ſoit parce qu'on eſt peu d'accord ſur ces faits , & que l'on voit un
Boerhaave oppoſer les ſiens à ceux des
Lemery & des Homberg, c'eſt-à-dire,

le pour & le contre foutenu par les
plus grands Maîtres.

Mais quand l'expérience n'auroit
jamais prouvé d'une maniére certaine
que le feu eft pefant, on ne peut pas
dire qu'elle ait décidé le contraire ; fi
la balance n'a pas perdu fon équilibre
quand on a pefé chaud, ce qu'on avoit
pefé froid précédemment ; il eft plus
naturel de penfer que l'augmentation
du poids dans le corps chauffé, n'a
point été affez grande pour faire tré-
bucher l'inftrument, que de fuppofer
qu'elle ait été abfolument nulle; parce
que toutes les autres matiéres con-
nues ayant de la pefanteur, on ne doit
point croire que celle du feu foit exceptée de la loi générale, fans en avoir
des preuves pofitives & évidentes.

D'ailleurs, quand on péfe une maffe
de fer embrafée, comme a fait Boerhaave, eft-il bien décidé, & doit on
croire que le feu, s'il eft pefant, doive
en pareil cas joindre fa pefanteur à
celle du métal qu'il embrafe ?

Selon le fentiment même de ce fçavant Phyficien, (fentiment qui me paroît très-probable, & dont je don-
nerai bien-tôt les raifons) le feu eft

XIII.
Leçon.

préfent par tout, au-dehors, comme
au-dedans des corps ; dans le tems de
l'embrafement le feu intérieur de la
maffe de fer , ne différe de celui qui
l'environne , que par fa quantité ou
par une plus grande action : mais l'un
& l'autre communiquant enfemble
avec d'autant plus de liberté que les
pores du métal échauffé font plus ouverts ; dans cette fuppofition , je dis
que le feu ne porte point fon poids
fur la balance , mais qu'il fe met en
équilibre avec celui du dehors , comme l'eau qui remplit un corps très-
fpongieux ne le charge point de fon
propre poids , fi ce corps eft plongé
dans de pareille eau ; ou, pour ufer d'u-
ne comparaifon plus analogue au fait
dont il s'agit , imaginons que je péfe
dans l'air libre un ballon creux & rempli d'un air femblable à celui qui l'environne , & avec lequel il communique ; felon les loix de l'Hydroftatique , établies & prouvées dans notre
huitiéme Leçon, le bras de la balance
ne porte ici que la matiére propre du
ballon , moins le poids de la quantité
d'air dont cette matiére tient la
place.

Et quand bien même on suppose-
roit que cet air intérieur, eût une action quelconque, pourvû que cette
action ne changeât rien à sa masse, ni
à la communication libre qu'il a avec
l'air environnant, les choses subsiste-
roient encore dans le même état.

On me dira peut-être que la comparaison péche, en ce que non-seulement le feu est en action dans le fer
échauffé, mais qu'il y en a aussi une
plus grande quantité, que lorsqu'il est
froid.

Hé bien, faisons donc entrer dans
notre ballon plus d'air qu'il n'y en a,
pour conserver une parité plus parfaite ; mais il faut qu'on m'accorde aussi
que le ballon imaginaire devient plus
grand, à mesure qu'il y entre plus d'air;
car on verra par la suite qu'un morceau
de métal qui s'échauffe augmente de
volume à proportion : alors je ne vois
pas pourquoi l'équilibre ne pourroit
pas subsister comme auparavant, sur-
tout lorsqu'il s'agit d'un équilibre, qui
ne peut être altéré sensiblement que
par une inégalité de poids assez considérable, à cause des imperfections
inévitables des instrumens qu'on est

obligé d'employer en pareils cas.

Mais si par ces raisons le fer embrasé de Boerhaave n'a pas dû paroître plus pesant, pourquoi l'antimoine & le plomb calcinés de M. Homberg l'ont-ils été d'une quantité si considérable ? & pourquoi toutes les matiéres qui éprouvent un même dégré de feu, n'augmentent-elles point également en poids ? Voici ce que je réponds à ces difficultés.

Ou l'augmentation de poids dans ces minéraux ne vient point du feu, & alors il faut convenir que la pesanteur de cet élément n'est point prouvée par l'expérience, & s'en tenir à la probabilité fondée sur ce que le feu est une matiére, & que toute matiére connue est pesante ; ou bien on peut supposer qu'il y a certains corps où le feu demeure concentré après la calcination, au lieu de s'évaporer comme il fait le plus communément, & dont le refroidissement n'est qu'un simple ralentissement de l'action du feu ; ralentissement qui seroit très-compatible avec une plus grande quantité de ce fluide assoupi, & comme fixé par la nouvelle disposition

des

des parties qui le renferment , & qui
le retiennent. Ne fçait-on pas , que
par la calcination, ou par une fimple
torréfaction, nombre de matiéres deviennent propres à rendre de la lumiére, à fermenter, à s'enflammer, à
fulminer même ; tous ces exemples ,
que j'aurai occafion de faire voir dans
la fuite de ces Leçons , favorifent
beaucoup ma derniére hypothéfe.

Je conclus donc que le feu , confidéré dans fon principe, eft une vraie
matiére : premiérement parce qu'il en
a les attributs les plus effentiels , l'é-
tendue & la folidité ; fecondement ,
parce qu'il en poffséde aufsi les propriétés les plus communes , comme
la mobilité ; ce qui eft inconteftable ,
& la pefanteur , felon toute apparence.

Cette matiére eft un être à part ,
dont la nature eft fixe & inaltérable ;
je ne puis croire , comme l'ont penfé
quelques Auteurs , que ce foit un
mixte réfultant de l'affemblage de certaines fubftances réunies , & animées
par un mouvement de fermentation :
car il en faudra toujours revenir à expliquer cette efpéce de mouvement

Tome IV.   P

qu'on suppose, & qui différe des autres, en ce qu'au lieu de se représenter
comme eux avec déchet, ou tout au
plus sans perte, il se montre toujours
plus grand que la cause apparente qui
le fait naître. Quand on me dira que
des sels, du soufre, de l'air, &c. mêlés ensemble à certaines doses composent du feu, parce que ces matiéres
fermentent ; je n'en serai pas mieux
instruit, si l'on ne m'apprend d'où
procéde ce mouvement de fermentation, qui a la propriété de croître
comme de lui-même, & sans qu'on y
applique une nouvelle cause. Dans
toutes ces matiéres qu'on me présente
comme les principes du feu, je ne
vois, comme dans tous les autres
corps, que des petites masses dispo-
sées à partager seulement une certaine
quantité de mouvement qu'une autre
masse leur imprimera, mais absolu-
ment incapables d'y rien ajoûter par
elles – mêmes ; l'exemple d'un petit
ferment qui vient à bout de remuer,
de soulever une grande quantité de
matiére, n'est qu'une comparaison
qui n'éclaircit rien quant au fond,

& qui a befoin elle-même d'être expliquée.

D'ailleurs, je ne vois pas ces pré-
tendus principes du feu au foyer d'un
miroir concave, ni à celui d'un verre
lenticulaire, où les pierres fe calcinent, où les métaux fe fondent & fe
vitrifient. Dira-t-on que ces rayons
raffemblés ne font pas un véritable
feu? ou bien en faudra-t-il diftinguer
de deux efpéces dans la Nature? La
premiére prétention feroit abfurde; la
feconde feroit fans fondement.

Le feu élémentaire doit être confidéré comme un fluide, mais un fluide
qui ne ceffe jamais de l'être : fes parties, lorfqu'elles fe mêlent à celles
des autres corps, peuvent bien s'unir,
fe fixer, pour ainfi dire, & prendre
confiftance avec elles, à peu près
comme l'air dont on trouve des particules difféminées dans toutes les
fubftances terreftres; mais ces mêmes
parties n'affectent jamais une pareille
union entr'elles, jamais on ne voit la
matiére propre du feu, quelque condenfée qu'elle puiffe être, former une
maffe compacte; ce cône lumineux &
brûlant, dont le fommet forme le

P ij

foyer du plus grand miroir ardent, est encore plus divisible, plus liquide, que l'air même dans lequel il est ; & dès que l'on voile la surface réfléchissante sur laquelle sa base est appuyée, il disparoît dans un instant, sans qu'il en reste aucune marque dans le lieu qu'il occupoit.

Non-seulement le feu est constamment fluide par lui-même, mais il y a toute apparence qu'il est la cause principale de toute fluidité, comme je l'ai déja avancé en plusieurs endroits de cet Ouvrage, & comme il sera facile de s'en convaincre par les faits que je rapporterai dans la troisiéme Section. C'est à l'aide de cet élément que les parties des corps se soulévent, qu'elles se détachent les unes des autres, & qu'elles jouissent de cette mobilité respective qui distingue le corps fluide de celui qu'on nomme solide : c'est par le ralentissement ou par l'absence de ce même élément que des particules qui étoient mobiles entr'elles, qui rouloient les unes sur les autres au gré de leur pesanteur, ou de toute autre impulsion, se rapprochent, se touchent davantage, se lient & prennent confiſtance.

Ce qui donne un grand poids à cette idée, (qui d'ailleurs eſt généralement reçûe,) c'eſt que les corps qui ſe liquefient par l'action du feu, augmentent de volume, & qu'au contraire ceux qui ſe durciſſent en ſe refroidiſſant, diminuent de grandeur; ce qui doit être néceſſairement, ſi ces deux états (la liquidité & la ſolidité) ſont cauſés, comme nous le diſons, par un fluide étranger qu'on force d'entrer dans une certaine portion de matiére, ou qu'on en fait ſortir : car il eſt naturel que deux quantités de matiére jointes enſemble occupent plus de place, que l'une des deux ſéparée de l'autre.

On pourra m'objecter qu'on voit ſouvent des corps diminuer de grandeur par l'action du feu; les rayons du Soleil, en deſſéchant la boue des rues, la font preſque diſparoître. Dans les grandes chaleurs on voit la terre s'entrouvir de tous côtés, ce qui vient, ſans doute, de ce que l'étendue de ſa ſurface diminue; le ſel, le ſucre, &c. perdent auſſi de leur volume dans les étuves.

Dans tous ces exemples, & dans une infinité d'autres, qu'on pourroit encore citer, le feu a deux effets. Le premier, & qui est le plus considérable, est d'enlever par évaporation l'eau dont ces différentes matiéres sont pénétrées ; & cette diminution qui se fait de la masse, diminution dont il est facile de se convaincre par l'épreuve de la balance, est assez grande le plus souvent pour occasionner celle du volume. Le second effet consiste à raréfier la matiére propre des corps qui se desséchent en s'échauffant, & cette raréfaction en augmente réellement la grandeur. Le même sujet devient donc en même-tems plus petit & plus grand à certains égards : plus petit, qu'il ne seroit s'il conservoit l'humidité qu'on lui fait perdre ; plus grand qu'il n'auroit été, si le desséchement, l'évaporation de l'eau se faisoit par une chaleur plus lente & moins forcée ; ainsi dans les cas dont il s'agit, comme dans tous les autres, le feu qui s'introduit dans les corps, en augmente réellement le volume, mais souvent cette augmentation est plus que compensée par la diminu-

tion qui fuit néceffairement d'une portion confidérable, retranchée ou enlevée de la maffe, de forte que nos
fens ne faififfent ordinairement que ce
dernier effet.

Il fe préfente une difficulté plus fpé-
cieufe & plus embarraffante que celle
à laquelle je viens de répondre, dans
la congélation de l'eau, dans le fer
fondu,& dans quelques autres matiéres qui augmentent réellement de volume, en prenant confiftance de folide;c'eft-à-dire,en perdant une grande
partie du feu dont elles étoient pénétrées. Mais je crois avoir donné des
raifons plaufibles de ces exceptions
remarquables dans la Leçon précédente, * c'eft pourquoi je ne m'y arrêterai pas davantage.

De tous les fluides que nous connoiffons par nos fens, il n'en eft aucun dont les parties égalent en fineffe,
en ténuité, celles du feu proprement
dit : une réflexion très-fimple peut
nous convaincre de cette vérité.
L'eau, les huiles, les liqueurs fpiri-
tueufes & les plus volatiles, les odeurs
les plus pénétrantes, l'air même, au
oins celui que nous refpirons, &

* 3e fection,
pag. 104.

P iiij

qui nous eſt le plus connu, ſe contiennent dans des vaiſſeaux de métal,
de verre, &c. pourvû qu'ils ſoient
exactement bouchés, & on les en ex-
clut de même : mais on ne connoît
aucun moyen d'empêcher que le feu
ne paſſe ou ne s'étende d'un lieu dans
un autre, aucun moyen de l'aſſujettir
& de le fixer lorſqu'il eſt en action ;
on peut bien modérer ſes mouvemens, rallentir ſa marche par l'inter-
poſition de quelque autre matiére ;
mais cet obſtacle, quel qu'il ſoit, le
laiſſe enfin échapper, ou lui donne
accès. La plus groſſe maſſe, le corps
le plus compact, le plus dur, le plus
froid, en apparence, s'échauffe dans
toute ſon épaiſſeur, ſi le feu l'attaque
ſeulement par un côté : le poiſſon qui
nage au fond de la mer, jouit à la
longue de la douce température qui
régne dans l'air ; & la chaleur moyenne qu'on reſſent à la ſurface de la terre, ſe retrouve dans les ſouterreins les
plus profonds.

De quelle dureté, de quelle ſolidité ne doivent point être les particules ignées ! Rien ne leur réſiſte, &
elles réſiſtent à tout : un diamant qu'on

laiffe tomber dans le feu s'y dépolit,
fes angles s'y émouffent : il y perd fa
tranfparence : tous les mixtes s'y dé-
compofent, au point que leurs principes, recueillis avec le plus grand
foin & remis enfemble, ne reprennent
jamais la même forme qu'ils avoient
avant la défunion : ces principes mêmes fe fubdivifent encore par un plus
grand feu, de forte que cet élément
peut être regardé avec raifon comme
un diffolvant univerfel.

S'il agit fur des matiéres plus fimples, les parties qu'il défunit pourront bien garder leur premiére forme, quand on les remettra enfemble,
mais il portera leur divifion au - delà
de tout ce qu'on oferoit penfer, fi des
faits bien conftans ne foutenoient un
peu l'imagination. Nous avons fait
voir * une très-petite goutte d'eau divifée, jufqu'à remplir une fphére creufe
de verre, qui avoit prefque deux pouces de diamétre. Mais pour entamer
de fi petits corps, & pour les divifer
à un tel dégré, quelle fineffe & quelle
dureté ne doit-on pas fuppofer à un
agent qui en vient à bout !

Ce que le feu opére fur les autres

* Tom. 4.
11e Leçon. p.
74.

corps, aucun d'entr'eux ne le fait sur lui : connoît-on quelque matiére qui ait prise sur celle du feu ? Outre que l'expérience ne nous offre rien qui nous mette en droit de le penser, le raisonnement nous conduit à croire que cela est impossible ; car puisque nous voyons cet élément diviser toutes les substances sensibles, jusques dans leurs moindres parties, on ne voit pas comment ces parties nécessairement plus grossiéres que l'instrument qui les désunit, pourroient l'entamer.

La grande dureté des parties ignées résulte de leur extrême petitesse ; car les corps sont d'autant moins compressibles, qu'ils ont moins de pores, & par conséquent d'autant moins, qu'ils approchent plus de la premiére simplicité, par le petit nombre des particules qui les composent ; on conçoit aisément qu'un être matériel qui seroit un, qui ne seroit point composé de plusieurs particules unies dans le même tout, on conçoit, dis-je, qu'un petit corps de cette espéce seroit véritablement un *atôme*, ne pourroit jamais être entamé, qu'il seroit inaltérable ; ainfi puifque les parties du feu élémentaire font capables de tout divifer, & que rien de tout ce que nous connoiffons, n'eft impénétrable pour elles, il faut bien que rien ne les égale en fineffe , en ténuité , ni par conféquent en dureté , en folidité.

Ce qu'il y a de plus admirable , je dirois même de plus effrayant , fi nous étions moins accoûtumés à voir fubfifter les chofes telles qu'elles font, & fi nous pouvions ignorer que tous les refforts de la Nature font modérés par une Sageffe qui eft infiniment au-deffus de nos foibles conceptions ; ce qu'il y a, dis-je , de plus admirable , c'eft que cet élément qui eft capable de tout détruire , de tout diffoudre , réfide par tout. Il eft dans l'air que nous refpirons , & dans lequel nous vivons depuis l'inftant de notre naiffance ; il eft dans la terre fur laquelle nous marchons ; il eft dans toutes les fubftances que nous touchons , ou qui paffent dans nos corps par forme d'aliment ; il eft au-dedans de nous-mêmes , nous n'avons pas un grain pefant de chair ou d'os qui n'en foit plus intimement pénétré, qu'une éponge ne l'eſt par l'eau, quand elle y eſt plongée. Sa préſence eſt univerſelle & pour les lieux & pour les tems : en quelque endroit du monde qu'on ſe tranſporte, à quelque heure du jour ou de l'année qu'on l'éprouve, on peut rendre le feu ſenſible, ſi l'on employe les moyens convenables.

On ſçait que le thermométre eſt un inſtrument qui indique les dégrés de chaud & de froid ; ou pour parler plus phyſiquement, les augmentations & les diminutions de la chaleur ; car ce qu'on nomme communément le *froid*, n'eſt qu'un moindre chaud, comme nous le prouverons dans la ſuite : or ſi l'on convient que la chaleur eſt un effet du feu, on ſe perſuadera aiſément que cet élément eſt préſent en tout tems, en tout lieu, en faiſant les réflexions qui ſuivent.

Puiſque dans tous les tems de l'année, & dans tous les lieux du monde, un thermométre expoſé à l'air libre, ſouffre des variations ſenſibles, puiſque la liqueur s'éléve plus ou moins dans le tube ; c'eſt une preuve inconteſtable que toujours & par tout cet inſtrument eſt plongé dans une ma-

tiére qui le fait paroître tantôt plus,
tantôt moins plein ; & cette matiére
n'eſt point l'air qui l'environne, car
nous ſçavons qu'il ne pénétre point le
verre ; c'eſt donc un autre fluide plus
ſubtil, & ce fluide eſt celui d'où procéde la chaleur, puiſque le thermométre ne paroît jamais ſe remplir davantage, que la chaleur n'augmente
en même-tems ; l'air de notre atmoſphére contient donc toujours de cette
matiére, que nous appellons feu élémentaire.

Qu'on applique le thermométre à
tel autre corps qu'on voudra, ſoit liquide, ſoit ſolide, en quelque tems
que ce ſoit, ou la liqueur de l'inſtrument pourra deſcendre, ou elle pourra monter : ſi elle monte, il eſt inconteſtable que cette matiére qui touche
le thermométre, a un certain degré de
chaleur, qu'elle contient une certaine
quantité de feu en action. Si elle deſ-
cend, c'eſt une marque que cette matiére eſt moins chaude, qu'elle contient un feu moins animé que celui
du milieu d'où ſort l'inſtrument ; mais
cette matiére fût-elle de la glace, je
ſoutiens qu'elle n'eſt point entiére-

ment privée de feu ; car on a vû dans la Leçon précédente, * qu'en y mêlant du sel on la rendroit plus froide qu'elle n'est ; de sorte que si le thermométre avoit été plongé pendant quelque tems dans cette glace refroidie, & qu'on le remît ensuite dans de nouvelle glace toute pure, il s'y réchaufferoit indubitablement, sa liqueur s'éléveroit dans le tube.

Ce que je dis de cette glace simple, auroit lieu par rapport à celle qui est refroidie par l'addition du sel, si le thermométre sortoit d'une matiére encore plus froide : & qui sçait quel est le dernier terme possible de froid, ou pour parler plus exactement, jusqu'à quel point un lieu ou une matiére peut être privée du feu, ou de la chaleur ?

Ces épreuves ont le même succès dans le vuide, le thermométre y est sujet à des variations très-sensibles ; ainsi l'on peut conclurre en toute sureté que la matiére du feu est partout, puisqu'il n'y a aucun espace connu, plein ou vuide des substances que nous connoissons, où son action ne se fasse sentir.

Mais fi la chaleur actuelle n'étoit
pas un figne affez certain de la préfence & de l'action du feu, on devroit au moins fe rendre, quand il fe
manifefte par l'embrafement, quand
il éclate en lumiére : & ne fçait-on
pas que la nuit comme le jour, & par-
tout où l'on fe trouve, on peut faire
étinceler deux cailloux ou deux grès
que l'on heurte l'un contre l'autre?
que le fer d'un cheval ou la bande
d'une roue de charette qui gliffe fur le
pavé, y fait communément une trai-
née de feu? que les effieux des roues
s'enflamment par le frottement, & que
la lime du Serrurier met un morceau
de métal en état d'allumer du bois?

Rien ne prouve mieux cette préfence univerfelle du feu, que ces
phénoménes admirables que nous offre l'électricité : on ne peut plus douter, fans affecter de l'obftination, que
la matiére dont la Nature fe fert pour
opérer ces merveilles, ne foit, (au
moins quant au fond) la même que
le feu élémentaire ; mais cette matiére
fe trouve par-tout, puifque tout s'é-
lectrife ; elle s'y trouve toujours,
puifque l'on peut toujours électrifer.

Quand on s'eſt bien convaincu par l'inſpection des faits que la matiére électrique & celle du feu ſont eſſentiellement la même choſe ; il n'eſt guéres poſſible alors d'attribuer la chaleur & l'embraſement au ſeul mouvement des parties propres du corps qui s'échauffe ou qui brûle : car ce fluide qu'on voit couler d'une barre de fer, ou du doigt d'une perſonne électriſée, n'eſt certainement ni du métal ni de la chair; il eſt même d'une nature tout-à-fait différente de ces ſels, de ces huiles, de cet air au mêlange & à la fermentation deſquels on attribue l'eſſence du feu. Par de pareils extraits, un corps perdroit ſa propre ſubſtance, il s'épuiſeroit enfin ; au lieu que cette matiére enflammée qui s'élance du corps électriſé, & qui allume des liqueurs inflammables, ne paroît tenir preſque en rien aux parties propres du corps d'où elle émane.

On croit aſſez communément que certaines matiéres contiennent plus de feu que d'autres, qu'il y en a plus dans le ſoufre, par exemple, dans l'huile, dans l'eſprit de vin, dans la poudre à canon, dans le phoſphore d'urine,

d'urine, que dans bien d'autres corps
dont la porofité feroit même égale à
celle de ces matiéres ; & cette opinion eft très-probable : elle eft au
moins fort commode pour rendre raifon de la prompte inflammabilité qui
diftingue certaines fubftances des autres ; & fans elle, il me femble qu'on
doit avoir beaucoup de peine à expliquer l'augmentation du poids des
métaux calcinés, fi cette augmentation eft auffi réelle qu'apparente.

Cependant Boerhaave, dont l'autorité eft ici d'un grand poids, n'eft
point de ce fentiment ; il penfe que la
matiére du feu eft uniformément répandue par-tout, dans les folides
comme dans les milieux fluides, en
raifon des efpaces qu'elle y trouve à
remplir ; de maniére qu'un corps inflammable, felon lui, ne différe pas
d'un autre, parce qu'il contient une
plus grande quantité de feu, mais
feulement parce que fes parties propres font de nature à fe prêter plus
aifément à l'action du feu, quand elle
viendra à être excitée. La raifon qu'il
en donne, & qui eft très-fpécieufe,
c'eft, dit-il, que tous les corps, quand

Tome IV.   Q

ils ont été un tems fuffifant dans le même lieu, prennent tous la même température : un thermométre plongé dans l'eau, & enfuite dans l'efprit-de-vin, ou dans une huile quelconque, fe tient toujours au même degré ; & cependant il eft indubitable que ni dans l'une ni dans l'autre liqueur l'action du feu n'eft entiérement éteinte : comment donc cette action ne feroit-elle pas plus grande dans l'efprit-de-vin que dans l'eau, s'il y avoit un plus grand nombre de parties ignées agif-fantes en même-tems ?

Il eft certain que ceci forme une difficulté confidérable : mais on en trouve auffi de fort grandes dans l'o-pinion de Boerhaave. Car en fuppo-fant avec lui que l'inflammabilité des corps confifte feulement dans une dif-pofition de parties plus ou moins grande à fe mettre en action quand le feu qu'elles renferment les y folli-cite ; on fera toujours en peine de fça-voir pourquoi cette puiffance inter-ne, qui paroît être la même dans tous les corps d'un même lieu, à en juger par le thermométre, n'a pas des effets plus grands & plus prompts

fur ceux de ces corps, dont on croit
que les parties oppofent moins de réfiftance. Si l'efprit-de-vin par exemple, eft plus inflammable que l'eau,
par cette raifon qu'il eft compofé de
principes plus difpofés à obéir aux efforts du feu qu'il renferme ; pourquoi ces efforts qui ne font pas moindres en lui qu'ils le font dans l'eau,
comme on le fuppofe, n'agiffent-ils
pas avec plus d'efficacité fur fes parties que fur celles de l'eau ?

Quelque parti que l'on prenne fur
cette queftion, on doit donc s'attendre à être arrêté par des difficultés :
l'imagination nous offriroit peut-être
des moyens pour y répondre ; mais
ce n'eft point d'elle feule que nous
voulons recevoir des folutions ; nous
avons réfolu dès le commencement
de cet Ouvrage de ne la point écou-
ter, fi l'expérience ne parle pour elle;
les faits qui peuvent nous éclairer fur
ce qui nous arrête ici, appartiennent
à la Leçon qui fuivra celle-ci; il convient donc de fufpendre notre jugement, jufqu'à ce que nous les ayons
vûs & difcutés.

Contentons-nous de fçavoir pour le

Q ij

préfent que le feu élémentaire, le principe & la caufe de tous les feux, dont
nous faifons ufage felon nos befoins,
eft une vraie matiére diftinguée par fon
effence de toutes les autres qu'elle anime de fon propre mouvement : fluide
par excellence, & incapable de fortir de cet état, d'une dureté & d'une
fubtilité fans pareille & toujours préfente par-tout. Portons enfuite nos réflexions fur fa maniére d'être, & con-
cevons, s'il eft poffible, comment
l'action du feu fe propage ; par quel
méchanifme fecret il fe peut faire
qu'un petit embrafement en caufe un
plus grand, comme nous voyons que
cela arrive tous les jours.

ARTICLE II.

De la Propagation du Feu.

LA progagation du feu, comme
je l'ai déja remarqué, quand elle
eft portée jufqu'à l'inflammation, n'eft
point un phénoméne qu'on puiffe jamais expliquer par la fimple communication d'une certaine quantité de
mouvement déterminée, fi l'on ne

confidére que le moteur apparent, & que l'on régle fes raifonnemens felon ce qui nous eft connu des loix que fuit la nature dans le choc des corps. Quand une matiére s'embrafe par le mouvement qu'on lui imprime par dehors, il faut de toute néceffité que le choc ou le frottement, premiere caufe de fon inflammation, foit aidé par une puiffance préexiftante, qui n'attendoit que l'occafion de fe manifefter, par une puiffance qui eft comme en équilibre avec la cohérence des parties propres du corps inflammable, & qui devient victorieufe, lorfqu'un pouvoir extérieur vient ébranler ce qui la retient, & lui donner à elle un nouveau dégré d'activité. Sans cela tout ce que je vois arriver après le choc d'un caillou tranchant contre un morceau d'acier trempé, l'étincelle qui pétille à mes yeux, l'embrafement de l'amadou, l'inflammation d'une allumette, d'un fagot, d'un bûcher tout entier, &c. tout cela me repréfente des effets qui excédent infiniment leur caufe, & fi cette caufe eft unique, tout ce que j'ai vû eft miracle ; car c'eft une loi fondamentale en Phy-

fique, un axiome reçû de tout le monde, que l'effet ne peut pas être plus
grand que fa caufe.

Ce fut apparemment cette confidé-
tion qui porta l'Académie des Sciences à propofer pour le fujet du prix en
1738. la queftion *de la nature & de la
propagation du feu*, queftion qu'elle re-
garda fans doute comme importante
& comme très-difficile, puifque par
la publication de fon programme elle
s'adreffa à tous les Sçavans du monde,
pour tâcher d'en avoir la folution.

De toutes les piéces qui concouru-
rent, trois furent couronnées par l'A-
cadémie, & deux autres furent ju-
gées dignes de l'impreffion; ces deux
derniéres auroient peut-être même
partagé le prix avec les trois premiéres, fi leurs Auteurs, à l'imitation du
fage Boerhaave, ne fe fuffent beaucoup plus occupés des chofes fur lefquelles on peut confulter l'expérience, que de la queftion propofée, qui é-
toit cependant le principal objet qu'il
falloit remplir dans cette occafion.

Les trois premieres piéces contiennent des chofes fort ingénieufes fur
la propagation du feu : on fent bien

que tout ce qu'on peut dire sur une
telle question, doit indispensablement
tenir à quelque hypothèse ; mais j'en
trouve une parmi les autres , qui m'a
toujours paru si naturelle, & quadrer si
bien avec ce que nos sens nous apprennent touchant le feu & ses différens progrès , que je n'ai jamais balancé à lui donner la préférence; cette
hypothèse est du célèbre M. Euler
alors Professeur de Mathématiques à
Petersbourg, & Membre de l'Académie Royale des Sciences de Berlin où
il est présentement. C'est principalement en suivant les idées de ce sçavant
Mathématicien que je vais tâcher de
faire entendre en peu de mots comment le feu contenu dans l'intérieur
d'un corps combustible devient capable d'un effet qui surpasse en apparence le pouvoir dont on se sert, pour le
mettre en action.

Il paroît que l'action du feu s'étend
dans les corps de deux façons différentes ; quelquefois elle n'y cause que
ce mouvement intestin des parties ,
qu'on nomme *Chaleur* par rapport à
nos sens, & qui se passe sans dissipation notable ; tel est l'état d'un mor-

ceau de pierre ou de métal que l'on plonge pendant un certain tems dans une chaudiére pleine d'eau qu'on a fait chauffer. D'autres fois elle agite tellement la matiére propre du corps dans lequel elle s'exerce, qu'elle en défunit les molécules, qu'elle les en-léve, & les diffipe, comme on voit qu'il arrive à un morceau de bois que l'on a pofé fur des charbons ardens.

Lorfqu'il n'y a qu'une communica-tion de chaleur, tout fe paffe en ap-parence conformément aux loix con-nues ; le corps qui en échauffe un au-tre, ne donne pas plus, pas même autant qu'il a reçû : & la chaleur ác-quife l'eft toujours aux dépens de celle qu'on employe pour la communiquer; comme une maffe en repos ne reçoit du mouvement, qu'en partageant ce-lui d'une autre maffe qui l'a choquée. Voilà comme les chofes fe paffent en général ; s'il y a quelques exceptions, quelques particularités à remarquer à cet égard, elles peuvent s'attribuer à des caufes accidentelles, & ce n'eft point ici le lieu d'en faire mention.

C'eft donc principalement pour les cas, où il y a embrafement ou difperfion

fion des parties, que nous devons imagi-
giner à la matiére du feu une forte de
mouvement, ou de tendance qui la
mette en état de faire comme d'elle-
même ces progrès fenfibles qui fuivent
du premier choc qui commence à l'a-
nimer. Imaginons donc, ou plutôt ex-
pofons ce qu'on a imaginé, & foute-
nons les poffibilités que nous aurons
avancées, par des exemples qui les rendent intelligibles & vraifemblables.

Il eft poffible, & c'eft une idée reçue depuis long-tems par les plus habiles & les plus célèbres Phyficiens, *
que la matiére du feu ait de fa nature
une force expanfive, c'eft-à-dire, que
chacune de fes molécules peut être
conçue comme un petit ballon comprimé, qui tend à s'étendre de toutes
parts, ou comme un affemblage de petites parties, qui font effort pour s'é-
carter l'une de l'autre, & à s'étendre
de tous côtés pour occuper un plus
grand efpace, à peu près comme nous
voyons que les plus petits globules
de notre air s'étendent, & s'aggrandif-
fent, quand on leur en donne lieu.

Tranfportons maintenant cette premiére idée à des corps fenfibles, &

XIII.
Leçon.

* Male-
branche,
Mém. de
l'Acad. des
Sc. 1699. p.
33.
Lemery.
Ibid 1709. p.
400.
Boerhaave.
* Elem. Che-
miæ, p. 192.

suppofons qu'on ait mis dans un pa-nier une centaine de petits globes de verre creux, remplis d'air comprimé, bien bouchés, & tellement minces qu'à peine ils puiffent réfifter à l'effort du fluide qu'ils renferment ; fi par le plus petit accident quelques - uns de ces globes fragiles viennent à être heur-tés, on conçoit bien que ce petit choc aidé de la réaction du fluide élaftique qui eft renfermé, ébranlera les parties du verre, jufqu'à le brifer ; & que fes fragmens pouffés violemment par l'air qui fe dilate, pourront brifer les glo-bes voifins, qui par les mêmes raifons étendront le dommage.

Ne voyons-nous pas quelque chofe d'affez femblable à cet effet, & de plus analogue au fujet dont il s'agit, dans l'embrafement fubit d'une charge de poudre à canon caufée par la feule inflammation de quelques grains ? Chacun de ces grains peut être con-fidéré comme un petit ballon extrê-mement fragile à l'égard des parties du feu qu'il renferme ; car en quoi confifte la fragilité d'un corps ? C'eft fans doute dans la facilité avec laquel-le les parties peuvent être défunies ;

or le falpêtre, le foufre, le charbon
qui compofent la poudre avec l'air qui
ne manque pas de s'y mêler, font toutes matiéres que le feu défunit très-facilement, & qui ne peuvent que très-
peu réfifter à fon action.

Il y a fans doute une grande difpa-
rité dans la comparaifon que je fais des
grains de poudre avec des globules de
verre remplis d'air comprimé, & qui
fe brifent par un effort extérieur; car
l'étincelle qui allume la poudre, n'a
probablement fon effet, que parce
qu'elle anime immédiatement le feu
que ce grain contient au dedans de lui-
même : mais on doit préfumer que ce
premier ballon que je fais rompre par
le choc, fe briferoit également, fi une
caufe quelconque augmentoit d'un
dégré feulement la force expanfive de
l'air qu'il contient, & que les plus pro-
chains éclateroient enfuite, fi cette
premiere portion d'air, en s'échappant
de fa prifon, faifoit fur les autres ce
que la premiere caufe a opéré fur elle.
En retenant donc cette premiére idée
qui naît de notre comparaifon, fçavoir, qu'un corps inflammable comme un grain de poudre à canon, par

exemple, eſt un aſſemblage de petites portions de feu dont chacune eſt
enveloppée d'une autre matiére non
expanſible par elle-même, mais toute
prête à ſe diviſer, dès que l'expanſion du fluide qu'elle contient l'y for-
cera, en retenant, dis-je, cette premiére idée, voyons comment une étincelle de feu appliquée extérieurement
pourra produire cette effet.

On ſe ſouviendra ici que tous les
corps ſont poreux, quelque petits
qu'ils ſoient, juſqu'aux parties élémentaires excluſivement : que quand
pluſieurs particules de matiéres s'aſ-
ſemblent pour former une petite maſſe, leur jonction n'eſt jamais telle,
qu'il ne reſte entre elles des petits vuides à remplir, comme je l'ai expliqué
& prouvé dans la ſeconde Leçon. *

* _Tom_ 1.
pag. 83. &
ſuiv.

Ainſi quand nous nous repréſentons
une molécule de feu, envelopée d'une
pellicule de ce mélange dont on fait
la poudre, nous devons ſonger que
cette envelope eſt mal jointe, & que
le feu qui en occupe l'intérieur, & qui
s'y contient, tant que ſa vertu expanſive n'eſt pas ſuffiſante pour forcer ces
paſſages étroits, ne manquera pas de

les franchir, si son action vient à augmenter.

Et si cette action augmentée peut
bien transmettre les parties ignées du
dedans au dehors ; elle pourra de même les faire passer du dehors au dedans d'une pareille envelope, & animer du même mouvement les portions de feu qui seront enfermées comme elles dans son voisinage.

Ainsi de proche en proche toutes
les portions de feu s'animeront, rom-
pront leur envelope, en dissiperont
les fragmens, & se mettront en liberté ; & de toutes les expansions particuliéres, il se fera une explosion totale, qui sera plus ou moins prompte,
suivant certaines conditions dont je
vais parler. Mais avant que d'aller
plus loin, il faut que je prévienne une
difficulté qui se présente assez naturellement.

Pourquoi, dira-t-on, cette petite
portion de feu envelopée, comme je
le suppose, brise-t-elle sa prison, &
pourquoi en disperse-t-elle tous les
débris, s'il est vrai qu'elle y trouve
des passages ouverts pour s'échaper ?

C'est que son activité est beaucoup
R iij

plus grande que la liberté qu'elle a de s'échaper par ces iſsûes trop étroites ; ſon exploſion eſt ſans doute un peu moins violente qu'elle ne ſeroit, ſi elle étoit plus exactement renfermée: mais elle ne doit pas être nulle ; une bombe qui auroit quelques crevaſſes éclateroit, je l'avoue, avec moins de force, que ſi elle étoit bien entiére, mais elle éclateroit toujours, comme on le peut croire.

Plus ces petites portions de feu envelopées des ces véſicules fragiles & poreuſes dont je viens de parler, ſeront nombreuſes dans un même tout, plus elles auront de communication enſemble, plus ce tout ſera combuſtible; la moindre étincelle l'embraſera dans toutes ſes parties, à peine en reſtera-t-il quelques veſtiges. C'eſt ainſi que certaines matiéres s'enflamment d'abord, & ſe diſſipent en très-peu de tems.

Mais ſi les envelopes du feu ont plus de conſiſtance, que leurs pores ſoient trop ou trop peu ouverts, que leur communication ſoit interrompue par des particules de matiére d'une autre eſpéce ; alors les progrès de l'embraſement ſeront rallentis ; il faudra plus de tems pour que l'action du feu ſe tranſmette ; & quand les parties du mixte les plus propres à céder à cette action auront été diſſipées par l'inflammation, il en reſtera d'autres qui n'auront été qu'échauffées, & qui ſe feront conſervées entiéres. Allumez de l'eau de-vie, la partie ſpiritueuſe ſera enflammée & diſſipée : mais l'eau, ou ce qu'on nomme *le flegme*, reſtera au fond du vaſe avec un peu de chaleur qu'elle aura acquiſe. Conſidérez encore ce qui arrive à une bûche que l'on met au feu, elle ſe détruit quant aux parties qui peuvent céder à l'action du feu que vous y appliquez : mais il vous reſte dans la cendre la terre & le ſel fixe que ce même dégré de feu n'a point entamés.

Ainſi une matiére eſt plus ou moins inflammable ſelon que le feu qu'elle contient ſe trouve envelopé de parties plus ou moins promptes à céder à ſon action, & que ces petits aſſemblages ſont moins interrompus par des parties d'une eſpéce différente.

Mais ſi le feu eſt préſent par-tout, comme nous le ſuppoſons, il doit y

R iiij

en avoir auſſi dans ces particules de matiére qui retardent l'inflammation des autres. On doit auſſi conſidérer ces corpuſcules comme des ballons dont l'intérieur eſt plein de feu ; & comme tout eſt poreux, il y a auſſi une communication ouverte du dehors au dedans ; comment ne crevent-ils pas comme les premiers ? par quelle raiſon reſtent-ils entiers ? en un mot pourquoi l'embraſement & la diſperſion des parties n'eſt-elle pas générale? Le paragraphe précédent contient en ſubſtance de quoi répondre à cette difficulté. Dans un corps mixte toutes les parties qui renferment du feu dans leur intérieur, ne ſont pas également diſpoſées à céder au même dégré d'activité de cet élément : telles ſe briſent & ſe diſſolvent d'abord , tandis que d'autres ou plus conſiſtantes réſiſtent à ce premier effort , ou plus poreuſes peut-être, offrent au feu qui les diſtend des iſſûes par leſquelles il peut s'échaper avec une promptitude preſque égale à ſon pouvoir expanſif. Dans la comparaiſon des globes de verre creux nous les avons ſuppoſés tous également fragiles : mais ſi pluſieurs

d'entre eux avoient cinq ou fix fois
plus d'épaiffeur, non-feulement ceux-
ci demeureroient entiers: mais on conçoit auffi que par leur interpofition ils
pourroient ou empêcher ou modérer
la diffolution des autres.

Mais ces particules de matiére qui
réfiftent communément à la premiere
action du feu, fe défuniffent & fe diffipent, ou fe diffolvent comme les autres, quand cette action dure plus
long-tems, ou qu'elle acquiert une
plus grande intenfité. Ainfi les parties les plus fixes des corps mixtés, le
fel, par exemple, fe convertit en liqueur, & la terre ou fe vitrifie, ou devient une pouffiere impalpable, & tous
ces effets nous prouvent toujours une
extrême divifion.

Il eft prefque inutile d'avertir que
ces petits ballons remplis de feu que
nous fuppofons, pour expliquer l'embrafement des mixtes, ne doivent pas
être confidérés comme quelque chofe
de fenfible: ces petits êtres, s'ils exif-
tent tels que l'imagination nous les repréfente, quant à la forme, doivent être
d'une telle fineffe, que le plus petit
corps apperçû au microfcope, en con-

tienne un grand nombre. La prodigieuse divisibilité de la matiére dont
nous avons donné des preuves dans la
premiere Leçon, * & l'extrême subtil-
té du feu qui est capable de tout diviser, nous autorise à faire cette suppo-
sition. La fibre la plus mince tant du
regne animal que du regne végetal,
le plus petit grain de métal que les
yeux puissent saisir, n'est donc qu'un
assemblage imperceptible de tous ces
petits êtres, de toutes ces petites masses composées elles-mêmes de plusieurs piéces, ayant cela de commun
entre elles que leur centre est occupé
par une petite portion de feu, diffé-
rant les unes des autres en ce qu'elles
ne sont pas également capables de résister à tous les dégrés d'expansion
que ce fluide interne pourra exercer
contre elles.

Nous pouvons ajoûter encore que
comme le feu est présent par tout, non-
seulement il occupe l'intérieur de ces
petites masses où il est renfermé, mais
il se loge aussi dans tous les petits vuides qu'elles laissent entre elles, de sorte
que ces pores remplis de feu, & communiquant les uns aux autres jusqu'à

la furface, font toujours prêts à tranfmettre jufqu'aux parties les plus inti-
mes l'action du corps enflammé qu'on
applique extérieurement ; à peu près
comme une traînée de poudre à laquelle on met le feu, va porter l'inflammation à la mine qui eft cachée
plus loin.

On voit par tout ce que je viens de
dire que l'embrafement des corps, effet prefque toujours plus grand que la
caufe vifible d'où il procéde, rentre
dans l'ordre des phénoménes intelligibles, fi l'on admet le méchanifme
que je viens de fuppofer, fi l'on fe repréfente chaque portion de feu contenue dans une molécule de matiére
quelconque, comme un reffort anté-
rieurement tendu & toujours prêt à
rompre les liens qui le retiennent, dès
que quelque effort auxiliaire viendra
augmenter fon activité.

Mais qui l'a tendu ce reffort ?

C'eft un fecret de la nature qui n'eft
pas encore bien dévoilé : mais quand
il devroit ne l'être jamais, fi le fait eft
certain, fi le feu s'offre toujours à nous
avec cette force expanfive ; fi nous
avons des raifons affez folides pour

croire que ce même feu avec cette propriété que nous lui connoiſſons, ſe trouve préſent juſque dans les plus petites portions de matiére, cela ſuffit pour nous rendre raiſon du phénoméne de l'inflammation & de ſes progrès. Si j'avois formé un corps avec des grains de poudre à canon mêlés en ſuffiſante quantité & liés enſemble, par l'interméde de quelque autre matiére moins inflammable, & que je miſſe le feu à quelques-uns de ces grains de poudre, l'inflammation deviendroit bientôt générale, & toute la maſſe diſparoîtroit; ſeroit-il néceſſaire alors, pour expliquer cet effet conſidéré en lui-même, que je ſçuſſe d'où la poudre tient ſa vertu expanſive? Ne me ſuffiroit-il pas de ſçavoir qu'elle eſt telle de ſa nature, qu'elle s'allume avec exploſion, & qu'un grain allumé en allume d'autres? Et quand je n'en ſçaurois jamais davantage, en ferois-je moins fondé à dire que le bouleverſement total & ſubit du compoſé dont elle faiſoit partie, à été cauſé par la propriété qu'elle a de s'enflammer avec exploſion?

S'il eſt permis pourtant de conjec-

turer, quand on manque de raifons
évidentes, je crois entrevoir la puiffance contractive qui tend, pour ainfi
dire, les refforts du feu élémentaire
dans l'intérieur des corps. On ne peut
pas nier que la plus petite maffe ne
foit un affemblage de particules qui
s'uniffent non-feulement par *juxta-po-
fition*, mais par une force pofitive qui
rend leur union d'autant plus folide,
qu'elles fe touchent de plus près & en
plus de points. Que cette force foit
inhérente dans la matiére, comme le
le veulent la plûpart des Newtoniens
d'aujourd'hui, ou qu'elle pouffe extérieurement ces particules l'une vers
l'autre, comme j'ai tâché de le faire
entendre en parlant de la dureté & de
la molleffe des corps; * c'eft ce dont
il ne s'agit point ici; les Phyficiens
partagés fur la nature de cette puiffance conviennent tous qu'il y en a une;
& c'eft fur cet accord général que je
vais fonder quelques raifonnemens.

Quand les parties de matiére s'approchent, & font portées l'une vers
l'autre pour former une petite maffe,
elles comprennent entre elles une portion de feu qui fe refferre dans un ef-

XIII.
Leçon.

* Tom. 2.
p. 446. &
fuiv.

pace plus petit de plus en plus, à mefure que les particules de matiére qui
le renferment, s'approchent davantage.

Tant que ces particules de matiére
ne font pas jointes jufqu'à un certain
point, une partie de ce feu refferré
dans des bornes trop étroites fe fait
jour, & s'échape par les jointures encore trop larges pour s'oppofer à fon
évafion ; jufques - là ce feu renfermé
n'eft pas plus condenfé, plus tendu,
plus concentré que celui qui eft libre
aux environs.

Mais la puiffance qui durcit les corps
en ferrant de plus en plus les particules dont nous parlons, les unes vers
les autres, continuant d'agir, opére
deux chofes à la fois. Elle refferre davantage les jointures, & par une conféquence néceffaire elle diminue l'efpace compris entre ces particules rap-
prochées. Delà il fuit 1°. que le feu
s'y trouve plus refferré qu'auparavant,
& dans un état de tenfion qui le fait
réagir contre les parois de fa prifon.
2°. que cette réaction doit fubfifter &
perfévérer tant qu'elle n'eft pas fuffifante pour vaincre la difficulté que le

feu trouve à s'échaper par ces jointures trop ferrées.

Ainfi dans un corps qui n'eft point enflammé, le feu qui eft toujours en action, (car cet élément n'eft jamais dans un repos parfait,) eft en équilibre ou avec lui-même, quant aux parties qui font libres dans les pores, ou avec les obftacles qui le retiennent, & qui empêchent qu'il ne fe déploye, s'il eft condenfé.

C'eft peut-être par quelque méchanifme femblable que l'air, tout expanfible qu'il eft, fe concentre, pour ainfi dire, dans tous les corps, de maniére que quand il s'en dégage, nous lui voyons occuper des efpaces incomparablement plus grands que ceux dans lefquels il avoit été refferré par la feule opération de la nature. Le fait au moins eft du nombre de ceux dont on ne peut douter, j'en ai rapporté les preuves ailleurs : * & cet exemple eft d'un grand poids pour appuyer l'opinion de ceux avec qui je penfe que le feu qui eft renfermé dans les molécules des corps, eft dans un état de contraction.

* *Tom.* 3. *p.* 312. *& fuiv.*

Il eft indubitable que le feu eft tou-

XIII.
LEÇON.

jours en action non-feulement dans les corps enflammés & qui fe confu-ment par la difperfion de leurs parties, non-feulement dans les matiéres qui font fenfiblement chaudes, mais même dans toutes celles qui n'ont que de ces dégrés de chaleur foible que nous appellons *froid*. Mais de quelle efpéce eft cette action; eft-ce un tour-billonnement de parties, d'où naiffe une force centrifuge? eft-ce un fim-ple mouvement de vibration? C'eft ce que je me difpenfe de rechercher ici, n'ayant rien à attendre de l'expé-rience pour l'éclairciffement de pa-reilles queftions; il n'eft peut-être dé-ja que trop entré de conjectures dans cette premiere Section; & la ferme réfolution que j'ai prife d'en ufer tou-jours avec beaucoup d'épargne dans ces leçons, m'en feroit retrancher une bonne partie, fi je ne les croyois né-ceffaires pour conduire l'efprit à des connoiffances plus certaines.

Au refte, en effayant de deviner ce qu'on ne voit pas avec évidence, j'ofe dire que je ne me fuis pas écarté des principes connus, ni d'une cer-taine vraifemblance qui fe tire des faits analogues.

analogues. La plûpart des idées même que j'ai employées, font adoptées
par les Auteurs les plus célébres , &
l'on fentira encore mieux ce qu'elles
peuvent valoir , quand on aura réfléchi fur les expériences & fur les obfervations que je ferai entrer dans les
trois fections fuivantes.

II. SECTION.

*Des moyens par lefquels on peut ex-
citer l'action du Feu.*

AUtant l'ufage du feu nous eft néceffaire, autant il nous eft facile de
nous le procurer , quand nos befoins
le demandent ; non-feulement parce
qu'il eft préfent par tout, mais encore
parce que les moyens de le rendre
fenfible font à la portée de tout le
monde. Les Nations les moins inftrui-
tes des fecrets de la Nature & des inventions de l'art, n'ignorent pas la
maniére d'allumer du feu ; le Sauvage
Américain le plus ftupide ne doit rien
à cet égard aux Européens qui ont
fait la conquête de fon pays , & qui

l'ont éclairé fur d'autres points.

XIII.
Leçon.

Eſt-il naturel de penſer avec quelques Sçavans de nos jours, que les premiers hommes ayent été long-tems ſans avoir l'idée du feu, & qu'ils ne l'euſſent jamais eue, ſi des forêts ne ſe fuſſent embraſées par le tonnerre ou par quelque autre accident, ſi des feux ſoûterreins n'euſſent formé des volcans, ſi des frottemens ou des chocs purement fortuits n'euſſent decelé cet élément caché dans le ſein de la Nature ? On paſſe dans les Ecoles plus d'un mois à prouver aux jeunes gens qu'Adam avoit reçû de Dieu toutes les ſciences par infuſion ; l'ignorance qui fut bientôt après la punition de ſon péché, fut-elle donc aſſez générale pour lui ôter juſqu'à l'idée du feu ? Oublia-t-il juſqu'à l'uſage des élémens ? Quoi qu'il en ſoit, cette idée ne fut pas ſi long-tems à reparoître dans le monde ; car ſans parler de ce glaive de feu que le Chérubin faiſoit flamboyer à la porte du Paradis terreſtre, quand nos premiers parens en furent exclus, & des ſacrifices d'Abel & de Caïn, qui probablement ne s'achevoient pas ſans que

l'offrande fût comfumée ; les Livres
faints * nous apprennent que Tubal-
cain, qui vivoit au commencement
du fecond fiécle de l'univers, devint
un fondeur & un forgeron très-habile,
ce qui fuppofe une grande connoiffance du feu, & même une affez longue expérience de fes effets. Mais ne
nous arrêtons pas davantage à ces fortes des queftions , qui n'ont qu'un
rapport affez indirect avec l'objet
dont nous voulons nous occuper , &
qui d'ailleurs ne font pas d'une grande
importance ; entrons en matiére , &
voyons comment on détermine le
feu qui eft caché dans l'intérieur des
corps, à fe manifefter au-dehors.

On peut rapporter à deux ou trois
chefs tous les moyens que nous em-
ployons pour exciter le feu ; je dis
pour exciter, afin qu'on ne confonde
pas l'inflammation qui fe communique avec celle qu'on fait naître ; car
lorfqu'une bougie allumée met le feu
à de la paille ou à du bois , ce n'eft
qu'une propagation de l'embrafement
qui fubfiftoit déja, & qui s'entretenoit
dans la méche abreuvée de cire fondue ; mais ce feu fenfible de la bougie

XIII.
LEÇON.
* Genef.
c. 4.

S ij

vient primitivement d'une étincelle excitée par quelqu'autre moyen.

Celui dont on se sert le plus communément, c'est le choc réitéré, ou (ce qui est presque la même chose) le frottement des corps durs : il n'y a point de corps solides qu'on ne puisse échauffer par cette voie, & il y en a peu dont la chaleur excitée ainsi, ne puisse être augmentée, jusqu'à étinceler, jusqu'à brûler : mais ces effets sont plus ou moins prompts, plus ou moins grands, selon la nature des corps choqués ou frottés, & selon la durée ou la violence du frottement.

Quant à la nature des corps, ceux qui ont le plus de densité, & en même-tems le plus de ténacité & de ressort dans leurs parties, sont communément les plus propres à s'échauffer ou à s'enflammer par le frottement.

En second lieu, comme le frottement croît principalement par la pression, & par la vitesse du mouvement; plus la collision est violente, plus elle est fréquente, plus aussi elle est efficace sur les mêmes corps. Les expériences que je vais rapporter serviront de preuves & d'éclaircissemens à ce court exposé.

PREMIERE EXPERIENCE.

PREPARATION.

Il faut tenir d'une main un de ces
cailloux tranchans, qu'on nomme vulgairement *pierres à fusil*, & de l'autre
main un morceau de vieille lime, un
couteau fermé, dont la lame se présente par le dos, ou tout autre morceau d'acier trempé ; heurter un de
ces corps contre l'autre à plusieurs
fois en glissant, & recevoir sur une
feuille de papier blanc toutes les petites parties qui se détacheront par le
choc réitéré.

EFFETS.

Tout le monde sçait que de cette
collision il naît des étincelles qui
font véritablement du feu, puisque
l'on s'en sert tous les jours, pour allumer un morceau d'amadou, une
méche soufrée, une chandelle, &c.
Il faut observer de plus, que parmi
ces étincelles il y en a qui pétillent
d'un feu extrêmement brillant, qui se
divisent, & qui ont une scintillation
très-marquée, tandis que les autres ne

paroiffent que rouges, & fe précipi-
tent d'une maniére plus péfante. Enfin l'on peut remarquer fur le papier
une efpéce de pouffiere, ou une infinité de petits fragmens dont plufieurs
roulent, au gré de leur pefanteur,
quand on incline le plan qui les foutient.

EXPLICATIONS.

Le tranchant du caillou heurtant
vivement, & comme en grattant la
fuperficie de l'acier, en coupé des
parcelles qui fe détachent, & que la
fecouffe fait fauter en l'air. Ces parties
qui s'arrachent ainfi font très-petites,
parce que l'acier trempé qui eft fort
dur, ne fe laiffe entamer que très-
difficilement ; ainfi dans cette opération une très-petite partie de métal
reçoit un très-grand choc.

Or s'il eft vrai, comme nous l'a-
vons dit dans la premiére fection,
que cette petite maffe foit un affemblage de petits ballons, dont chacun foit rempli par une petite portion de feu élémentaire toujours animé d'une force expanfive, il eft naturel que le choc, qui eft très-grand,

par rapport à une fi petite quantité
de matiére, fafle ici deux chofes ; la
première, qu'il comprime & qu'il
ébranle toutes les parties qui tiennent
le feu renfermé entr'elles ; la feconde,
qu'il augmente de quelques dégrès le
mouvement ou l'activité de ce même
feu : d'où il doit arriver, ou que la
molécule d'acier fe diffolve jufques
dans fes moindres parties, ou fi l'effet
ne va pas jufqu'à la diffolution, on
peut au moins s'attendre de voir briller le feu à travers de tous les pores
dilatés du métal qui réfifte à fon entiére expanfion.

Voilà les conféquences que nous
pouvons tirer des principes que nous
avons fuppofés précédemment , &
c'eft auffi ce que l'expérience nous
met fous les yeux ; car ces étincelles
mornes , qui font à peine rouges , &
qui tombent péfamment, ne font que
des fragmens de métal qui ont une
forme à peu près femblable à celle
de ces petits copeaux qu'on fait avec
la lime, & qui pour cela fe nomment
limaille ; ce qui fait bien voir que leur
degré de chaleur n'a pas excédé celui qui fait fimplement rougir le mé-

tal : mais les autres étincelles, celles qui fcintillent & qui éclatent, font des particules d'acier qui fe font échauffées jufqu'à fe fondre, & fouvent même jufqu'à fe brûler & perdre une partie de leurs principes.

On peut aifément fe convaincre de tout ce que j'avance ici, en examinant avec un microfcope cette pouffiére qu'on trouve fur le papier blanc quand on a fait étinceller l'acier avec le caillou : les fragmens de celui-ci *a, a, a. Fig.* 1. fe diftinguent aifément par leur couleur & par leur tranfparence : celles du métal *b, b, b, b.* font des petites piéces minces anguleufes, irréguliéres, & quelquefois luifantes, telles qu'elles doivent être en cédant au tranchant qui les détache de la maffe, ou bien ce font des boulettes bien arrondies *c, c, c, c.* dont les unes encore attirables par l'aimant, confervent toute la dureté qui convient à l'acier ; les autres refufant quelquefois (quoiqu'affez rarement) de s'attacher au couteau aimanté, s'écrafent fous l'ongle comme le corps le plus friable.

La figure fphérique de ces petits
corps

corps ne permet pas de douter qu'ils
n'ayent été un inftant en fufion; c'eft
celle que prennent & que doivent
prendre toutes les matiéres amollies
qui fe trouvent librement plongées
dans un fluide, comme l'étoient dans
l'air ces petites maffes d'acier au moment de leur fcintillation ; & l'on ne
conçoit pas qu'elles ayent pû s'arron-
dir de la forte par la façon feule dont
elles ont été détachées. Les deux
différens états de ces globules nous
autorifent à croire que les unes (celles qui font dures, & que l'aimant
attire encore) n'ont été que fondues
fimplement ; & que les autres par un
dégré de feu plus violent, ont paffé
la fimple fufion & fe font converties
en fcories.

Ce qui me fait penfer ainfi, d'après
M. Hook,* qui me paroît être le premier qui ait examiné ces fragmens d'a-
cier au microfcope ; c'eft une expérience que M. de Reaumur me fit faire
autrefois pour éclaircir quelques faits
qui ont beaucoup de rapport à celui
que j'explique maintenant, ou plûtôt
qui en font des dépendances. On engage la tête d'une aiguille à coudre

*Extrait
de la Micro-
graphie de
M. Hook.
Journ. des
Sç. du 20.
Déc. 1666.

dans un petit manche de bois pour la
tenir commodément, on mouille un
peu la pointe de cette aiguille, & on
l'applique ensuite contre un grain de
limaille d'acier extrêmement fin, qui
ne manque pas de s'y coller ; on place
ensuite l'aiguille dans la flamme d'u-
ne bougie, de façon que sa pointe &
environ un tiers de sa longueur en
soient dehors, *Fig.* 2. Dans un tems
très-court la partie de l'aiguille qui
est hors de la flamme devient rouge,&
la couleur ayant gagné jusqu'au bout,
on voit le petit grain de limaille prendre aussi différens dégrés de couleur
& de chaleur. Si l'on se contente de le
faire rougir seulement, il ne perd ni
sa dureté ni sa forme, qu'on retrouve
les mêmes quand il est refroidi : mais
s'il est échauffé jusqu'à blancheur, &
jusqu'à scintiller, alors on remarque
qu'il s'est tuméfié & comme arrondi,
& le plus souvent il s'écrase sous l'ongle à la moindre pression,ce qui prouve bien qu'il est scorifié.

On ne doit pas être surpris que toutes les particules d'acier, quoique détachées par le même choc, & du même morceau, ayent pourtant un sort

ſi différent. La pierre qui heurte comme en gliſſant, n'attaque peut-être pas avec un égal dégré de force toutes les particules qu'elle arrache ; ces particules elles-mêmes ſont plus groſſes les unes que les autres, & l'on peut encore préſumer que les portions de feu qu'elles renferment ne ſont pas toutes également diſpoſées à ſe mettre en action. Ces différences qu'on peut raiſonnablement ſuppoſer, & peut-être bien d'autres encore qu'il ne nous eſt pas poſſible de faire entrer en compte, parce que nous ne connoiſſons pas aſſez l'état intérieur des corps, ſont plus que ſuffiſantes pour donner lieu à toutes ces variétés.

Ce qui paroîtra peut-être plus ſurprenant, & ce qui le parut en effet à pluſieurs ſçavans Chymiſtes il y a dix ou douze ans (a), c'eſt que l'acier

(a) Sur la fin de l'année 1736, M. Kemp de Kerkwyk d'Utrecht, réveilla l'attention des Sçavans ſur ce phénoméne de l'acier enflammé & fondu par le choc du caillou, en leur propoſant un problême ainſi énoncé : « Quand » on frappe l'acier contre une pierre à fuſil, on » trouve que les étincelles reçues ſur un papier

puisse en si peu de tems , & par une cause en apparence si légére , rougir, se fondre , se scorifier.

Mais on revient de cet étonnement quand on fait attention d'une part à la nature de l'acier , qui contient une très-grande quantité de matiére in-

» blanc & portées au microscope sont la plûpart
» de l'acier fondu, scorifié ou vitrifié, que l'ai-
» mant n'attire plus. Or je demande 1°. lequel
» des deux instrumens contribue à cette des-
» truction ? 2°. Quelle substance est employée
» à cela ? 3°. De quelle maniére cela se fait ou
» doit se faire. 4°. Le fer étant employé au lieu
» d'acier , pourquoi ces étincelles scorifiées se
» présentent - elles plus rarement & presque
» pas ? Ces demandes paroissent insolubles, par-
» ce qu'on ne sçauroit presque s'imaginer que
» le fer qui demande un feu violent pour se
» mettre en fusion, soit dans l'instant du coup ,
» pas seulement fondu, mais tout-à-fait détruit. »

M. Muschenbrock , qui étoit alors Profes-seur à Utrecht , envoya cet énoncé à M. Du-fay , pour le remettre à M. de Reaumur , qui donna la solution du problème dans toutes ses parties , ce qui fit la matiére d'une Disserta-tion fort instructive , quoique très-courte , qu'on trouve imprimée dans les Mémoires de l'Académie des Sciences pour l'année 1736. C'est principalement de cet écrit que j'ai tiré les éclaircissemens nécessaires pour expliquer les deux premiéres expériences de cette sec-tion , c'est-à-dire, celles des étincelles tirées de l'acier , & celle qui va suivre.

flammable, à celle du caillou même, dont le soufre se manifeste par une odeur très-sensible, quand on heurte l'une contre l'autre deux pierres de cette espéce, & quand on considére d'une autre part l'extrême petitesse du morceau de métal qui s'embrase : car ce choc qui ne paroît pas fort considérable à bien des égards, est immense par rapport à la petite quantité de matiére sur laquelle il agit.

II, EXPERIENCE.

PREPARATION.

A. Fig. 3. est un lingot d'antimoine fondu avec deux fois son poids de fer que l'on jette dans le creuset en petites lames minces, afin qu'elles se mettent plus aisément en fusion, & que l'on remue à mesure qu'elles se fondent pour faciliter le mêlange. * Ce lingot est assujetti dans un étau, qui tient solidement à une table, & l'on fait passer dessus à plusieurs reprises, une grosse lime neuve d'un bout à l'autre, en appuyant fortement, comme on fait quand on veut dégrossir un morceau de métal.

XIII.
LEÇON.

Voyez les Mémoires de l'Académie des Sciences 1736. *pag.* 398.

T iij

EFFET.

A chaque coup de lime on voit une traînée de groffes étincelles qui s'élancent en avant, & qui tombent fur la table ; les unes éclatent d'une lumiére blanche & fcintillent ; les autres ne font que rouges & ne pétillent point. Quand on les reçoit fur un morceau de papier , elles le brûlent & le trouent en plufieurs endroits ; & quand on les examine au microfcope , on voit clairement que ce font des parties détachées du lingot , dont les unes reffemblent, à peu de chofe près, à la limaille ordinaire de fer ou d'acier, & les autres font arrondies & d'une furface très-liffe.

EXPLICATION.

Dans cette expérience la lime fait fur le lingot, à quelques différences près dont je vais parler , ce que le caillou tranchant a fait dans la précédente fur le morceau d'acier trempé ; elle a entamé dans plufieurs endroits cette maffe dure & caffante dont elle a détaché des petites parties en les heurtant & en les preffant avec

violence ; & comme ces particules
renfermoient du feu, le choc qu'elles
ont fouffert a mis cet élément en action ; & felon qu'elles lui ont oppofé
plus ou moins de réfiftance, les unes
ont été échauffées jufqu'à rougir feulement, les autres l'ont été jufqu'à
la fufion, ou même jufqu'à la fcorifi-
cation.

Les parties du lingot que la lime
détache, font beaucoup plus groffes &
en plus grand nombre, que celles de
l'acier qui cédent au tranchant du
caillou, parce que cette compofition
de fer & d'antimoine a beaucoup
moins de dureté que le métal pur &
durci par la trempe. D'ailleurs la lime
dont on fe fert ici, par fa longue & large
furface toute hériffée de pointes tran-
chantes, doit faire un grand nombre
de fois, lorfqu'on la traîne fur le lingot,
ce que la pierre à fufil ne peut opérer
qu'une feule fois, à chaque coup,
lorfqu'on lui fait grater l'acier.

Une raifon qu'on peut alléguer encore, c'eft que la lime étant un corps
long, fon frottement eft continu ; les
parties qui cédent à la fin du coup
ont été déja ébranlées, & fortement

T iiij

échauffées par une infinité de petits chocs & de preſſions qui ont précédé, & qui ont déja mis le feu intérieur de la maſſe en mouvement, comme on peut s'en convaincre en portant le doigt à l'endroit où l'on a fait paſſer la lime. Voilà ſans doute pourquoi ces parties, quoique communément beaucoup plus groſſes que celles de l'acier qui ſont détachées par la pierre à fuſil, ne laiſſent pas cependant que de s'échauffer aſſez pour devenir rouges & pour ſe fondre, ce qu'elles font rarement & difficilement quand on les détache, en battant le lingot contre le caillou.

Mais la cauſe principale de leur inflammation, c'eſt la grande quantité de matiére ſulphureuſe dont elles ſont remplies ; le fer, comme l'on ſçait, en contient beaucoup, mais l'antimoine en a bien davantage ; ces deux matiéres unies enſemble par la fuſion, forment en ſe refroidiſſant un corps très-propre à faire feu contre une lime ; le fer donne à l'antimoine la dureté qu'il lui faut pour ne ſe laiſſer entamer que par un choc violent ; & l'antimoine ajoûte au fer tout ce qu'il lui faut de matiére inflammable pour prendre feu dans le moment de la percuffion ; car ce n'eft point affez qu'il y ait du feu dans un corps pour qu'il fe manifefte auffi-tôt qu'on l'excite ; il faut que ce feu trouve autour de lui des matiéres prêtes à céder à fon action , & à fe mettre en mouvement avec lui , & ce font ces matiéres que l'on appelle inflammables , qui parfemées en plus ou moins grande quantité dans un corps quelconque , font que ce corps s'échauffe ou s'enflamme plus ou moins facilement qu'un autre.

III. EXPERIENCE.

PRÉPARATION.

B. Fig. 4. eft une efpéce de fufeau de bois un peu ferme , comme de chêne, de noyer , de poirier , de hêtre , &c. dont les pointes font un peu camufes , & au milieu duquel on a creufé une place pour la corde d'un archet. Un homme appuye contre fa poitrine une petite planche de quelqu'un des bois que je viens de nommer, & dans laquelle on a commencé

un trou ; il met un des bouts du fuseau dans ce trou, & l'autre bout dans
un autre trou fait à une semblable
planche, qui est assujettie contre la
muraille ou dans un étau. Ensuite en
appuyant avec son corps, il fait aller
& venir l'archet vivement, comme
on voit faire à un Serrurier qui perce
un morceau de fer avec un foret.

Effets.

Peu de tems après que le fuseau a
commencé à tourner, on voit le bois
changer de couleur & se roussir aux
endroits du frottement ; il s'en élève
de l'odeur, ensuite de la fumée, &
bien-tôt après on voit paroître du feu
avec lequel on peut allumer de l'a-
madoue, une mèche soufrée, ou
quelqu'autre corps combustible.

Explication.

Comme il y a du feu dans tout, il
y en a par conséquent dans le bois ;
ce feu excité par le frottement fait effort pour briser les petites loges dans
lesquelles il est renfermé : mais ces
petites cellules sont presque toutes
faites de ces matières que nous nom-

TOM. IV. XIII. LEÇON. Pl. 1.

Fig. 1.

Fig. 2.

Fig. 3.

Fig. 4.

mons inflammables, c'eſt-à-dire, qui cédent le plus aiſément à l'action du feu. Il faut bien que cela ſoit, car ſi l'on met le feu à une grande quantité de bois, la cendre qui eſt la ſeule partie que le feu ne diſſipe point, eſt bien peu de choſe en comparaiſon de ce qui diſparoît. Ainſi dans notre expérience ce ſont les parties les plus volatiles du bois qui commencent par s'exhaler en odeur & en fumée, les autres rougiſſent & forment du charbon.

C'eſt par une pratique aſſez ſemblable à celle qu'on vient de voir, que les Indiens allument du feu pour leurs beſoins les plus communs : ils appuyent un bâton pointu dans un morceau de bois un peu creuſé, & ils le font tourner entre les deux mains, comme cet inſtrument avec lequel nous faiſons mouſſer le chocolat.

Un bois qui ſeroit trop tendre ne réuſſiroit pas bien, parce qu'il s'arracheroit par petits morceaux avant que ſes parties moindres pûſſent éprouver un frottement aſſez rude pour animer le feu qu'elles renferment ; peut-être auſſi parce qu'étant très-poreux, il laisseroit trop aisément échapper le feu qu'il contient entre ses molécules, ce qui empêcheroit cet élément de recevoir le dégré d'activité qu'il lui faut pour enflammer.

On conçoit bien aussi qu'il ne faut pas prendre un bois trop ved ou abreuvé d'eau ; car les parcelles de feu seroient éteintes à mesure qu'elles s'allumeroient.

Un bois trop sec, trop vieux, n'est pas non plus ce qu'il faut, parce qu'il a perdu la plus grande partie de ses substances les plus promptes à recevoir & à transmettre l'inflammation. La plûpart des bois durs, sur-tout ceux qui viennent des Indes, sont presque toujours propres à s'enflammer par le frottement ; quelque secs qu'ils soient, ils ont naturellement tant de parties grasses & sulphureuses, qu'il leur en reste toujours assez. Il y en a même tels qui en ont trop, & dont le frottement ne seroit pas assez rude, à cause de l'huile qui transsude-roit des pores, & qui se trouveroit interposée en assez grande quantité entre les surfaces frottantes. Les In-diens, guidés seulement par l'expé-

rience , préférent pour cet uſage le
bois de fer (*a*) aux autres eſpéces ; & XIII.
l'on trouvera qu'ils ont raiſon d'en LEÇON.
uſer ainſi, en faiſant attention à la nature de ce bois , qui eſt très-dur , &
par conſéquent en état d'être frotté
avec violence , & qui n'eſt point gras
comme la plûpart des autres bois du
même pays, qui pourroient approcher
de ſa dureté.

IV. EXPERIENCE.

PREPARATION.

Il faut mettre entre deux papiers un peu épais , gros comme un
très-petit pois de ce Phoſphore , qui
porte communément le nom de Kunckel , un de ſes premiers inven-
teurs , (*b*) appuyer le tout ſur le

(*a*) *Syderoxylon*. C'eſt un bois dont la
couleur eſt d'un rouge un peu brun ; il eſt
très-dur & fort peſant ; les Indiens en font une
eſpéce de maſſuë , qui eſt leur arme la plus
commune.

(*b*) On le nomme aſſez ſouvent auſſi *Phoſphore d'Angleterre* , parce que pendant un
tems aſſez conſidérable M. Gotfritch - Hant-
kuit , Chymiſte-Apoticaire de Londres , qui
en avoit reçû le procédé de Boyle , a été preſ-

XIII.
LEÇON.

bord d'une table , & frotter deſſus avec le manche d'un couteau , ou avec quelqu'autre choſe à peu près ſemblable.

EFFET.

En très-peu de tems ce Phoſphore s'allume , enflamme les deux morceaux de papier , & répand dans l'endroit où l'on fait cette expérience, une odeur forte , aſſez ſemblable à celle de l'ail.

EXPLICATION.

Le Phoſphore dont il s'agit ici , eſt une de ces découvertes par leſquelles

que le ſeul qui en fit commerce , & qui en fournît aux Phyſiciens & aux curieux. Quoiqu'on ſçût en général la maniére de le faire, il y a dans la manipulation quelques tours de main qu'on avoit tenu ſecrets , & qui faiſoient que très-peu de perſonnes y avoient réuſſi. Préſentement tout le myſtère eſt révélé : on fait ce Phoſphore en Allemagne & en France tout communément ; & on le fera par tout ailleurs ſi l'on veut ſuivre exactement le procédé que l'Académie des Sciences a rendu public dans ſes Mémoires pour l'année 1737, après les épreuves qui en ont été faites avec un plein ſuccès par Meſſieurs Dufay, Hellot, Geoffroy & Duhamel ; & dont j'ai eû le plaiſir d'être témoin.

un heureux hafard vient quelquefois dédommager le laborieux Artifte d'un grand nombre de tentatives entreprifes avec des vûes chimériques & faites fans fuccès. Prefque tous ceux qui fe font entêtés du grand œuvre, ont cherché ce que l'imagination leur faifoit concevoir de plus précieux dans leur art ; cet Agent univerfel, qui doit, felon eux, convertir en or les autres métaux, leur a fait, dis-je, chercher cette pierre philofophale, dans tout ce qu'il y a de plus méprifable & de plus méprifé par le refte des hommes, dans leurs propres excrémens. C'eft en traitant l'urine avec cette trompeufe efpérance, qu'un Chymifte Allemand (a) rencontra cette matiére lumineufe & brûlante, qu'on peut regarder comme une des plus curieufes découvertes du dernier fiécle.

(a) Brandt, Bourgeois de Hambourg, fit le premier la découverte du Phofphore d'urine en l'année 1677. Peu de tems après Kunckel, autre Chymifte Allemand, jaloux de cette nouveauté, fit tant par un travail opiniâtre, qu'il parvint à la découvrir, & comme il avoit plus de réputation que Brandt, l'ufage à prévalu pour appeller cette préparation d'urine, *le Phofphore de Kunckel*.

Comme j'aurai lieu de parler dans la fuite des différentes efpéces de Phofphore, & de la propriété qu'ils ont de répandre de la lumière dans l'obfcurité, pour le préfent je ne confidére dans celui-ci que la facilité avec laquelle il prend feu, quand on le frotte ou quand on l'écrafe.

Cette grande inflammabilité lui vient fans doute, de la nature & de l'état actuel des parties ; & quoique ce foit toujours un fecret très-difficile à pénétrer, que la connoiffance des corps approfondie jufques dans leurs parties conftituantes, on peut cependant former ici des foupçons légitimes, & fe faire des notions affez vraifemblables, en confidérant d'une part ce qui fe paffe quand on fait le Phofphore d'urine, & d'une autre part ce qui fe préfente quand on le décompofe.

1°. On fait évaporer l'urine dans une chaudiére de fer qu'on tient fur le feu ; & l'on pouffe l'évaporation jufqu'à ce que tout foit réduit en une matiére grumeleufe, dure, noire, à peu près femblable à de la fuye de cheminée. Par cette première préparation,

ration, la plus grande partie de l'humide & du volatil eſt enlevée.

2°. On fait calciner cette matiére dans une marmite de fer que l'on fait chauffer juſqu'à rougir, & l'on continue juſqu'à ce que toute la matière calcinée & pulvériſée ne fume plus ; cette ſeconde préparation fait évaporer le reſte du ſel volatil & l'huile fœtide.

3°. Sur ſix à ſept livres de cette matiére calcinée on jette ſept à huit pintes d'eau commune : on agite le tout pendant quelque tems ; on incline enſuite le vaiſſeau pour jetter l'eau, & l'on fait ſécher la matiére leſſivée qui reſte au fond. Par cette troiſiéme opération on enléve une grande partie du ſel fixe, & il n'en reſte que ce qui eſt néceſſaire pour le ſuccès.

4°. Avec trois livres de cette matiére calcinée, leſſivée & deſſéchée, on mêle une livre & demie de gros ſable ou de grès jaunâtre, & quatre à cinq onces de charbon de hêtre pilé. L'on humecte le tout avec une demi-livre d'eau commune pour en faire une pâte que l'on a ſoin de bien manier, afin que le mêlange ſoit plus

Tome IV.   V

parfait. Le fable & le charbon qu'on y fait entrer fervent à raréfier la préparation d'urine, & donnent lieu au feu de l'attaquer en toutes fes parties.

5°. Enfin, l'on met cette pâte dans une cornüe, & la cornüe dans un fourneau de réverbère, où l'on entretient pendant vingt - quatre heures un feu qui commence par les premiers dégrés pour ménager les vaiffeaux, mais qui eft pouffé enfuite auffi loin que celui d'un four de verrerie. Voilà en gros ce qui fe paffe dans la préparation du Phofphore d'urine. (*a*)

(*a*) Ce n'eft point ici une inftruction d'après laquelle on puiffe entreprendre de faire le Phofphore : ce n'eft qu'un précis des principales opérations, relatif à l'explication de notre expérience. On doit s'inftruire des détails par la lecture du Mémoire de M. Hellot, que j'ai déja indiqué. Par la même raifon* que je fupprime les defcriptions circonftanciées qui feroient néceffaires pour conftruire les machines & les inftrumens que je fais fervir aux expériences rapportées dans cet Ouvrage, je m'abftiens auffi d'y faire entrer les procédés qu'on doit fuivre pour préparer certaines matiéres dont je fais ufage ; en attendant que je mette au jour l'Ouvrage dans lequel je compte

* Préface
p. XXXI.

Quant à fa décompofition, voici
ce qui arrive : le Phofphore fe diffout
quand on l'expofe à l'air, & il refte
dans le vaiffeau une liqueur très-aci-
de, qui eft un véritable efprit de fel,
puifque le *deliquïum* ne fait point de
précipité avec l'huile de chaux, &
qu'il précipite la diffolution d'argent
en *Lune cornée*.

Il paroît donc que dans la préparation du Phofphore d'urine l'acide du
fel commun s'unit à une matiére graffe, dans laquelle il eft fortement concentré ; & l'on ne peut douter que
ces matiéres extrêmement divifées,
& longuement travaillées par le feu
le plus violent, ne retiennent entre
elles une quantité prodigieufe de particules ignées, qui n'attendent que la
plus légére caufe pour rompre & diffoudre ce qui les retient, pour faire
une inflammation.

Ainfi le frottement d'un manche
de couteau, un corps dur qui broye,
font des moyens plus que fuffifans
pour enflammer d'un feu très-vif le

raffembler toutes ces inftructions, je me contenterai d'indiquer dans celui-ci les différens
Auteurs, dont la lecture pourra y fuppléer.

V ij

petit grain de Phofphore renfermé entre les deux morceaux de papier. Mais comme le feu anime des parties extrêmement fubtiles & pénétrantes, il convient que le papier foit un peu épais, afin d'arrêter, pour ainfi dire, fon action, & d'empêcher qu'elle ne fe diffipe trop vîte.

Lorfqu'on allume ainfi du Phofphore, s'il arrivoit qu'il s'en attachât aux doigts, on fouffriroit une brûlure très-douloureufe, & qui augmenteroit d'autant plus qu'on feroit effort pour emporter cette matiére en l'effuyant avec un linge ou autrement: car plus elle feroit frottée, plus elle deviendroit ardente; & comme elle eft extrêmement active & pénétrante, en très-peu de tems elle peut faire un progrès confidérable. Le reméde le plus efficace, & même le feul que l'on connoiffe jufqu'à préfent pour arrêter cette brûlure, & calmer la douleur qu'elle caufe, c'eft de tremper promptement la partie offenfée dans de l'urine; cette liqueur porte apparemment fur la playe quelque fubftance propre à fe faifir des parties du Phofphore que l'inflammation anime,

ou peut-être à les embarraſſer de manière qu'elles perdent leur activité.

On fait encore avec ce même Phoſphore pluſieurs autres expériences cu-
rieuſes , mais qui ont plus de rapport
à la lumière qu'au feu , & que je renvoye pour cette raiſon au volume
ſuivant.

XIII.
L E Ç O N.

A P P L I C A T I O N S.

On peut regarder les quatre expériences que je viens de rapporter ,
comme des exemples tirés exprès des
trois régnes qui comprennent toutes
les ſubſtances terreſtres , pour prouver que l'inflammation , & à plus forte
raiſon une grande chaleur peut naître
par le frottement , ou par un choc
réitéré , dans toutes ſortes de corps :
la premiére & la ſeconde mettent
cette vérité en évidence par rapport
aux minéraux ; la troiſiéme fait voir
la même choſe à l'égard des végétaux ; & par la quatriéme on apprend
que les matiéres animales peuvent
avoir le même ſort , ſur-tout quand
elles ont reçû certaines préparations ;
& l'on peut partir de ce principe , qui
eſt un fait , pour rendre raiſon d'une

infinité de phénomenes qui s'offrent continuellement à nous.

Pourquoi, par exemple, les pointes d'un tour s'échauffent-elles si promptement, quand on néglige d'y mettre de l'huile ? Pourquoi les pivots des grandes machines, les essieux des roues de carrosses, &c. mettent-ils le feu aux bois dans lesquels ils roulent, lorsqu'on oublie de les graisser ? C'est qu'en général le fer & l'acier deviennent ardens, lorsqu'ils sont fortement frottés ; & dans les cas dont il est ici question, le frottement est toujours très-considérable à cause de la grande pression des surfaces ; ce frottement diminue beaucoup, & n'a pas non plus les mêmes effets, quand on met quelque matiére grasse ou quelque fluide entre les parties frottantes ; par des

* Tom. I. p. 247. raisons que j'ai rapportées ailleurs. *

Les coups multipliés échauffent aussi le métal très-considérablement ; j'ai pris plaisir quelquefois à voir rougir des petites verges d'acier médiocrement chauffées, qu'un forgeron expérimenté battoit promptement avec un moyen marteau sur une enclume. Tout métal s'échauffe sous le marteau ; l'Or-

févre qui forge à froid l'or & l'argent,
l'Horloger qui plane du cuivre pour
faire une platine de pendule, font obligés de laisser refroidir les pièces qu'ils
ont battues, pour les manier ; & il en
est de même du plomb & de l'é-
tain.

Mais ce qu'il faut remarquer, c'est
que les métaux les plus durs, ceux
dont les parties ont le plus de reffort,
font aussi les plus prompts à s'échauffer par les coups de marteaux, & aussi
les plus susceptibles d'un grand dégré
de chaleur ; le même nombre de coups,
par exemple, ne rend point le plomb
aussi chaud que l'acier ; car ce dernier
métal peut être battu jusqu'à rougir,
comme on vient de le voir ; & si l'autre pouvoit acquérir autant de chaleur, il se fondroit, ce qu'on ne voit
jamais lui arriver sous le marteau.

Le Vitrier façonne le plomb qu'il
met aux vîtres, en le faisant passer en
lingot ou en verges quarrées par
une espéce de moulin qui le presse
considérablement, & qui le fait s'allonger en lui donnant la forme. L'Orfévre prépare les moulûres dont il orne
les bords de la vaisselle, en tirant à la

filiére des bandes de métal applaties.

Dans ces différentes opérations le métal s'échauffe tellement qu'on ne peut pas le toucher sans se brûler ; & cela vient de la forte preſſion qu'il éprouve ſous les rouleaux, ou entre les jumelles de l'inſtrument qui le façonne.

Le ciſeau dont on ſe ſert pour couper le fer à froid, ou même quelque autre métal dur, devient ſi chaud qu'on eſt obligé de le mouiller de tems en tems avec de l'eau, de crainte qu'il ne perde ſa trempe;cette chaleur lui vient d'avoir été fortement preſſé entre les deux parties qu'il diviſe, ce qui eſt équivalent à des coups de marteaux qu'il recevroit de part & d'autre, ſur l'extrêmité de ſes faces, près du tranchant. C'eſt encore par la même raiſon que tous les outils dont on ſe ſert pour tourner ou pour percer les métaux à froid, brûlent les doigts de celui qui les touche imprudemment.

L'acier ou le fer aigri par quelque mêlange n'eſt pas le ſeul métal que le frottement ou la percuſſion échauffe juſqu'à le faire devenir ardent, ou étinceler; les fers des chevaux, les bandes des roues de voitures font ſouvent du feu

feu en gliſſant ſur le pavé de grès ; &
ſi l'on ne voit pas la même choſe arriver, quand on heurte un morceau de
fer doux contre une pierre à fuſil, c'eſt
que le frottement n'eſt ni auſſi rude,
ni auſſi continu que dans la gliſſade
dont nous parlons ; & que la particule
de fer détachée par le tranchant du
caillou eſt apparemment trop groſſe,
pour être embraſée par le dégré de
chaleur que ce choc eſt capable d'exciter. Un moindre frottement du fer
contre le pavé ſe feroit auſſi ſans feu ;
un payſan qui a des cloux ſous ſes
ſouliers ne nous fait pas voir fréquemment des étincelles, comme le cheval
en marchant, quoiqu'il gliſſe comme
lui. Ce qui n'arrive pas pour l'ordinaire, peut arriver pourtant ; & c'eſt agir
très-ſagement que d'exclure, comme
on fait, des moulins & des magaſins à
poudre, tout ce qui peut occaſionner
les frottemens du fer même le plus
doux, contre le grès, le caillou, le
ſable, &c.

S'il n'y a que le frottement ou le
choc des corps durs qui puiſſe échauffer le métal juſqu'à l'embraſer ; heurté,
ou frotté par d'autres corps d'une

moindre confiſtance , il ne laiſſe pas
que de recevoir un dégré de chaleur
aſſez conſidérable ; le Poliſſeur en fait
prendre ſenſiblement à l'acier, à l'or,
à l'argent, &c. avec le bois , le feûtre,
ou le morceau d'étoffe dont il ſe ſert
pour frotter ſa piéce. Mais nous ne
voyons pas que les fluides faſſent la
même choſe : qu'on expoſe une barre
de fer au courant d'eau le plus rapide,
au bout d'une heure , d'une journée
même , elle n'en paroîtra pas plus
chaude ; & l'on ſe ſent naturellement
porté à croire que tous les fluides auroient le même effet.

Cependant un Sçavant du premier
ordre * s'eſt mis en devoir d'expliquer pourquoi un boulet de canon
devient chaud en traverſant l'air : il
attribue cet effet au frottement que le
métal éprouve de la part de l'Atmoſphére dans laquelle il ſe meut, non-
ſeulement avec une vîteſſe de 600.
pieds par ſeconde en avant , mais encore en tournant avec une certaine rapidité ſur quelqu'un de ſes diamétres.

On doit être content de cette explication, ſi le fait eſt certain; c'eſt-à-
dire, ſi le boulet s'échauffe véritable-

* Boerhaa-
ve , Elem.
Chem. pag.
100.

ment en traverfant l'air. Je dis fi le
fait eft certain, parce qu'on le fuppofe, fans dire qu'on l'ait vérifié; &
j'ai de fortes raifons pour croire qu'un
boulet, s'il eft chaud, quand on le
ramaffe, tient fa chaleur de toute autre caufe que du frottement de l'air.

1°. Quand un boulet s'élance par
l'impulfion de la poudre, il heurte,
il traîne, il roule contre les parois
du canon; toutes ces fecouffes doivent l'échauffer: & quand on comp-
teroit pour rien l'action de la poudre
enflammée, à caufe du peu de tems
qu'elle a pour communiquer fa chaleur, on doit compter fur celle de la
piéce, à moins que ce ne foit le premier
coup qu'elle tire, ou que le boulet,
par un fervice extrêmement prompt,
n'ait pas eu le loifir de s'y échauffer;
ce qu'on ne doit fuppofer que dans le
cas d'une expérience faite à deffein.

2°. Lorfque le boulet tombe, avant
qu'on le puiffe ramaffer, il a heurté
violemment contre des obftacles durs,
ou il a bondi plufieurs fois fur la terre;
& par-tout où il touche, il fouffre un
frottement très-violent, à caufe du
mouvement de rotation qu'on peut

légitimement lui suppofer.

Ainfi je vois clairement que le boulet a pû s'échauffer dans la piéce même d'où il eft forti, ou dans fa chûte ;
& à moins qu'on ne me dife qu'on a
fait une expérience exprès , & que
l'on a pris toutes les mefures néceffaires pour n'avoir rien à attribuer aux
caufes que je viens de citer , je ne
puis me réfoudre à croire qu'un boulet de canon s'échauffe fenfiblement
en deux ou trois fecondes de tems ,
par le feul frottement de l'air.

Si le fait étoit dûment conftaté, il
faudroit bien le croire ; on conviendra cependant qu'il nous offriroit d'é-
tranges conféquences ; arrêtons-nous
feulement à celle qui fe préfente la
premiére. Le frottement qu'un boulet
de canon éprouve dans l'air en le
traverfant , peut être regardé comme
celui d'un vent très-rapide, auquel on
l'expoferoit ; car c'eft là même chofe
quant aux effets , qu'un corps fe déplace continuellement pour frapper
l'air , ou que l'air par un mouvement
continu vienne frapper ce corps. Or
eft-il quelqu'un qui voulût, fur l'avis
qu'on lui en donneroit, aller s'expo-

ſer au plus grand vent, dans le deſſein
d'y éprouver un frottement qui l'é-
chauffât. Mais ne forçons rien ; ſuppoſons même que l'on en faſſe l'épreuve avec un morceau de métal auſſi
froid par lui-même que l'air agité auquel on l'expoſe ; croit-on que cet air
en gliſſant ſur lui avec la plus grande
rapidité, dût lui faire prendre quelque chaleur ?

Peut-être bien, me dira-t-on, ſi cette
rapidité eſt égale à la vîteſſe d'un boulet de canon, qui ſurpaſſe au moins
vingt-ſix fois celle du vent le plus impétueux : mais il ne devroit donc y
avoir de différence que du plus au
moins ; & ſi le boulet de canon avec
la vîteſſe qu'il a, acquiert dans l'air qui
le frotte une chaleur très-ſenſible en
deux ou trois ſecondes, il ſemble qu'a-
vec plus de tems, & une moindre vîteſſe ce même boulet expoſé au grand
vent, devroit devenir aſſez chaud ,
pour qu'on s'en apperçût. On ſçait de
reſte combien cette conſéquence s'accorde peu avec l'expérience la plus
commune : perſonne ne s'eſt jamais
brûlé les doigts pour avoir touché
une grille de jardin, qui eût ſouffert

le vent de Nord le plus impétueux

pendant vingt-quatre heures, quoiqu'elle fût de fer comme le boulet.

Quelques Auteurs ont dit que le
feu prenoit de tems en tems aux forêts, par le frottement des branches
d'arbres que le vent agite, & qui peut
encore être aidé par certaines circonftances. Si l'on peut douter du fait,
parce qu'il eſt difficile de s'en aſsûrer
d'une maniére bien certaine, & que
l'on peut preſque toujours ſoupçonner que ces ſortes d'accidens ſont des
effets de la malice ou de l'imprudence
humaine; on peut au moins convenir de ſa poſſibilité, puiſqu'il eſt conſ-
tant que tous les végétaux contiennent du feu, & qu'une grande partie
de leur ſubſtance eſt inflammable. Il
n'y a pas juſqu'aux graines & aux fruits
qui ne s'échauffent conſidérablement,
quand on les écraſe, qu'on les pile,
ou qu'on les broye; c'eſt de quoi l'on
peut aiſément ſe convaincre, en ma-
niant la navette, le chenevi, les noix,
&c. quand on les prépare ſous le pi-
lon pour en tirer l'huile; ou bien en
portant la main dans la farine du fro-
ment & des autres grains, lorſqu'elle

fort d'entre les meules. Tous ces effets viennent visiblement ou des coups multipliés, ou d'un grand frottement; & à l'égard des farines, le dégré de chaleur qu'elles acquierent va quelquefois jusqu'à les brûler, soit que les meules tournent avec trop de vîtesse, soit qu'elles n'ayent pas assez de jeu entre elles : de l'une ou de l'autre maniére le mouvement trop rapide ou trop fort pour désunir seulement les parties propres du grain, se communique au feu même qu'elles renferment, ce qui cause une espéce d'embrasement.

Les matiéres animales étant capables comme les autres de s'échauffer sous le marteau ou par un frottement rude & de quelque durée, on doit regarder comme des effets fort ordinaires, que la peau d'un tambour reçoive une chaleur sensible par les coups redoublés des baguettes; que le cuir fort s'échauffe sous la masse du Cordonnier qui le prépare pour faire des semelles; que le foret d'un ouvrier qui perce un morceau d'os, d'yvoire, de corne de cerf ou d'écaille, le fasse fumer, s'il fait agir cet

X iiij

outil avec une certaine vîteſſe.

La chaleur qu'on ſent aux mains, quand on les a frottées l'une ſur l'autre, celle que cherchent à ſe procurer les ouvriers qui travaillent en plein air dans une ſaiſon froide, en ſe battant le corps avec les bras, ſont moins des effets qui ayent beſoin d'explication, que des exemples familiers, & des preuves très-convaincantes du principe ſur lequel nous portons maintenant nos réflexions.

Quand on s'agite, ou que l'on marche long-tems ou avec beaucoup de vîteſſe, les parties ſolides du corps ont des mouvemens reſpectifs, qui les font gliſſer les unes ſur les autres, & ſe frotter réciproquement; de-là naît ce ſentiment de chaleur qui excéde celui de l'état naturel; & qui eſt accompagné ou ſuivi d'une ſorte de douleur qu'on nomme *laſſitude*.

Enfin ſi quelqu'un par néceſſité, ou par imprudence, s'eſt jamais laiſſé gliſſer de haut en bas, le long d'une corde qu'il tenoit ſerrée entre ſes mains, il a dû éprouver un frottement capable de lui brûler la peau, & d'y faire venir des cloches, comme il arrive toutes

les fois que l'on touche un corps
trop chaud ; la corde en cette occafion n'eft pas plus chaude que la
lime fous laquelle un morceau de fer
devient brûlant : mais comme elle ,
par les afpérités fucceffives de fa furface, elle agite pendant un certain
tems les mêmes parties de la main qui
lui font fortement appliquées , & le
feu que ces parties animales renferment, irrité par ce mouvement, éclate
& dérange leur organifation.

CE qui arrive à des corps folides
d'une grandeur fenfible, qui fe heurtent, ou qui fe frottent, arrive pareillement à de plus petites maffes qui
s'entrechoquent ; à deux liquides, par
exemple , dont les volumes fe pénétrent , & dont les parties fe mêlent
précipitamment, & exercent les unes
fur les autres des frottemens récipro-
ques : la chaleur & l'inflammation en
font fouvent les fuites , & ces effets
font d'autant plus merveilleux que la
caufe échappe à nos fens, & ne s'apperçoit que par la réflexion.

V. EXPERIENCE.

PREPARATION.

AYEZ dans le même lieu & dans deux vases séparés qui soient de verre mince & de même forme, (*a*) trois onces d'eau commune bien claire & bien pure, & pareille quantité de bon esprit-de-vin : plongez dans chacune de ces liqueurs & pendant un tems suffisant, un petit thermomètre, (*b*) pour vous assûrer qu'elles ont une température égale entre elles, & semblable à celle du lieu où vous opérez ; versez ensuite les trois onces d'eau sur l'esprit-de-vin un peu brusquement, afin que les deux liqueurs se mêlent bien ensemble :

(*a*) La forme cylindrique est la meilleure ; ces espèces de bocaux dont les Droguistes se servent *A fig.* 5. conviennent le mieux, & sont très-faciles à trouver.

(*b*) Ces petits thermomètres propres à plonger dans les liqueurs, sont fixés sur une petite planche graduée, fort légère, qui ne descend pas jusqu'à la boule ; où cette planche est brisée en deux parties par une charnière pratiquée au milieu de sa longueur, de sorte que la partie d'en bas se repliant sur l'autre, laisse la boule du thermomètre, & une partie du tube isolées. *Voyez la Fig.* 5. *à la lettre B.*

E F F E T S.

Vous verrez d'abord que ce mêlange, quoique fait de deux liqueurs
très-limpides, devient louche & comme laiteux, tirant sur la couleur de Gi-
rasol, & qu'il s'en éléve une infinité
de petites bulles d'air, qui vont créver à la surface.

Le thermométre plongé, que je suppose gradué selon les principes de M.
de Reaumur, vous fera voir en même-
tems que la chaleur est augmentée de
5 ou 6 dégrés, si la température du
lieu est moyenne, & que la boule du
thermométre plongé n'excéde point
la grosseur d'une cerise.

Indépendamment de ces deux derniéres conditions, si vous faites plusieurs épreuves de cette espéce, vous
observerez que le mêlange s'échauffe
d'autant plus que l'esprit-de-vin est
plus pur, plus rectifié ; car on voit
par les expériences de M. Boerhaave *   * Elem.
que celui qu'il nomme *alchool*, & qui   chemiæ,
est le plus déflegmé, ayant été mêlé à   pag. 197.
poids égaux avec de l'eau de pluie
distillée, a produit un dégré de chaleur beaucoup plus grand qu'un esprit-

XIII.
LEÇON.

de-vin commun employé à pareilles doses avec la même eau; la différence a été comme de 9 à 4, c'eſt-à-dire, de plus de moitié.

Les proportions que l'on met entre les deux quantités de liqueurs contribuent encore au plus ou moins de chaleur que l'on apperçoit dans le mêlange ; M. Geoffroy nous a appris il y a

Mém. de l'Acad. des Sc. 1713. p. 54.

déja long-tems * que le plus grand dégré de chaleur naît de parties égales d'eſprit-de-vin & d'eau mêlées enſemble : cependant par une ſuite d'expériences que j'ai faites autrefois ſous la direction de M. de Reaumur, mais dans des vûes différentes, j'ai remarqué aſſez conſtamment que l'effet dont il eſt queſtion venoit plus ſûrement de deux parties d'eau mêlées avec une partie d'eſprit-de-vin ; encore faut-il obſerver que j'ai meſuré mes quantités par le volume, & que M. Geoffroy a meſuré les ſiennes par le poids ; ce qui fait encore différer davantage nos réſultats, car comme l'eau eſt ſpécifiquement plus péſante que l'eſprit-de-vin, ſi ces deux liqueurs mêlées à poids égaux recevoient le plus grand dégré de chaleur qui peut réſulter de leur mê-

lange, il s'enfuivroit, que pour avoir
cet effet, non-feulement il ne faudroit
pas que le volume de l'eau fût à celui
d'efprit-de-vin dans la proportion de
deux à un, comme je l'ai trouvé, mais
qu'il devroit être dans un rapport au-
deffous même de l'égalité.

Cette différence vient probablement de ce que M. Geoffroy & moi
avons fait nos expériences dans des
températures affez éloignées l'une de
l'autre : (a) & de ce que fon thermométre plus gros (b) que le mien étoit
plus difficile à s'échauffer, & par conféquent plus tardif à marquer le dégré
de chaleur précis du mêlange dans lequel il étoit plongé.

EXPLICATIONS.

Nous pouvons confidérer l'efprit-

(a) M. Geoffroy a fait fes épreuves dans un
lieu où il commençoit à geler, & il a mêlé fes
liqueurs, lorfqu'elles avoient prefque le froid
de la glace. *Voyez le Mémoire cité.* J'ai fait
les miennes dans un lieu où il faifoit une chaleur moyenne comme de douze ou quinze
dégrés.

(b) C'étoit un thermomètre fait felon la
méthode de M. Amontons ; il fubfifte encore,
& la boule eft groffe comme un petit œuf de
poule.

de-vin comme un fluide compofé de petites maffes raréfiées, fpongieufes, pour ainfi dire, & capables de fe divi-fer, de fe diffoudre, & de s'étendre dans une liqueur propre à les péné-trer. Cette idée quadre affez bien avec la légéreté que nous remarquons dans cette liqueur, & avec quelques faits dignes de remarque, dont je ferai bientôt mention. D'un autre côté nous pouvons regarder l'eau comme un au-tre fluide, dont les parties plus pro-pres à fe dégager les unes des autres s'infinuent aifément dans tous les po-res qu'elles trouvent affez ouverts, ou d'une figure analogue à celle qu'elles ont elles-mêmes. La denfité de l'eau que nous fçavons être plus grande que celle de l'efprit-de-vin, ne combat point cette fuppofition : une matiére, pour être plus denfe qu'une autre, n'a qu'à avoir fes parties plus ferrées, plus près les unes des autres, rangées dans un plus petit efpace ; tout cela fe fait d'autant mieux que ces parties font plus fines, plus fubtiles, & avec une pe-titeffe exceffive rien n'empêche qu'el-les ne foient très libres entre elles, qu'elles ne foient pas pelotonnées, &

par petits flocons, comme nous sup-
posons celles de l'esprit-de-vin. Car je
pense que les parties de l'eau sont plus
petites, d'une figure plus pénétrante,
& plus libres entre elles, que celles de
l'esprit-de-vin ; & si j'avois à soutenir
cette vraisemblance par des faits, je
ferois observer dans un détail qui seroit long, mais fort aisé, que la premiere de ces deux liqueurs pénétre ou
dissout un plus grand nombre de différentes matiéres que la seconde.

Quand ces deux liqueurs, (l'eau &
l'esprit-de-vin,) se trouvent donc dans
un même vaisseau, je conçois premiérement que les parties de l'une aidées
de leur propre poids & du mouvement qu'on leur a donné en les ver-
sant brusquement, divisent en une infinité d'endroits la masse de l'autre ;
& que réciproquement les parties de
celles-ci en vertu de leur grande mobilité, se séparent les unes des autres,
pour faire place à celles qui les désunissent, & se loger elles-mêmes entre
ces petits corps. Jusques ici ce n'est
qu'un simple mêlange, qui laisse subsister les unes & les autres parties dans
leur entier.

Je conçois en second lieu que les parties de l'eau très - pénétrantes de leur nature, se trouvant à portée d'entamer les molécules poreuses de l'esprit-de-vin, peuvent y entrer comme autant de petits coins, comprimer de part & d'autre les parois qui résistent à leur effort, & enfin rompre & diviser en mille maniéres toutes ces petites masses.

(*a*) Ce mouvement intestin, cette division de parties, est ce qu'on appelle *fermentation*, ou *effervescence*. Il y

(*a*) M. Homberg considérant ces mouvemens intestins qui naissent dans différens mélanges naturels ou artificiels, les distingue & leur donne différens noms. Il appelle *fermentation*, le mouvement qui se fait sentir dans un mixte, lorsque les parties sulphureuses se séparent des parties salines, ou lorsque ces mêmes parties s'unissent pour former un mixte. Il appelle *effervescence* le mouvement des parties de deux substances dont l'une pénétre l'autre : ce qui arrive non-seulement, lorsqu'on mêle ensemble des acides avec des alkalis, (ce qui est pourtant le cas le plus ordinaire,) mais aussi dans bien d'autres occasions, comme dans notre expérience, par exemple. Enfin il appelle *ébullition* le mouvement de deux matiéres qui se pénétrent, & d'où il s'éléve un grand nombre de bulles d'air : ce qui se peut faire sans chaleur, ou avec refroidissement, Pour nous,

en

eñ a des exemples fans nombre : & cet
effet eft prefque toujours accompagné d'une chaleur fenfible , que l'on
attribue avec toute forte de vraifemblance, au frottement & à la preffion
qu'exercent les parties du diffolvant
dans les pores de celles qui les reçoivent : car toutes ces particules regar-
dées en elles-mêmes , quoique d'une
petiteffe prefque infinie , font pourtant des corps folides , dans lefquels
il y a des portions de feu cachées ; &
nous avons vû précédemment que de
tels corps qui fe frottent ou qui s'entrechoquent, peuvent s'échauffer jufqu'à brûler. Quand bien même le diffolvant ne feroit qu'ouvrir les matiéres
qui contiennent le feu, & qui, par leur
adhérence réciproque , s'oppofent à
fon expanfion, cet élément mis en liberté ne doit-il pas faire fentir fon action ?

Les Phyficiens font affez d'accord
entre eux fur la caufe prochaine de la
fermentation , & fur celle de la cha-

comme il ne s'git point ici d'un Traité de Chymie, nous appellerons ces mouvemens inteftins
accompagnés de chaleur ou d'inflammation du
nom commun & générique de *fermentation.*

Tome IV.   Y

leur qui l'accompagne communé- ment. Tous conviennent que de deux matiéres qui fermentent enfemble, l'une pénétre l'autre, & que le mêlan- ge s'échauffe, parce que les parties s'entrechoquent, & fe frottent en fe pénétrant. Mais ils ne s'accordent pas de même fur la caufe de cette péné- tration : il faut cependant qu'il y en ait une ; car quand on fe repréfente- roit les parties pointues du diffolvant en préfence & directement vis-à-vis des petites maffes poreufes de la ma- tiére diffoluble, comme des chevilles au bord de leurs troux, encore faut-il une puiffance qui les y chaffe, & qui anime leur effort.

Ceux qui reçoivent & défendent l'attraction comme une caufe phyfi- que, expliquent tout à leur aife ces mouvemens inteftins des matiéres qui fermentent. Il y a, difent-ils, une at- traction réciproque entre le corps dif- folvant & celui qui eft diffoluble ; en- tre *l'acide & l'alkali* ; (a) dès que l'un

(a) Les mots d'*Acide* & d'*Alkali* font confa- crés pour défigner de matiéres falines, du mê- lange defquelles réfultent prefque toutes les fer- mentations ; cela n'empêche pas qu'il n'y ait

& l'autre font à portée de fe joindre, cette vertu qui réfide en eux, tend à les unir de la maniére la plus comple- te, par le contact immédiat de leurs moindres parties, ce qui ne peut fe fai- re que par la divifion des molécules.

Il faut convenir que cela ne va point mal au premier coup d'œil, & que la plûpart des difficultés qui fe préfentent après, tombent également fur les autres opinions. Mais quand cela iroit encore mieux, l'efprit n'eft point fatisfait de cette explication, lorfqu'il vient à fentir qu'elle eft fon- dée fur un principe que bien des gens fuppofent par goût ou autrement, mais dont perfonne n'a jamais donné des preuves, qu'on ne puiffe légitime- ment contefter.

Un homme littéralement attaché à la doctrine de Defcartes, vous dira que le monde eft rempli d'une ma- tiére fubtile qui fe meut en toutes for- tes de fens, & qui pénétre ainfi les corps les plus compacts ; que dans le

d'autres matiéres qui fermentent enfemble ; & alors il y en a une qui fait fonction d'acide, & l'autre d'alkali. *Mem. de l'Acad. des Sc.* 1701. *p.* 97.

Y ij

cas de la fermentation ce font les im-
pulfions redoublées de ce fluide par
excellence, qui font entrer les pointes
des acides dans les pores des alkalis.

Cette explication au moins nous
offre un méchanifme intelligible, elle
n'exige pas que l'efprit fe prête gratuitement à des notions nouvelles auf-
quelles il n'eft conduit par aucun
exemple ; mais elle fuppofe des faits
qui, felon moi, ne font point affez
prouvés.

J'admettrois volontiers l'exiftence
d'une matiére extrêmement fubtile,
préfente par-tout & pénétrant avec
la derniére facilité les corps les plus
compacts ; fans m'embarraffer de fçavoir quel rang a tenu cette matiére
parmi les élémens de l'univers ; on eft
bien forcé d'en admettre une femblable pour expliquer avec quelque vraifemblance les phénomenes du feu, &
ceux de la lumiére : mais j'ai peine à
croire que cette matiére, fi elle exif-
te, foit continuellement agitée en toutes fortes de directions ; & que fes différens mouvemens (qui font progref-
fifs) ne foient point altérés par tous
les chocs qu'elle doit avoir à fouf-

frir. Je demanderois encore comment
au milieu de toutes ces impulsions qui
se feroient souvent en sens contraires,
les pointes des acides frappées en même tems par les deux bouts, seroient
chassées dans les pores de l'alkali; car
un clou n'avance ni ne recule entre
deux coups de marteaux d'égale force.

XIII.
Leçon.

Avouons de bonne foi notre ignorance en attendant les lumiéres qui
nous manquent; ou si nous nous per-
mettons des conjectures, tâchons au
moins de les appuyer sur des faits bien
avérés qui les rendent vraisemblables;
bornons l'étendue de nos connoissances, si cela est nécessaire pour les rendre plus certaines.

Ne pourroit-on pas dire, par exemple, que le dissolvant est porté dans
les molécules poreuses du corps dis-
soluble par cette même puissance qui
fait entrer les liqueurs dans tout ce
qui est spongieux, ou percé d'une
infinité de petits canaux capillaires?
On sçait que certaines conditions rendent cet effet plus prompt ou plus
complet, & qu'en général ces canaux
se remplissent avec d'autant plus d'activité qu'ils sont plus étroits: les po-

res des parties alkalines ou diſſolubles ne ſeroient-ils pas à l'égard du diſſolvant en telle proportion, que cette imbibition s'y fît avec encore plus de violence que nous n'en remarquons, lorſqu'il s'agit de tuyaux capillaires d'une grandeur ſenſible? & la rapidité de ces mouvemens multipliés à l'infini dans un petit corps extrêmement poreux, ne pourroit-elle pas aller juſqu'à faire rompre les parois, & occaſionner une diſſolution totale?

Si l'on me demande après cela quel eſt ce pouvoir ſecret qui fait entrer les liqueurs dans les corps ſpongieux, ou, ce qui eſt la même choſe, dans les tubes capillaires, j'avouerai ingénûment que j'en ignore la cauſe: mais un fait que perſonne ne conteſte, ne peut-il pas ſervir à en expliquer d'autres qui ſont plus obſcurs?

Pour revenir à notre mêlange d'eſprit-de-vin & d'eau, je le regarderai donc comme une diſſolution qui ſe fait d'une liqueur par l'autre, comme une véritable fermentation; & le dégré de chaleur que j'y apperçois comme une ſuite néceſſaire du choc & du frottement des parties, ou de l'action du feu qui a été mis en liberté par la défunion de ces mêmes parties qui le tenoient renfermé entre elles.

Les bulles d'air qui paroiffent dans ce mêlange, & qui en troublent la tranfparence, font celles qui étoient logées dans les pores de chaque liqueur, & qui déplacées par la pénétration mutuelle des deux maffes, dilatées enfuite par le nouveau dégré de chaleur qui en réfulte, s'élévent à la furface en vertu de leur légéreté refpective.

Si l'efprit-de-vin déflegmé donne plus de chaleur que celui qui ne l'eft pas, c'eft qu'étant moins pénétré d'eau, il en eft d'autant plus propre à l'admettre dans fes pores : & comme c'eft de cette imbibition plus ou moins complete, plus ou moins prompte, que dépend le dégré de fermentation; c'eft auffi de cette même caufe que la chaleur doit recevoir fes différens dégrés.

Le dégré de chaleur dépend encore, comme on l'a vû, de la proportion que l'on met entre les quantités des deux liqueurs mêlées, parce qu'avec une trop petite quantité d'eau l'efprit-de-vin ne fe diffout pas autant qu'il le pourroit, la fermentation en eſt moins forte ; & ſi l'on en met trop, l'excès de cette eau eſt une maſſe inutile qui ne contribue point à faire naître la chaleur, & qui plus froide que ne ſeroit le mêlange mieux proportionné, s'en approprie une partie, ainſi que le thermométre qui eſt plongé.

Dans l'explication que je viens de donner, j'ai ſuppoſé qu'une des deux liqueurs pénétroit l'autre, & en cela je n'ai rien dit que je ne ſois bien en état de prouver, en faiſant voir d'après les expériences de M. de Reaumur,*qu'un compoſé d'eau & d'eſprit-de-vin peſe ſpécifiquement davantage que les deux liqueurs compoſantes avant le mélange, ce qui ne peut ſe faire ſans que les deux volumes ſe confondent en partie.

*Mem. de l'Acad. des Scienc. 1733. pag. 365.

Ce fait également curieux & concluant pour ce que j'ai à prouver, ſe peut montrer de deux maniéres. 1.rement. On a peſé la quantité d'eau qui étoit contenue dans un petit vaſe A, *Fig. 6.* que l'on avoit rempli fort exactement juſqu'au fil *b.* & l'on a trouvé ſon poids de 98 grains. On a vuidé ce vaiſſeau, & on l'a rempli pareillement juſqu'au

fil,

fil, d'efprit-de-vin dont le poids s'eft
trouvé de 82 grains $\frac{1}{2}$. Si l'on eût rempli d'eau les deux tiers du petit vaiffeau, & l'autre tiers avec de l'efprit-de-
vin qui ne fe fût point mêlé avec l'eau,
le poids total des deux liqueurs contenues eût été 65 grains $\frac{1}{3}$ d'eau & 27
grains $\frac{1}{2}$ d'efprit-de-vin, ce qui eût fait
en fomme 92 grains $\frac{5}{6}$. Mais au lieu de
faire ainfi, on a compofé une liqueur
de deux parties d'eau, & d'une partie
d'efprit-de-vin bien mêlées enfemble,
& l'on en a rempli le petit vafe jufqu'au fil comme précédemment : alors
le poids de cette quantité de liqueur
compofée s'eft trouvé de 94 grains ;
d'où il paroît évidemment que fa denfité étoit plus grande que celle qui
fembloit devoir réfulter des deux liqueurs compofantes.

2^{emement}. On a pris une boule creufe
de verre adaptée à un tube bien cylindrique, comme pour faire un gros
thermométre, *Fig.* 7. On y a verfé d'a-
bord 200 mefures d'eau, (*a*) & par-

(*a*) On fait ces petites mefures affez commodément avec des chalumeaux de verre renflés, *d. Fig.* 7. que l'on fouffle à la lampe d'E-
mailleur.

XIII.
LEÇON.

deſſus l'on a fait couler très-douce-
ment 100 meſures d'eſprit-de-vin qui
a ſurnagé ; on a marqué avec un fil,
c , ſur le tube, l'endroit où ſe termi-
noit la liqueur, & le vaiſſeau ayant été
bien bouché par en-haut , & enſuite
agité pour occaſionner le mélange de
l'eau & de l'eſprit-de-vin : lorſque tout
fut repoſé & revenu à la température
du lieu où ſe faiſoit l'expérience, on
a obſervé que la ſurface de la liqueur dans le tube ſe tenoit au-deſſous
du fil ; & pour remplir ce vuide, il a
fallu ajoûter 5 de ces meſures dont le
volume d'eſprit-de-vin employé contenoit 100. Ce qui fait, comme on
voit, $\frac{1}{20}$ de diminution , eû égard au
volume de cette liqueur ; les deux liqueurs ſe ſont donc pénétrées en partie, pour former enſemble un volume
plus petit que la ſomme des deux me-
ſurées ſéparément.

Je n'ai pû me refuſer de rapporter
ici ce phénomene, qui n'eſt pas le ſeul
de ſon eſpéce ; j'invite les amateurs de
la Phyſique à s'inſtruire par la lecture
du Mémoire même, des circonſtances
& de toutes les obſervations intéreſ-
ſantes auſquelles il a donné occaſion ;

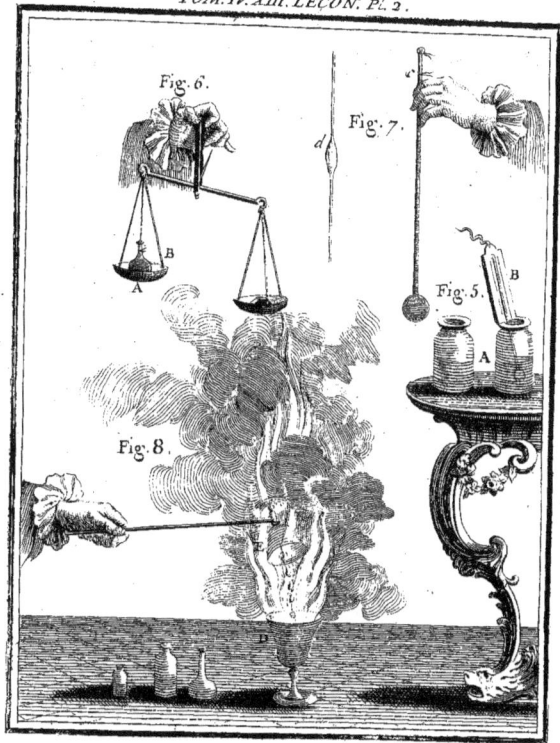

Fig. 6.

B

A

Fig. 7.

d

c

Fig. 5.

B

A

Fig. 8.

D

ce que je ne pourrois faire entrer dans
cet Ouvrage, ſans ſortir des bornes
que je m'y ſuis preſcrites.

VI. EXPERIENCE.

PREPARATION.

Dans un grand verre à boire de la
bierre, de ceux dont la coupe reſſemble à une cloche renverſée D, *Fig.* 8.
on met 3 gros d'huile de Térébenthine, (a) (la plus nouvelle eſt la meilleure) : & dans un autre verre E em-
manché d'une baguette qui ait environ 3 pieds de longueur, on mêle enſemble un gros de bon eſprit de nître,
& autant d'huile de vitriol concentrée; (b) tenant enſuite ce dernier ver-

(a) Je nomme ici l'huile de Térébenthine
comme la plus facile à trouver, & celle qui
coûte le moins : on peut également employer
l'huile de Gaiac, celles de Girofle, de Citron,
de Menthe, de Geniévre, de Fenouil, &c.
& même les baumes naturels, celui de Co-
pahu, & le baume blanc de la Méque.

(b) Au lieu de ces deux acides mêlés enſemble on peut ſe ſervir d'une eau forte citrine
diſtillée à la maniére de M. Hoffman, ou ſelon le procédé de M. Geofroy. *Voyez les Mémoires de l'Académie des Sciences, pour l'année* 1726. *page* 95. où vous trouverez un détail très-curieux de ces ſortes d'expériences.

re par le bout du manche, on verfe en deux ou trois tems, mais à très-peu de diftance l'un de l'autre, ce qu'il contient, dans le premier où l'on a mis l'huile de Térébenthine.

Effets.

Dans le moment même que le mê-lange fe fait, on entend & l'on apper-çoit une violente fermentation dans le verre qui contient ces liqueurs, il s'en éléve fubitement une fumée fort épaif-fe, au milieu de laquelle on voit bril-ler ordinairement une flamme qui s'é-lance jufqu'à la hauteur de 15 ou 18 pouces ; & il fe répand après dans le lieu où l'on a fait l'expérience, une forte odeur aromatique qui dure long-tems, & qui eft affez agréable quand elle eft affoiblie.

Explications.

Les huiles effentielles des plantes, tant de celles qu'on apporte des In-des, que de celles qui naiffent en Europe, font des liqueurs fort inflam-mables que les Chymiftes regardent avec raifon comme une grande quan-tité de foufre étendu dans un peu de

flegme, c'eft à-dire, que la matiére du
feu qui s'y trouve, comme par tout
ailleurs, n'y eft enveloppée & retenue que par celle de toutes les matiéres, qui en contient davantage, &
qui eft la plus propre à ne le retenir
qu'autant qu'il le faut, pour animer
fon action. Lorfqu'un acide violent
s'empare de ces huiles, & qu'il les
pénétre de toutes parts avec précipitation, toutes les petites portions de
feu irritées, pour ainfi dire, par le frottement, & dégagées des liens qui les
retenoient avant cette diffolution fe
mettent en liberté, éclatent de toutes parts, & diffipent en flamme les
parties du mêlange les plus fubtiles ;
& les plus groffiéres s'exhalent en fumée, & en odeur.

Cet effet, tout merveilleux qu'il
eft, ne différe point effentiellement
de celui que nous avons vû dans l'expérience précédente ; c'eft toujours
l'action du feu excitée par la pénétration précipitée d'une liqueur dans
l'autre, mais une action excitée jufqu'à l'embrafement. Quoiqu'on pût
attendre un tel effet de cette caufe
bien méditée, ce dut être cependant

Z iij

un spectacle bien singulier & bien surprenant en Chymie, lorsqu'on vit naître une véritable inflammation du mêlange de deux liqueurs froides.

Il y a près d'un siécle que Beccher & Olaus Borrichius, le premier dans sa Physique souterraine, le dernier dans les actes de Copenhague, annoncérent ce phénomene ; mais soit qu'ils ne se fussent pas expliqués assez clairement, soit qu'on s'y prît mal pour les imiter, on travailla longtems d'après ce qu'ils avoient dit, & l'on se rebuta presque avant que de pouvoir répéter leur expérience avec succès. Enfin en 1698, M. de Tournefort parvint à enflammer, non de l'huile de térébenthine, comme avoient fait les Auteurs que je viens de citer, mais l'huile tirée du bois de sassafras par distillation, & nous voyons par les Mémoires de l'Académie des Sciences pour l'année 1701. que Mr. Homberg, tant par ses propres expériences, que par celles des autres, avoit déjà étendu cette découverte, jusqu'à établir pour régle générale, qu'avec un esprit acide bien déflegmé on pouvoit enflammer toutes

les huiles essentielles des plantes aromatiques, pourvû que ces plantes fuffent des Indes, parce que, difoit-il,
celles de nos climats ne donnent jamais qu'une huile où le foufre eft mêlé
avec un acide qui fait manquer l'inflammation. Cette reftriction fut levée
en 1726. par M. Geofroy, qui fit voir
par des preuves de fait, qu'on peut enflammer indifféremment l'huile effentielle des plantes d'Europe, comme
on enflamme celle des aromates qui
naiffent aux Indes, en employant un
acide convenable; & ce que cet habile
Chymifte montroit en France, M.
Hoffman le publioit en Allemagne,
comme une découverte qu'il venoit
de faire, quoique par un procédé un
peu différent.

Il ne reftoit donc plus pour géné-
ralifer cette nouvelle connoiffance,
que de trouver un moyen d'enflammer
auffi les huiles graffes (a) & c'eft à
quoi M. Roüelle eft parvenu après un
travail affez long. Tout dépendoit

____

(a) Par huiles graffes ou péfantes on entend ici celles que l'on tire des végéteaux par
expreffion, comme l'huile de noix, celles de
cheneyis, de navette, &c.

Z iiij

d'un tour de main que le hazard auroit pû faire trouver au plus ignorant, mais que cet habile Chymiste n'a obtenu que par des connoissances réfléchies. On sçait que le nître ne s'allume point par l'attouchement de la flamme, mais seulement par celui d'un corps embrasé ; cette considération fit penser à M. Roüelle que pour enflammer une huile il seroit à propos 1°. qu'elle y fût disposée par un certain dégré de chaleur ; 2°. que l'esprit de nitre dont il se servoit pour procurer cette inflammation trouvât un charbon ardent, ou prêt à l'être, par l'attouchement duquel il pût s'enflammer lui-même; au lieu de jetter dans l'huile tout en une fois son acide nitreux, ce qui n'eut produit que de la chaleur, ou du charbon, il le versa en deux ou trois fois, fort près l'une de l'autre : la première portion versée, ou la deùxiéme échauffa l'huile, & en mit une partie en charbon, & la derniére portion venant à tomber aussi-tôt, s'alluma par l'attouchement du charbon, & enflamma l'huile qui étoit toute prête à l'être.

On peut donc enflammer l'huile de

térébenthine que j'ai employée dans notre expérience, avec l'esprit de nitre seulement ; & si j'y mêle l'huile de vitriol concentrée, ce n'est que pour rendre l'effet plus sûr; car comme cette huile se saisit aisément de toute l'humidité, elle achéve de déflegmer l'esprit de nitre, & le rend par là plus propre à l'effet auquel on le destine.

VII. EXPERIENCE.

PREPARATION.

Mettez dans une poële de fer, où dans un plat de terre, sur un réchaud plein de feu, quatre onces de miel commun, & deux onces d'alun de roche, cassé en petits morceaux; remuez le tout avec une spatule ou avec quelque chose d'équivalent, jusqu'à ce que le mêlange soit non-seulement fondu, mais épaissi en consistance de croute, qu'il faut avoir soin de détacher & de briser en petits grains, afin qu'on le puisse dessécher plus aisément & plus parfaitement.

Cette premiére préparation étant faite, mettez de ces petits grains bien desséchés dans un petit matras, autant qu'il en faudra pour remplir les deux tiers de la boule : placez ce matras légérement bouché avec du papier, dans un creuſet de telle grandeur , qu'il puiſſe tenir environ un doigt·de ſable deſſous , & autour de ce matras : entourez le creuſet de charbons dans un fourneau , & allumez le feu peu à peu pour donner le tems aux vaiſſeaux de s'échauffer ſans ſe rompre , & à la matiére de ſe purger de l'humide , & de tout le volatile qui lui reſte.

Quand vous verrez qu'il ne ſortira plus de fumée par le col du matras, vous augmenterez le feu juſqu'à ce que vous apperceviez toute rouge la matiére qui eſt dans le matras. Entretenez cet état pendant un bon quart d'heure , ou même une demie heure , & alors vous pourrez tirer doucement & peu à peu le creuſet hors du fourneau.

Vous ſouleverez enſuite le matras pour le tirer du ſable en partie, & peu de tems après , encore davantage.

Enfin, ayant ôté le bouchon de papier , vous renverſerez l'embouchure du matras ſur celle d'un petit flacon

de verre, & vous les tiendrez joints
l'un à l'autre avec la main & un linge
replié en deux ou trois, que vous
tiendrez ferré autour, afin que l'air
extérieur ne s'y introduife point, &
que la poudre encore toute embrafée, qui tombe du matras ne s'é-
chape point au dehors. Ce qui étant
fait, vous tiendrez le flacon fermé
avec un bouchon de verre bien ajufté
pour en faire l'ufage qui fuit.

EFFETS.

Cette poudre étant refroidie, fi
vous en jettez deux ou trois grains
dans la main, ou fur du papier, un
inftant après qu'elle a pris l'air elle
s'échauffe, & chaque grain devient
un petit charbon ardent, à la fuperficie duquel on apperçoit dans l'obfcurité une petite flamme violette.

Cette efpéce de phofphore, qu'on
pourroit nommer *pyrophore* à plus
jufte titre, puifqu'il brûle encore plus
qu'il n'éclaire, fe conferve pendant
plufieurs années, fi l'on a foin qu'il
ne prenne point l'air, & qu'on ne le
tienne point en petite quantité dans
un grand vaiffeau, quoique fermé ;

mais quand on ouvre fouvent le flacon qui le contient, ou qu'on n'a pas
pris foin de tenir le doigt fur l'orifice,
pour ne le laiffer ouvert qu'autant qu'il
le faut, pour en faire échaper quelques grains ; peu à peu cette matiére
perd de fon activité, & tout fon effet
fe borne à quelque léger dégré de
chaleur, qui ne va plus jufqu'à l'inflammation.

EXPLICATIONS.

M. Homberg travaillant fur la matiére fécale & fur l'alun mêlés enfemble, dans des vûes qui font étrangéres à notre fujet, s'apperçut que la
tête morte de ce mêlange diftillé étant
tout à fait refroidie, prenoit feu d'elle-
même, lorfqu'on donnoit un accès libre à l'air dans la cornue * ; voilà l'o-
rigine (a) du phofphore ou du pyrophore, dont je viens de décrire la
préparation & les effets ; fi je fubfti-

* Mém. de
l'Académie
des Sciences
1711. pag.
234.

(a) Il paroit pourtant par le Mémoire même de M. Homberg, que je viens de citer,
que dans le tems même qu'il faifoit cette découverte, quelqu'un employoit comme reméde une efpéce de fel, qui avoit la propriété de
s'enflammer à l'air.

tue le miel à la matiére fécale, c'eſt
pour m'épargner un travail déſagréa-
ble qui n'eſt point néceſſaire ; car depuis cette découverte, un peu de réflexion, & l'expérience même ont fait
connoître qu'on peut également réuſ-
ſir en mêlant avec l'alun toute matiére capable de donner par la diſtilla-
tion une huile fétide ; ainſi la chair,
le ſang des animaux, le miel, la farine, &c. tout y eſt bon.

Pour rendre raiſon de l'embraſement ſubit qui naît ici par l'attouchement de l'air libre, je crois ne pouvoir mieux faire que de rapporter l'explication même qu'en a donné M.
Homberg ; elle eſt très-plauſible, &
aucun Auteur que je ſçache n'a eſſayé
d'en donner une meilleure. « Pour
» avoir, dit-il, une idée vraiſemblable
» de la maniére dont cette poudre
» s'enflamme, il faut ſe ſouvenir qu'elle
» eſt une matiére fortement calcinée
» par le feu : elle a perdu dans cette
» calcination toute la partie aqueuſe
» qu'elle contenoit, & la plus grande
» partie de ſon huile & de ſon ſel vo-
» latil ; elle a acquis par là beaucoup
» de grands pores que les matiéres

» volatiles chassées par le feu ont laif-
» fés vuides, de forte que la poudre
» qui reste après la calcination, ne con-
» fiste qu'en un tissu spongieux d'une
» matiére terreuse, qui a retenu tout
» son fel fixe & un peu de son huile
» fétide, mais dont les pores & les
» locules vuides conservent pendant
» quelque tems une partie de la flamme
» qui les a pénétrés pendant la calci-
» nation, à peu près comme il arrive
» à la chaux vive dans fa calcination.

   » Cela étant, nous pouvons confi-
» dérer que le fel fixe, qui eft en gran-
» de quantité dans cette poudre, ab-
» forbe promptement, & à fon ordi-
» naire, l'humidité de l'air qui le tou-
» che, l'introduction fubite de l'humi-
» dité de l'air dans les pores de la pou-
» dre y produit un frottement capable
» d'exciter un peu de chaleur, laquelle
» étant jointe aux parties de la flamme
» confervée dans ces mêmes pores,
» compofe une chaleur affez forte
» pour embrafer le peu d'huile, aifé-
» ment inflammable, qui a échapé à
» la vigueur de la calcination, & qui
» fait partie de la poudre.

   » Une preuve de cela, continue

» M. Homberg, eſt que quand on gar-
» de cette poudre en un vaiſſeau qui
» n'eſt pas exactement bouché, elle
» abſorbe peu à peu & lentement l'hu-
» midité de l'air qui la peut atteindre,
» ce qui n'eſt pas capable de faire aſ-
» ſez de frottement pour exciter au-
» cune chaleur ſenſible, & la poudre
» ſe gâte, enſorte qu'elle ne s'enflamme
» plus, de même que la chaux vive
» expoſée pendant quelque tems à
» l'air ne s'échauffe plus, parce qu'elle
» a abſorbé peu à peu une trop petite
» quantité d'humidité à la fois pour
» avoir reçû un frottement ſuffiſant
» qui puiſſe exciter de la chaleur.

Quand on reçoit quelques grains
de pyrophore dans la main un peu
humide par la tranſpiration, ils s'y allument plus ſûrement & plus promptement que quand la peau eſt plus ſé-
che; & quand on les examine avec
une loupe de verre, un inſtant avant
qu'ils paroiſſent embraſés, on les voit
s'entrouvrir & leurs petits éclats ſe remuer, de la maniére qu'on l'apperçoit
à la vûe ſimple dans un morceau de
chaux vive, ſur lequel on a jetté de
l'eau par aſperſion.

XIII.
Leçon.

Ces deux faits, dont je fuis fûr,
ne confirment point mal l'explication
de M. Homberg, & nous invitent à
croire que l'humidité qui régne toujours dans l'air, fait à l'égard de ces
petits grains calcinés, ce que l'eau
opére dans les molécules de l'efprit-
de-vin, & l'acide nitreux dans celles
des huiles effentielles, un frottement
confidérable en s'y introduifant, une
prompte & extrême divifion des parties propres du corps diffoluble, & la
liberté au feu qu'elles renferment,
d'exercer fon action.

XIII.
Leçon.

Applications.

Des trois derniéres expériences que
j'ai rapportées, on peut tirer cette
conféquence, que quand les molécules qui compofent un certain volume
de matiére, reçoivent des chocs ou
des frottemens qui vont jufqu'à les divifer, foit que ces mouvemens naiffent dans la matiére même par une
caufe interne, foit qu'on les y excite
par l'introduction ou le mêlange d'une
autre fubftance; pour l'ordinaire, il
en réfulte des dégrés de chaleur qui
peuvent aller jufqu'à l'embrafement;

je

je dis pour l'ordinaire, car on pourroit m'objecter l'exemple de quelques
mêlanges, où il se fait un bouillonne-
ment qu'on prendroit pour une véritable effervescence, mais qui sont cependant accompagnés d'un refroidissement que le thermométre fait appercevoir clairement.

Presque toutes les liqueurs odoran-
tes qu'on met dans les flacons de poche, ou dans ceux dont on garnit les
toilettes, ne sont autre chose que de
l'esprit-de-vin chargé de quelque huile essentielle de plante aromatique,
telles sont les eaux de la Reine d'Hon-
grie, de Mélisse, de Lavande,
quand on les mêle en suffisante quantité avec de l'eau ; on ne doit point
être surpris que ce mêlange reçoive
tout d'un coup un dégré de chaleur
sensible ; c'est au fond la même chose
que ce que nous avons vû dans la cinquiéme expérience.

L'eau-de-vie commune & le meilleur vin ne font pas la même chose,
quoique l'une & l'autre liqueur soit
en partie de l'esprit-de-vin, parce que,
comme je l'ai dit plus haut, la chaleur n'est causée qu'autant que l'eau

Tome IV.   A a

XIII.
Leçon.

pénétre l'esprit-de-vin, & qu'elle le
dissout, pour ainsi dire ; mais quand
cet esprit est déja suffisamment étendu
dans son flegme naturel, ou dans l'eau
qu'on y a ajoûtée, il n'y a plus de pénétration à attendre, ni par conséquent de nouveaux degrés de chaleur.

La matiére de la transpiration tient
beaucoup de la nature de l'eau ou de
celle de l'urine, ces deux liqueurs mêlées avec l'esprit-de-vin s'échauffent
sensiblement ; n'est-ce point par cette
raison qu'on sent de la chaleur à la
peau, quand on s'est frotté certaines
parties du corps, avec de l'esprit-de-
vin pur, ou avec quelque liqueur dont
il est la base.

Si quelqu'un, pour épargner des
frais de transport trouvoit qu'il y eût
à gagner en réduisant l'eau-de-vie en
esprit, sauf à y remettre la quantité
d'eau convenable (a) quand la liqueur seroit arrivée au lieu de sa des-
tination ; je ne crois pas qu'il dût faire

(a) Pour faire avec de l'esprit-de-vin & de
l'eau une liqueur à peu près semblable à de
l'eau-de-vie, pour la force, ou pour le dégré
de dilatabilité, il faut les mêler dans la proportion de 3 à 2 ; c'est-à-dire, trois parties
d'eau sur deux d'esprit-de-vin.

entrer en déduction le déchet de volume qui se fait & qui va, comme
nous l'avons dit, jusqu'à $\frac{1}{20}$; car il est
plus que probable que ce déchet se
fait aux dépens de l'eau. De deux matiéres, dont l'une pénétre l'autre, il
est naturel de penser que la plus poreuse, la plus pénétrable est celle qui
reçoit l'autre dans ses pores ; l'esprit-
de-vin plus léger que l'eau, est sans
doute celle des deux liqueurs qui a le
plus de vuides à remplir. (a)

Tous les végétaux qui fermentent,
ne manquent pas de s'échauffer à proportion du mouvement intestin qui
les agite ; le vin qui bout dans la cuve,
le cidre & la bierre, qui forcent les
tonneaux, le gonflement & l'effervescence des cerises & des autres fruits
qu'on a écrasés pour faire des ratafias,
font autant d'exemples sensibles & familiers de cette vérité.

Les parties constituantes d'un mixte
étant elles-mêmes des petites masses
composées de plusieurs principes plus
légers, plus volatils les uns que les

(a) Voyez le Mémoire de M. de Reaumur,
cité ci-dessus, page 220. où ce que l'on suppose ici est plus amplement prouvé.

A a ij

autres ; dès que ce principes viennent à se désunir par la fermentation,
ceux qui sont les plus propres à s'évaporer quittent la masse dont ils fai-
soient partie, & se dissipent dans l'air.
De-là vient l'odeur forte que l'on sent
dans les celliers où l'on fait le vin ou
d'autres boissons, & généralement auprès de tous les corps qui fermentent
un peu fortement. Ces vapeurs sont
quelquefois si abondantes & si actives , qu'on a vû des hommes & d'autres animaux en être suffoqués dans
un instant.

Mais comme ces évaporations se
font aux dépens de certaines parties,
& non pas de toutes également, c'est
une conséquence nécessaire que la nature du mixte dans lequel se fait la
fermentation, en reçoive un changement notable , puisque la dose ou la
proportion des principes n'est plus
la même qu'elle étoit; aussi remarque-
t-on que le goût & l'odeur en sont
différens , & souvent même la couleur, la consistance, ou la fluidité,
& d'autres qualités accidentelles qui
dépendent du nouvel arrangement
des parties qui restent, ou des nou-

veaux rapports qu'elles ont entr'elles. ═══

Le vin qui a cuvé ne reſſemble plus à celui qui coule de la fouloire.

Dans un mixte qui a fermenté, les parties conſtituantes ſe compoſent donc de nouveau ; & comme la Nature agit avec d'autant plus de lenteur, qu'elle a deſſein de former un ouvrage plus durable, ce n'eſt qu'après un tems aſſez long qu'on doit attendre un état décidé & fixe : auſſi voyons-nous que les vins qui ont été gardés avec des précautions convenables ſont meilleurs & plus conſtamment bons que ceux de la même qualité qui ſont plus nouveaux.

On peut dire que les choſes ſe paſſent ainſi pour l'ordinaire ; mais cette régle générale a des exceptions qui dépendent de pluſieurs cauſes particuliéres, dans le détail deſquelles je ne dois pas entrer ici. Je remarquerai ſeulement que dans l'intervalle de tems qu'une matiére employe à ſe recompoſer après avoir fermenté, il peut arriver que cette opération naturelle ſoit troublée par une nouvelle fermentation, ou ſeulement par quelque évaporation qui diminue encore la

doſe des principes d'une certaine eſpéce, & alors le nouveau compoſé
ne pourra pas être tel qu'il auroit été
ſans cet accident ; ainſi le vin qui travaille après être fait, pour parler le
langage de l'art, court riſque de ſe
gâter s'il n'a que les principes qu'il lui
faut pour être bon : & au contraire
s'il en a quelques-uns de ſurabondans
dont il puiſſe ſe purger, cette nouvelle fermentation y donnera lieu, &
pourra le rendre meilleur.

Ce dernier cas eſt le plus rare ; &
c'eſt pour cela que l'on fixe autant
que l'on peut les liqueurs fermentées
dans des bouteilles d'une médiocre capacité : ce moyen eſt aſſez ſûr, quand
le vaiſſeau eſt bien fermé, incapable de
s'étendre comme pourroit faire un tonneau, & aſſez ſolide pour réſiſter à l'effort qui ſe fait au-dedans ; voici une
expérience bien ſimple qui le prouve.

Dans un tube de verre fermé hermétiquement par un bout, verſez d'a-
bord une certaine quantité d'huile de
vitriol, & par-deſſus faites couler doucement autant d'eau commune. Je
dis doucement, afin que les deux liqueurs ne faſſent que ſe toucher ſans

fe mêler : tenez enfuite le tube fermé, ou avec le bout du doigt, ou avec de la cire, & par-deſſus un morceau de veſſie mouillée, que vous lierez fortement ; mêlez enfuite les deux liqueurs en agitant le tube, vous n'aurez point de fermentation, quoique ce mêlange ſoit bien capable d'en faire une ; mais ſi vous ôtez le bouchon, vous aurez auſſi-tôt une effervefcence confidérable.

Il réſulte de cette expérience & de quantité d'autres ſemblables, que je pourrois citer, que la fermentation, ſur-tout celle qui doit être accompagnée d'effervefcence, n'a pas lieu dans un vaiſſeau bien bouché, & la raiſon s'en préſente d'elle-même ; les parties des liqueurs pour fermenter doivent ſe déſunir & ſe déplacer ; pour cet effet il leur faut plus d'eſpace qu'elles n'en occupent dans leur état naturel ; car tout aſſemblage de corps qui ſe dérange ne manque pas d'étendre ſes limites : ſi le lieu où elles ſonteſt rempli, ou par elles-mêmes, ou par de l'air qui ne puiſſe point aſſez céder aux efforts qu'elles font pour ſe mouvoir, elles ſeront contenues dans leur

ancien état , & elles garderont tout
au plus , & pour un tems , une difpo-
fition prochaine à fermenter, auffi-tôt
qu'elles en auront la liberté , comme
nous le voyons tous les jours à l'ouverture des bouteilles de vin de
Champagne ou de bierre nouvelle.

Ce qu'on nomme vulgairement
putréfaction , ou *pourriture* , n'eft autre
chofe qu'une fermentation qui a fait
plus ou moins de progrès , & ne convient qu'à des matiéres mixtes , à des
corps dont les parties conftituantes
peuvent fe décompofer : de l'eau bien
pure, par exemple, ne fermente point
feule , parce que toutes fes parties
font homogénes ou comme telles ,
& qu'aprés une évaporation confidérable , ce qu'il en refte dans le vaiffeau , eft un affemblage de parties ,
en plus petit nombre à la vérité , mais
toujours effentiellement femblables à
celles qui ont été évaporées. La corruption que l'on apperçoit dans l'eau,
quand il y en a , eft une preuve très-
certaine qu'elle n'eft point pure , &
que ce qu'elle contient d'étranger eft
une matiére mixte capable de s'alté-
rer, de fe décompofer.

Quoique

Quoique l'eau pure ne fermente
point par elle même, elle peut aider
la fermentation des autres corps. Les
herbes & les plantes font affez fujettes
à fe pourrir & à s'échauffer ; mais on
remarque que cela leur arrive principalement dans ces deux circonftances
réunies ; 1°. quand on les coupe en
état de verdeur, c'eft-à-dire, avant
qu'elles foient féchées fur pied. 2°.
Lorfqu'on les tient amoncellées fans
les remuer.

Les fucs des plantes vertes font
pour l'ordinaire des parties graffes &
falines combinées de différentes maniéres, & étendues dans beaucoup
de flegme : tant que ce flegme (qui
n'eft, à proprement parler, que de
l'eau) eft affez abondant, il entretient
la mobilité des autres principes, & la
foupleffe des fibres qui doivent fe prêter à leurs mouvemens. Dans une
plante vivante, cette fonction de la
partie aqueufe entre avec fuccès dans
les vûes de la Nature ; c'eft un véhi-
cule employé & dirigé felon les loix
de la végétation ; mais quand le tranchant du fer a interrompu cette économie ; quand la plante ceffe de vé-

XIII.
Leçon.

Tome IV. B b

géter ; alors chaque principe, comme abandonné à lui-même, & n'étant plus déterminé par les caufes qui le faifoient précédemment concourir à la nutrition & à l'accroiffement du corps organifé auquel il appartient, demeure libre d'obéir à toute autre détermination. En un mot, on peut regarder tous les autres principes d'une plante morte par rapport au flegme qui les abreuve, comme autant de parties oifives qui nagent dans une certaine quantité d'eau ; fi ces parties peuvent s'exhaler promptement, fi rien d'ailleurs ne s'oppofe à leur évaporation, les plus volatiles abandonneront la maffe, & les plus fixes demeureront unies fous un moindre volume : tel eft l'état d'une plante qui fe defféche.

Mais fi cette prompte évaporation n'a pas lieu, la partie aqueufe, toujours fort abondante, agira comme diffolvant fur les autres ; elle les pénétrera, elle les divifera, elle les agitera de toutes les maniéres ; & à leur tour, ces principes développés, & comme aiguifés par la divifion, porteront aufli leur action fur les folides,

& il se fera une dissolution générale.
Comme tout cela ne peut se faire sans
que la matiére du feu se dégage , &
se mette en jeu , cette putréfaction
doit être accompagnée d'un certain
dégré de chaleur ; & voilà précisément ce qu'on voit arriver aux légumes, aux feuilles des arbres , & aux
herbes vertes que l'on a mis en tas.

C'est donc avec grande raison que
l'on prend soin de faire bien sécher
les herbes des prairies après qu'on les
a fauchées, en les étendant & en les retournant plusieurs fois pendant la plus
grande ardeur du soleil : cette façon,
qu'on nomme *fanner*, est si nécessaire ,
que quand on la néglige un peu , ou
que le mauvais tems en empêche les
effets , le foin ne manque pas de s'é-
chauffer & de prendre un mauvais
goût. On assûre même qu'on l'a vû
quelquefois prendre feu de lui-même
dans les granges , & causer d'affreux
incendies. Ce que je dis ici du foin
doit s'entendre de tous les végétaux ,
& de la plûpart des fruits ; quand il
s'agira de les serrer , ou de les garder
long-tems , on doit avoir attention
qu'ils soient suffisamment séchés , que

B b ij

leurs sucs soient comme fixés par un certain dégré d'épaississement, & que les solides qui les renferment ne puissent être entammés ou amollis par aucune humidité extérieure.

Sans cette derniére précaution, la paille même la plus séche devient fumier ; & le fumier, comme l'on sçait, n'est autre chose que la littiére des chevaux, des vaches, & des autres animaux, qui se pourrit & qui fermente avec les excrémens. Comme cette fermentation se fait avec lenteur, le dégré de chaleur qui en résulte est doux, & peut durer long-tems. C'est pourquoi l'on s'en sert avec beaucoup d'utilité, non-seulement pour engraisser les terres & les fertiliser, mais encore pour échauffer les couches des potagers, & procurer d'avance à certaines plantes la douce température qu'une saison trop tardive ne pourroit leur donner.

M. de Reaumur, toujours aussi attentif qu'il est ingénieux à rendre la Physique utile, vient de faire une application fort importante de ce moyen qui est si facile, & qui coûte si peu. Il s'en sert avec tout le succès qu'on

peut défirer pour fuppléer à la chaleur d'un oifeau qui couve. Il laiffe
aux poules de fa baffe-cour le foin de
pondre des œufs, & il les difpenfe de
celui de les faire éclore ; de-là il arrive
qu'il a beaucoup plus d'œufs qu'il n'en
auroit , car on fçait que les poules ne
pondent point pendant tout le tems
qu'elles mettent à couver , & encore
au-delà : il place ces œufs en tel nombre qu'il veut dans un ou dans plufieurs paniers plats ; il met ces paniers les uns fur les autres dans un tonneau couvert d'une planche arrondie
& entourré de fumier nouveau : un
feul homme prend foin que la chaleur s'entretienne toujours à peu près
égale, (a) & au bout de vingt & un

(a) Pour cet effet, il y a parmi les œufs
un ou plufieurs petits thermométres que l'on a
foin de vifiter de tems en tems ; quand la chaleur eft trop forte , on donne un peu d'air frais
en ôtant un moment cette planche arrondie,
qui fert de couvercle au tonneau , ou en dé-
bouchant des trous qu'on y a pratiqués. Si au
contraire la chaleur devient trop foible , on
ajoûte du fumier plus nouveau autour du tonneau. La précaution la plus effentielle qu'on
doit avoir, c'eft qu'il ne regne point d'humidité dans le tonneau, & pour cela il faut qu'il
foit enduit de plâtre en dedans, & que cet en-

XIII.
LEÇON.

jours , terme ordinaire de l'incuba-
tion naturelle, on voit éclore des pou-
lets qui ne connoiſſent point de mere
ſous l'aîle de laquelle ils puiſſent être
reçûs ; on y a ſuppléé en les faiſant paſſer du tonneau dans une caiſſe longue
auſſi entourée de fumier , mais inégalement, afin que les nouveaux nés
puiſſent eux-mêmes choiſir le dégré
de chaleur qui leur convient le mieux.

Voilà donc ces fameux fours d'E-
gypte (a) ſi long-tems enviés pas
d'autres Nations, vainement déſirés
& tentés par les Princes (b), les voilà

duit ait eu tout le tems de ſécher : le dégré de
chaleur le plus convenable c'eſt 32 dégrés
au thermométre de M. de Reaumur ; mais quelque dégrés de plus ou de moins ne gâtent rien.

(a) Les habitans de Bermé , village d'E-
gypte à cinq lieu du Caire, ſont depuis très-
long-temps dans l'uſage de faire éclore dans des
fours faits exprès des œufs qu'on leur porte
par milliers , & de cette pratique dont il ſont
ſeuls en poſſeſſion , ils ſe ſont fait un commerce très-conſidérable.

(b) J'ai vû faire il y a treize ou quatorze
ans à Chantilly bien des tentatives inutiles à
ce ſujet : on ſe ſervoit d'étuves avec un feu
de lampe ; mais apparemment que la vapeur
de l'huile empêchoit le ſuccès. Pluſieurs fois
le poulet s'eſt formé , mais il n'eſt jamais
venu à bien.

donc enfin imités, (je dirois presque
surpassés, eû égard à la facilité & au
peu d'appareil de l'opération,) par
des fours de fumiers. Quand on a vû
ce dont il est question, quand on
en a admiré le succès, on est presque
aussi surpris de voir que cela ait été
si long-tems à se présenter, & que ce
dût être le fruit des recherches d'un
grand homme : mais ne sçait-on pas
que nous nous éloignons souvent des
objets que nous cherchons, parce que
nous ne pouvons pas nous imaginer
qu'ils soient si près de nous : il y a
presque autant de mérite à replier son
esprit sur des choses simples pour y recueillir une vérité que personne ne
daignoit y chercher, qu'il peut y en
avoir à lui laisser prendre tout son es-
for pour faire une découverte à laquelle bien d'autres prétendent.

Les fours où l'on entretient continuellement un très-grand feu, tels
que font ceux des verreries ou de
fayanceries, périssent entièrement &
se dissolvent, pour ainsi dire, lorsqu'on les éteint pour les raccommo-
der, si l'on ne prend pas la précaution d'en fermer exactement toutes

les bouches & tous les endroits par où l'air pourroit y entrer librement. C'est un fait que j'ai appris des ouvriers mêmes & des directeurs de ces Manufactures, & contre lequel je les ai vû se mettre en garde. Les effets de l'air humide sur le pyrophore de Mr. Homberg, dont nous avons parlé dans la derniére expérience, nous mettent à portée de rendre raison de celui-ci. Car comme cette matiére fortement calcinée se saisit avec avidité des particules d'eau qui la touchent, & qu'elle perd par cette imbibition subite presque toute sa consistance, de même l'humidité de l'air ne manqueroit pas de pénétrer intimement les espéces de briques dont ces fours sont fabriqués en dedans, si leurs pores extrêmement dilatés par l'action du feu n'avoient tout le tems qu'il leur faut pour se reserrer, avant qu'on les ouvre pour les réparer.

C'est ici le lieu de dire un mot des météores enflammés, qu'on attribue communément à certaines exhalaisons qui s'embrasent sous différentes formes dans l'Atmosphére, par fermentation ou autrement : c'est un sujet

qu'il feroit bien difficile de traiter à
fond , fur-tout fi l'on fe propofoit
non-feulement d'expofer , mais auffi
d'expliquer tous les phénoménes
qu'elle préfente. Prefque tous ces
feux aëriens impriment plus de frayeur
que de curiofité à la plûpart de ceux
qui en font témoins ; s'il s'en trouve
qui ayent le courage de vouloir les
obferver , ces effets prefque toujours
momentanés , échapent aux yeux les
plus attentifs ; & fi l'on veut s'en inftruire par le rapport d'autrui, l'amour
du merveilleux dans une matiére qui
n'en a déja que trop , altére bien fouvent la vérité des recits, & enveloppe
un fait qui eft vrai , dans des circonftances qui ne le font pas , & qui le
rendent inexplicable.

C'eft pourquoi nous fommes encore peu inftruits fur cette partie de la
Phyfique qui attire depuis tant de fiécles les regards & l'attention des hommes. Nous n'avons fur les météores
enflammés que des conjectures ; encore eft-il plus facile de les attaquer
par des objections férieufes, que de les
défendre par des raifons fatisfaifantes
de tout point : conjectures fur la vraie

XIII.
Leçon.

matiére de ces feux ; conjectures sur la cause de leur inflammation ; conjectures sur la maniére dont ils opérent les effets qu'on est comme forcé de leur attribuer ; incertitude par-tout.

A l'égard des matiéres que la nature employe pour ces grandes & effrayantes opérations, il est assez naturel de penser qu'elle les choisit parmi les exhalaisons qui s'élévent de la terre, & qui montent dans l'Atmosphére jusqu'à une certaine hauteur. Ce qui autorise à le croire, c'est que ces feux sont plus fréquens & communément plus considérables, suivant les lieux & la saison où l'on sçait que ces sortes d'exhalaisons propres à s'enflammer, sont plus abondantes ; dans les pays chauds & pendant l'été des autres climats, dans les contrées où le terrein est bitumineux ou mêlé de soufre, on voit plus souvent qu'ailleurs & que dans d'autres tems les phénoménes dont il est question.

Ces petites flammes errantes, par exemple, qu'on nomme *Feux folets*, & auxquels les gens de la campagne attribuent tant de malignité, se voyent assez communément sur la fin de l'été,

ou au commencement de l'automne
dans les endroits marécageux & dans XIII.
les cimetiéres où la terre eſt graſſe & Leçon.
ſulphureuſe de ſa nature, ou par les
cadavres qu'elle renferme; l'état du
lieu & celui de la ſaiſon déterminent à
croire que ce ſont des petits nuages
d'exhalaiſons enflammées, ou peut-
être ſimplement phoſphoriques qui
flotent au gré du vent, & qui continuent de luire juſqu'à ce que la matiére qui fournit à l'inflammation, ſoit
entiérement conſumée, ou que la lumiére dont elle brille, ſoit éteinte.

Un voyageur mal inſtruit de la route
qu'il doit tenir, court riſque de s'éga-
rer, ou de tomber dans quelque pré-
cipice, s'il s'obſtine à ſuivre cette lueur
incertaine & vacillante; mais ce n'eſt
point, comme on le voit bien, par la
malice de ſon guide; c'eſt parce qu'il
eſt mal éclairé dans des lieux où il y a
aſſez ordinairement des marres ou des
trous pleins d'eau.

J'ai peine à croire, comme l'aſsûre
Robert Flud, que quand on ſe ſaiſit
de ces feux, ou que quand on remarque l'endroit où ils ſe ſont poſés, on
y trouve une matiére glaireuſe; il fau-

droit donc qu'elle fût bien raréfiée ; pour se soutenir en l'air si long-tems. Au reste si cette observation étoit bien constatée, il ne faudroit plus regarder ce phénoméne comme un feu, comme une vapeur enflammée, mais simplement comme un phosphore volant.

Il n'est pas douteux que parmi une infinité de matiéres différentes qui s'exhalent de la terre, il n'y en ait beaucoup qui soient de nature à s'enflammer ; les différentes odeurs qui se font sentir dans les jardins, près des cloaques, dans les voiries & ailleurs, nous prouvent incontestablement que les exhalaisons sont de toutes les espéces ; que l'air se charge des sels, des soufres, des huiles, des esprits, comme des parties aqueuses, dont nous n'ignorons pas qu'il est abondamment rempli.

Et toutes ces substances que nous sçavons être inflammables, lorsqu'elles font en liqueurs, ne le font pas moins lorsqu'elles font subtilisées & réduites en vapeurs. Combien de plantes aromatiques dont on voit les exhalaisons s'enflammer, lorsqu'on en approche une bougie allumée dans un lieu obscur? La fraxinelle, par exem-

ple, est très-propre à cette épreuve :
& si l'on veut encore quelque chose de
plus frappant, on peut recevoir dans
une grosse vessie séche & bien transpa-
rente la fumée d'un peu d'huile de Térébenthine que l'on fera bouillir dans
un petit matras sur des charbons ardens. La vessie étant bien remplie de
cette fumée, & ouverte seulement d'un
trou large comme un petit écu, si l'on
y présente la flamme d'une chandelle,
toute la vapeur, (fût-elle refroidie,)
s'allumera subitement, & plusieurs fois
successivement.

C'est par de pareilles expériences
que l'on essaye d'expliquer ces feux
que nous appercevons si souvent à des
hauteurs assez considérables dans l'air,
tantôt sous la forme d'une fusée, &
que le vulgaire appelle pour cela *Etoi-
les qui filent*, tantôt sous la figure d'un
petit globe rayonnant de lumiére, &
qui descend avec une médiocre vîtesse, ce que l'on nomme parmi le
peuple *Etoile tombante*. Ces apparences, dit-on, sont causées par des traî-
nées ou par des petits nuages de vapeurs inflammables qui s'allument, &
dont la lumiére prend telle ou telle di-

rection, tel ou tel dégré de vivacité, fuivant la pofition & la nature des matiéres qui prennent feu.

Il ne manque à cela pour quadrer
avec les exemples fur lefquels on s'appuye, que la chandelle qui doit mettre le feu à ces matiéres combuftibles,
& qu'on fuppofe toutes prêtes à s'enflammer ; mais comme elles font de
nature à fermenter avec d'autres matiéres qui peuvent s'être élevées de
la terre auffi-bien qu'elles, & que ces
fortes de fermentations, comme nous
l'avons fait voir, peuvent aller jufqu'à l'inflammation ; on peut encore,
fans rien outrer abfolument, imaginer
que les unes & les autres font parvenues à la même hauteur par différentes routes, & que le feu qu'on apperçoit, annonce le moment où elles fe
joignent & fe mêlent.

Si cependant ces déflagrations for-
tuites de matiéres fpécifiquement différentes, qui s'élévent dans le même
milieu fans fe mêler, fi ce n'eft en certains cas, avoient peine à gagner la
confiance du Lecteur ; fi de plus ces
fermentations enflammées dont nous
avons donné un exemple dans la fi-

xiéme Expérience, bien-loin de lui
prouver la poffibilité de celles qu'on
fuppofe dans l'Atmofphére, (toujours
chargé de quelque humidité,) ne faifoient que lui rendre cette fuppofition
plus fufpecte, à caufe de l'attention
fcrupuleufe, mais néceffaire, que nous
avons eûe de n'employer que des matiéres bien déflegmées ; ce ne feroit
pas la peine de fuivre plus loin les raifons que l'on prétend donner des autres phénoménes du même genre ; car
on va voir les *peut-être* fe multiplier, &
les vraifemblances diminuer à mefure
que nous entrerons plus avant dans
l'examen des météores fulminans.

Qu'eft-ce que cette lumiére vive &
fubite qui s'élance d'un nuage entre-
ouvert, & qu'on nomme *Eclair* ?
Quelle eft la caufe de ce bruit terrible
que nous entendons au-deffus de nos
têtes, qui éclate de mille maniéres
différentes, & qu'on appelle *Tonnerre*?
Enfin qu'eft-ce que cette matiére que
nous appellons *foudre ou carreau* qui
renverfe en un clin d'œil les édifices
les plus folides, qui brûle & qui fond
les corps les plus durs, & dont les effets tiennent du prodige, non-feule-

ment par leur grandeur, mais encore plus par leur singularité ?

Nombre d'Auteurs ont fait leurs efforts pour répondre à ces questions : parmi ceux qui me paroissent avoir le mieux réussi, on peut consulter principalement une sçavante Dissertation du P. de Lozeran Jésuite, qui fut couronnée par l'Académie de Bordeaux en 1726. On y verra non-seulement, comme dans presque tous les ouvrages où ce sujet est traité, que la matière propre du tonnerre est composée d'exhalaisons qui s'enflamment ; mais on y apprendra encore comment elle se prépare dans la nuée, & par quel méchanisme elle prend son essor. Si l'observation qu'on lit dans une lettre à part, à la suite de cette Dissertation, a été faite par un homme, qui ait vû de sang froid tout ce qu'il rapporte, & qui n'ait rien mis de son imagination, il faut avouer que le pere de Lozeran n'avoit point mal deviné, & à l'égard de l'Observateur, c'est bien le cas de dire qu'il a pris la nature sur le fait.

Sans entrer dans un détail aussi délicat, nous supposerons, comme on fait en général, que la matière du tonnerre

tonnerre est un mêlange d'exhalaisons capables de s'enflammer, en fermentant, ou par le choc & la pression des nuées que les vents agitent & poussent violemment les unes contre les autres.

Lorsqu'une portion considérable de ce mêlange vient à prendre feu, il se fait une explosion plus forte ou plus foible suivant la quantité ou la nature des matiéres qui s'enflamment, ou suivant le plus ou le moins d'obstacles qui s'oppose à leur expansion subite.

Si l'inflammation se fait d'une médiocre quantité de matiéres, & au bord de la nuée ; cet effet se passe sans bruit, au moins à notre égard, il n'en résulte qu'un éclat de lumiére à peu près comme si nous appercevions de loin une certaine quantité de poudre qui s'enflammât librement en plein air, & sans être renfermée. Voilà l'éclair qui nous éblouit, sans nous rien faire entendre. Mais quelle vivacité de lumiére pour une simple vapeur qui s'allume loin de nous ! Combien n'en faut-il pas pour nourrir pendant cinq ou six heures & même davantage, tous ces feux qui se succédent continuellement ! Et comment tant de matiéres brûlées ne répandent-elles pas une odeur qui parvienne jufqu'à nous, furtout quand il tombe une pluie abondante de l'endroit même où fe font toutes ces déflagrations ! Paffons à d'autres effets.

Qu'une plus grande quantité de cette même matiére vienne à fermenter dans le corps même de la nuée; auffi-tôt grande effervefcence, bouillonnemens, explofions : & fi cette premiere portion éclatant ainfi, en rencontre une femblable qui n'ait point tout ce qu'il lui faut de mouvement pour éclater elle-même; elle l'animera de fon action, & celle-ci une troifiéme : de proche en proche il fe fera une fuite d'explofions d'autant plus violentes que ces matiéres feront enveloppées de nuages plus épais. C'eft ainfi, dit-on, que fe font ces coups fimples, ou redoublés, qu'on entend quand il tonne, & dont les échos peuvent encore augmenter la durée.

La nuée entre-ouverte par les grandes explofions, laiffe échaper une partie de ces feux qu'elle renferme. Autant de fois que cela arrive,

c'est un éclair, plus vif que les précé-
dens, & qui annonce un coup, que
nous n'entendrons pourtant qu'après
quelques inſtans, parce que le bruit
ou le ſon ne ſe tranſmet pas avec autant de promptitude que la lumiére.

Si vous me demandez pourquoi
tant de feux n'échauffent point la
nuée qui les porte, & par quelle raiſon la pluie qui en vient n'eſt pas
chaude ? Je répondrai qu'apparemment cette pluie ſe refroidit en traverſant l'air pour parvenir juſqu'à terre.
Mais ſi vous inſiſtez en obſervant que
toutes les fois qu'il pleut, même
pendant qu'il tonne, on apperçoit
par le thermomètre, que l'air devient
plus froid, je conviendrai du fait, &
j'avouerai que c'eſt une vraie difficulté
qui mérite qu'on y réfléchiſſe : car de
l'eau qu'on peut légitimement ſoupçonner d'avoir été fortement échauffée, ne doit pas naturellement rendre
l'Atmoſphére plus froide qu'elle n'eſt.

Enfin, faiſons tomber la foudre :
mais avant qu'elle s'élance hors de la
nuée, voyons en gros les qualités
qu'elle doit avoir pour opérer, je ne
dis pas toutes ces merveilles, vraies

ou fauffes, dont on rempliroit des volumes, fi l'on vouloit feulement en faire l'énumération, mais ces principaux effets que perfonne n'ignore, & qui font comme la fource de tous les autres.

Tout le monde fçait 1°. que la foudre vient fur l'objet qu'elle frappe, avec une vîteffe prefque égale à celle de l'éclair qui l'annonce. 2°. Que fa direction n'eft pas toujours celle d'un corps grave qui obéit librement à fa pefanteur, puifqu'elle agit latéralement, & même de bas en haut. 3°. Qu'elle laiffe des marques de percuffion violente, comme pourroit faire une maffe très-dure. 4°. Qu'elle eft capable d'embrafer, de fondre, de calciner dans un inftant tout ce qu'elle touche, ce que feroit à peine le feu le plus actif. 5°. Qu'elle peut faire périr des animaux fans qu'on y apperçoive enfuite aucune caufe de mort bien marquée. 6°. Qu'elle laiffe fouvent après elle une fumée fort épaiffe, & une odeur de foufre qui dure longtems & qui s'étend au loin.

Quiconque entreprend d'expliquer la foudre, doit donc envifager tous ces effets, & ne propofer pour caufe que ce qui eſt capable de les produire ſelon les loix établies dans la Nature, & que nous lui voyons ſuivre dans le reſte de ſes opérations.

Pour rendre raiſon de la chûte précipitée de la foudre, de ſa force percuſſive, de l'embraſement qu'elle cauſe, &c. n'allons donc pas imaginer *des globes de matiéres enflammées, qui enveloppent & qui compriment un noyau d'air, pour en faire un corps dur & ſi lourd, que la vîteſſe de ſa chûte puiſſe répondre à la grandeur de ſon poids.* (*a*) On nous renvoiroit, & avec raiſon, au Rudiment de la Phyſique, pour apprendre que l'air eſt de toutes les matiéres que nous connoiſſons le moins propre à faire un corps d'un grand poids; que les matiéres enflam-

(a) Je ne combats point ici des erreurs imaginaires : c'eſt en ſubſtance ce que j'ai lû dans un Ouvrage qui a paru il y a quelques années. L'Auteur eſt un homme de mérite que je n'ai point deſſein de mortifier par ma critique; mais ſa réputation, qu'il ſoutient très-bien dans les choſes qui ſont plus directement de ſon reſſort, pourroit en impoſer à des Lecteurs timides; & c'eſt uniquement pour prévenir ce mauvais effet que je prens la liberté de corriger ſes idées.

mées le raréfient ou le dilatent néceffairement , & ne le condenfent pas ;
qu'un tel corps, s'il avoit lieu, péfa-
t-il vingt milliers, ne tomberoit guéres plus vîte qu'un grain de grêle, &
enfin que quand il joüiroit de toute
la vîteffe que peut lui donner la pefanteur, fans même avoir égard à la réfiftance d'aucun milieu , il mettroit
quatre fecondes de tems pour faire
une chûte de deux cens quarante
pieds , ce qui ne reffemble guéres à la
vîteffe de la foudre. Si nous époufons
des conjectures , tâchons au moins
qu'elles ne heurtent point de front
les principes les plus connus & les
plus certains.

Quelqu'opinion qu'on embraffe de
toutes celles qui ont paru jufqu'ici
touchant cette matiére (*a*) , la fou-

(*a*) Il faut pourtant en excepter celle de
M. Maffeï, qui prétend que la foudre ne vient
point d'en-haut, mais de la terre : ce Sçavant
eft fi ferme dans ce fentiment, il prétend
avoir des preuves fi fortes pour le foutenir,
qu'il ne comprend pas même comment on
peut en embraffer un autre ; on juge bien qu'il
compte au nombre de ces argumens, les difficultés qu'on peut faire contre l'opinion commune que nous avons fuivie, & qu'il en connoît, comme nous, & peut-être mieux que

dre eſt toujours une vapeur enflammée qui créve la núée tantôt par en
haut, tantôt par en bas, ou de côté,
qui s'élance avec une vîteſſe proportionnée à ſon exploſion ; comme la
poudre qui s'enflamme dans une bombe, porte ſon action aux environs
quand elle a briſé le métal qui la rete-
noit ; la foudre part donc à chaque
coup de tonnerre qui eſt précédé
d'un éclair, mais elle ne frappe les
objets terreſtres que quand elle éclate
dans une direction qui l'y conduiſe.

Qu'elle arrive avec une vîteſſe
inexprimable, qu'elle enflamme,
qu'elle fonde, qu'elle conſume ce
qu'elle touche, c'eſt l'effet que l'on
conçoit d'une violente exploſion, &
d'un feu dont l'activité ſurpaſſe les
idées communes. Quand il ne s'agit
que d'étendre notre imagination pour
atteindre à des conceptions dont les
germes, pour ainſi dire, nous ſont
déja familiers ; cela coûte beaucoup

nous, tous les endroits foibles. Sans adopter
la prétention de M. Maffei, je ſuis bien-aiſe
cependant de faire remarquer qu'un habile
homme prétend que la foudre n'eſt point une
matiére enflammée qui tombe de la núée.

moins que de paſſer tout d'un coup
à des idées neuves, à des idées qui
ne ſont ſoutenues par aucun exemple.
Je ſçai qu'une fuſée, à laquelle on
met le feu, s'élance dans l'air, & va
crever à trois cens ou quatre cens
pieds de diſtance ; cette image, toute
foible qu'elle eſt, m'aide à regarder,
au moins comme poſſible, l'arrivée
preſque ſubite d'un feu tout autrement préparé dans la partie moyenne
de l'Atmoſphére, & tout ce qu'il peut
faire ici-bas ſoit en qualité de feu,
ſoit en qualité de vapeur pénétrante,
embraſement de charpentes, fuſion
de métaux, ſuffocation d'animaux, &c.

L'eſprit ne trouve pas de même de
quoi s'appuyer quand il conſidére ces
grands chocs, ces percuſſions qui paroiſſent n'avoir porté qu'en un ſeul
endroit, & dont les marques reſſem-
blent bien mieux à celles qu'auroit
pû laiſſer un boulet de canon, ou la
chûte d'un rocher, qu'aux impreſ-
ſions toujours plus étendues d'un fluide qui auroit heurté avec la derniére
violence ; j'ai vû moi-même de ces
coups de tonnerre tout récens dans
de gros murs : rien ne reſſembloit
mieux

mieux à l'enfoncement qu'auroit fait un corps très-dur lancé avec la plus grande force. J'ai vû des poutres bri-sées par le même accident, où l'endroit du choc étoit marqué par une place noircie, à peu près large comme la main.

Gardons-nous bien cependant pour nous mettre l'esprit à l'aise sur ces phénoménes, de faire naître dans la nuée des corps durs & pesans, des masses solides qui répondent à l'idée que nous avons de la force percussive du tonnerre; de ces *pierres de foudre*, par exemple, dont on prétend avoir encore les précieux restes en plusieurs endroits, & qui ne font aux yeux des connoisseurs que des pyrites ou des pierres dont l'espéce est connue : il faudroit que ces masses fussent bien autrement grandes qu'on ne nous les montre avec toute la vîtesse qu'on leur suppose, pour faire en qualité de corps durs les effets que produit souvent un coup de tonnerre. Il faudroit encore qu'ils ne se formassent que dans l'instan tmême qu'ils commencent à tomber ; car comment se soutiendroient-ils dans un fluide qui ne

D d

peut porter que des vapeurs.

Achevons d'expofer l'opinion la plus vraifemblable & la plus reçue, en fuppofant pour l'effet dont il s'agit, que la matiére de la foudre, toujours de la même nature que celle des éclairs, n'en différe en ce dernier cas que parce qu'elle a été chaffée de la nuée avant que d'avoir fait fon explofion. Semblable à la bombe qu'une charge de poudre chaffe du mortier avant qu'elle créve, cette matiére, lorfqu'elle eft arrivée à terre, éclate contre l'objet folide qu'elle rencontre, elle l'enfonce, elle le rompt à l'endroit où elle le touche; elle ne l'enflamme point fi elle n'a pas eû le tems de le toucher affez, de s'y attacher avant que d'éclater, & de fe diffiper. On conçoit bien qu'un tel effet ne peut fe paffer ni fans fumée, ni fans odeur.

Après tout ce que je viens de dire touchant les météores enflammés, ne me reprochera-t-on pas d'avoir jetté plus d'incertitudes que d'inftructions dans l'efprit de mon Lecteur? J'ai cependant compté l'inftruire en lui montrant les endroits foibles du fyf-

tême que j'expofois, afin que s'il n'en
eſt pas plus content que je le ſuis, il
ſuſpende ſon jugement comme je ſuſ-
pends le mien, & qu'il ſe tienne toujours prêt à examiner ſans prévention
tout ce qu'on pourra eſſayer de dire
par la ſuite ſur le même ſujet.

Si quelqu'un, par exemple, entre-
prenoit de prouver par une comparaiſon bien ſuivie des phénoménes, que
le tonnerre eſt entre les mains de la
Nature ce que l'électricité eſt entre
les nôtres, que ces merveilles dont
nous diſpoſons maintenant à notre
gré, ſont de petites imitations de
ces grands effets qui nous effrayent,
& que tout dépend du même mécha-
niſme : ſi l'on faiſoit voir qu'une nuée
préparée par l'action des vents, par
la chaleur, par le mêlange des exhalaiſons, &c. eſt vis-à-vis d'un objet
terreſtre, ce qu'eſt le corps électriſé,
en préſence & à une certaine proximité de celui qui ne l'eſt pas ; j'avoue
que cette idée, ſi elle étoit bien ſoû-
tenue, me plairoit beaucoup ; & pour
la ſoûtenir, combien de raiſons ſpé-
cieuſes ne ſe préſentent pas à un homme qui eſt au fait de l'électricité ?

D d ij

L'universalité de la matiére électrique,
la promptitude de son action, son
inflammabilité & son activité à enflammer d'autres matiéres ; la propriété qu'elle a de frapper les corps
extérieurement & intérieurement jusques dans leurs moindres parties ; l'e-
xemple singulier que nous avons de
cet effet dans l'expérience de Leyde,
l'idée qu'on peut légitimement s'en
faire, en supposant un plus grand dégré de vertu électrique, &c. tous ces
points d'analogie que je médite depuis quelque tems commencent à
me faire croire, qu'on pourroit en
prenant l'électricité pour modéle, se
former touchant le tonnerre & les
éclairs, des idées plus saines & plus
vraisemblables que tout ce qu'on a
imaginé jusqu'à présent (a) : mais il est
tems de finir cette digression, & d'a-
chever ce que nous avons à dire sur
les différentes maniéres dont on peut
exciter l'action du feu.

Il en est une que la nature pratique
d'elle-même, & qui n'a besoin du secours de l'art, que quand il s'agit de

_____

(a) Depuis la première édition de ce volume,
ces conjectures sont devenues presque des certi-
tudes. Voy. *les Lettres sur l'Electricité*, &c. 1752.

porter les effets jufqu'à l'embrafement. Le Soleil en éclairant la terre,
entretient un certain dégré de mouvement dans le feu, qui appartient à
cette Planete; tous les corps terreftres
dont les plus petits vuides font occupés par cet élément, fe reffentent plus
ou moins de fon action, fuivant que
leur nature les en rend plus ou moins
fufceptibles, ou que l'aftre qui l'excite, les regarde plus ou moins directement : & tout eft mefuré de maniére,
que comme l'influence du foleil n'eft
jamais fans effet, auffi la chaleur qui
en réfulte fe contient-elle toujours
dans des bornes qui font beaucoup
au-deffous de ce que nous appellons
embrafement.

Mais ces mêmes rayons qui n'exci-
tent qu'un dégré de chaleur affez li-
mité, quand on les reçoit dans l'ordre qu'ils ont naturellement entr'eux,
en venant immédiatement du Soleil,
échauffent confidérablement, brûlent, enflamment & confument les
corps fur lefquels on les multiplie, ce
qui peut fe faire par plufieurs moyens
dont je vais donner quelques exemples, en commençant par le plus
fimple.

D d iij

VIII. EXPERIENCE.

Préparation.

QUE huit ou dix perſonnes reçoivent en même tems les rayons du Soleil ſur des miroirs plans de trois ou quatre pouces de diamétre ; & que chacune d'elles ait ſoin de faire réfléchir ces rayons ſur la boule d'un thermométre placé d'une maniére convevable à une diſtance de douze ou quinze pieds. Voyez la fig. 9.

Effets.

EN peu de tems on verra la liqueur du thermométre monter beaucoup au-deſſus de l'endroit où elle étoit avant que de recevoir toutes les images coïncidentes du Soleil.

Explications.

JE ne veux conſidérer ici que l'effet de pluſieurs images du ſoleil réunies, appliquées en même tems ſur le même objet, renvoyant à la quinziéme Leçon tout ce que j'ai à dire touchant l'eſpéce de mouvement qu'on doit attribuer aux rayons ſolaires, tou-

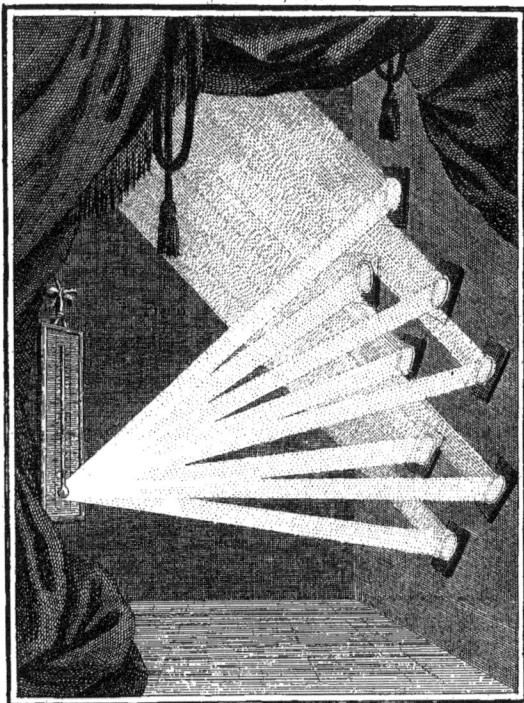

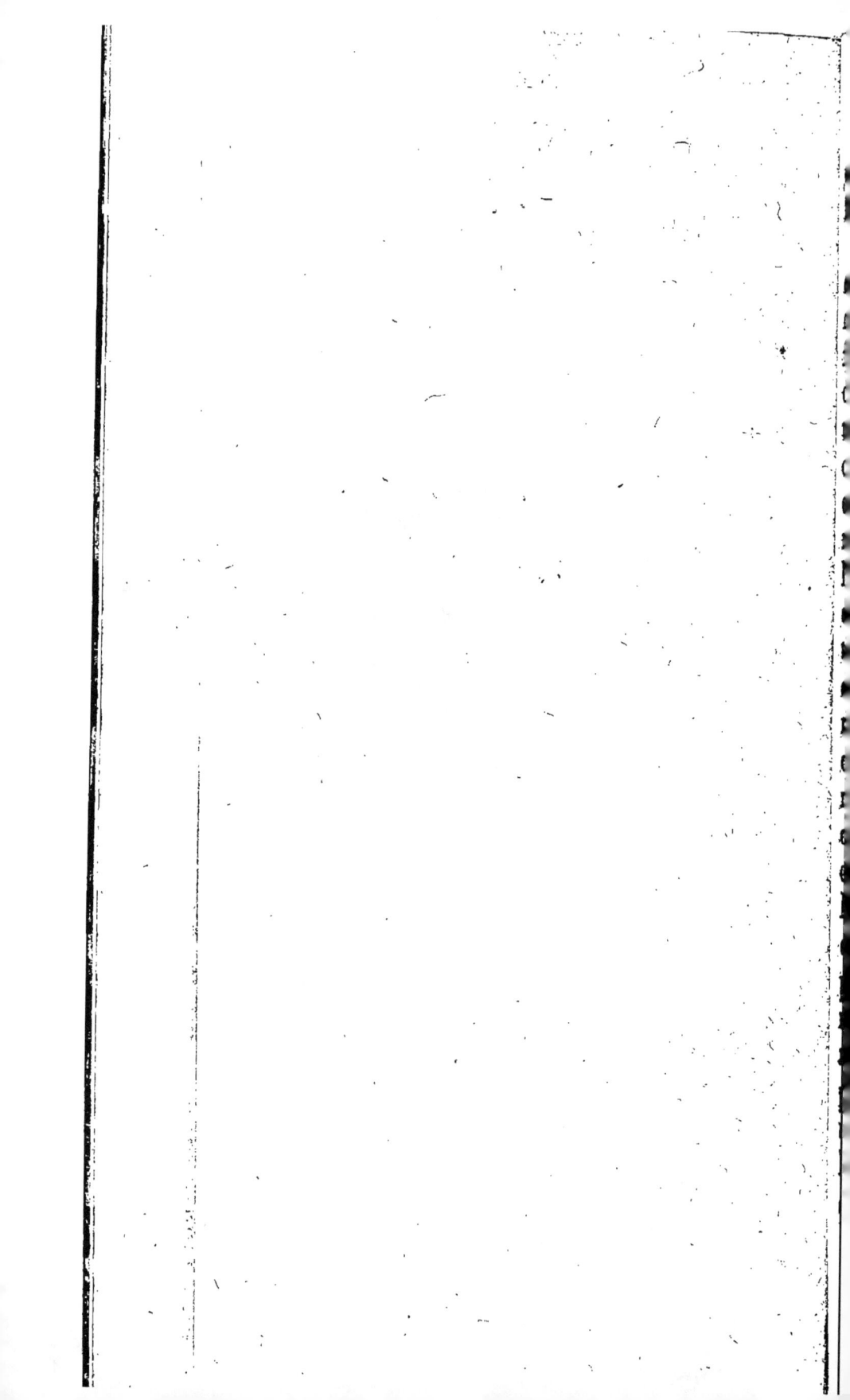

chant la caufe & les loix de leur réflexion, &c.

Chacun des Miroirs plans de notre
expérience, reçoit un certain nombre
de rayons, dont une partie demeure
fans action (au moins pour l'effét
dont il s'agit) à caufe des imperfections inévitables de la furface réfléchiffante ; le refte eft renvoyé dans un
efpace un peu plus grand que le miroir pour des raifons que je dirai ailleurs ; ainfi le nombre des rayons
étant diminué d'une part , & leur action affoiblie , puifqu'elle eft étendue fur une plus grande place , il arrive que le thermométre , s'il n'étoit
expofé qu'à une feule de ces images
réfléchies du foleil , recevroit moins
de chaleur , que s'il étoit expofé ,
comme le miroir , aux rayons directs.
Mais ce déchet ou cet affoibliffement
de l'image du Soleil réfléchie , n'eft
point auffi confidérable qu'on pourroit le croire : on voit par les expériences de M. du Fay , que la dixiéme
partie des rayons folaires renvoyés par
un miroir plan d'un pied en quarré , à
la diftance de cent toifes , avoient encore la force de brûler , quand on les

D d iiij

raffembloit dans un très-petit efpace, de la maniére dont nous ferons mention ci-après.

Huit ou dix images du Soleil femblables à celles dont je viens de parler, étant donc réunies fur un même efpace, quoique chacune d'elle foit un peu affoiblie, toutes enfemble produifent un affez grand dégré de chaleur ; & l'on conçoit bien, qu'en multipliant ainfi ces images, fur le même fujet, on pourroit l'échauffer, jufqu'à le brûler ou le fondre : car il n'en eft pas de ces rayons multipliés & réunis, comme de plufieurs qui auroient chacun un certain dégré de chaleur. Une pinte d'eau chaude, multipliée huit ou dix fois dans le même vafe, ne fera pas monter le thermométre au-delà de ce qu'une feule pourroit faire ; ou fi l'on veut, que l'égalité des volumes, dans l'exemple que je veux donner, réponde mieux à l'unité d'efpace qui reçoit les rayons, quatorze livres de mercure ne communiquent pas plus de chaleur à un petit corps, qu'une livre d'eau chauffée au même dégré ; au lieu que chaque rayon folaire eft doüé d'une puif-

fance dont l'intenfité croît par cela
même qu'elle eft unie avec d'autres
puiffances femblables.

IX. EXPERIENCE.

PREPARATION.

LA figure 10 repréfente un miroir
rond & concave, de métal, qui a environ deux pieds de largeur, & dont
la concavité fait partie d'une fphére de
cinq pieds de diamétre. On oppofe
ce miroir au Soleil, de façon que fon
axe *A B* faffe un angle fort aigu avec
les rayons incidens de cet Aftre.

EFFETS.

ON apperçoit un cône de lumiére
très-vive, dont la bafe eft appuyée fur
la furface du miroir, & fi l'on préfente
au fommet *C* de ce cône, quelque
éclat de bois, ou quelqu'autre corps
combuftible ; le feu y prend dans le
moment même, ce qu'on apperçoit
par la fumée épaiffe, & par la flamme
qui en fort. Une lame de plomb, ou
d'argent, qu'on tient avec une pince
longue, pendant quelques inftans,
au même endroit, s'y fond & tombe

par goutes ; les pierres s'y calcinent, & les matiéres qui peuvent fe convertir en verre, s'y vitrifient. Mais pour ce dernier effet, comme il faut tenir la matiére en fufion pendant quelque tems, il faut qu'elle foit pofée dans un petit creux fait dans un charbon que l'on tient au foyer C.

Explication.

PUISQUE les Géométres confidérent le cercle comme un polygone d'une infinité de côtés, & que les furfaces tiennent tout ce qu'elles font de la nature des lignes qui les compofent, nous pouvons regarder la furface réfléchiffante de notre miroir, comme un affemblage d'un très-grand nombre de petits miroirs plans, infenfiblement inclinés les uns aux autres, felon la courbure d'une fphére, & fuppofer , jufqu'à ce que nous le prouvions ailleurs comme il convient, que chacun d'eux recevant l'image du Soleil, ou un petit bouquet de rayons lumineux venans de cet Aftre, fe trouve juftement tourné de maniére à le réfléchir au point C, ou fort près aux environs. On voit par-là , comment

toutes ces images font raffemblées
dans un petit efpace ; & comme on a XIII.
fait voir par l'expérience précédente, Leçon.
que plufieurs images du Soleil coïncidentes au même endroit, y augmentent la chaleur., à proportion de leur
nombre, on conçoit aifément, que
toutes les facétes qu'on peut imaginer dans un miroir concave, qui a
deux pieds de diamétre, peuvent former, par les rayons qu'elles réfléchiffent, un foyer affez ardent pour produire les effets dont j'ai fait mention.

Ce qu'on ne peut affez admirer,
c'eft la grande activité de ce feu élémentaire, qui dans un inftant prend
toute fa force, & qui la perd de
même ; dans ce même foyer où le métal couloit, il n'y refte aucune marque de chaleur extraordinaire, dès
qu'un fimple voile vient à cacher le
miroir.

X. EXPERIENCE.

PREPARATION.

RECEVEZ les rayons du Soleil fur
un de ces verres, avec lefquels on voit
les objets plus gros qu'avec la vûe fim-

ple, & qu'on nomme vulgairement *loupes* ou *lentilles*, parce qu'ils font terminés par deux furfaces convexes, dont chacune eft une portion de fphére. Fig. 11.

Effets.

A quelques pouces au-delà de ce verre, s'il eft un peu large & fort épais du milieu, vous appercevrez le fommet d'un cône de lumiére, dont la bafe fera appuyée fur la furface poftérieure du verre, comme celui de l'expérience précédente avoit la fienne pofée fur la furface antérieure du miroir.

Au fommet de ce cône, fi vous expofez quelque matiére combuftible, comme de l'amadoue, du drap, un morceau de feutre, vous le verrez fumer & prendre feu dans l'inftant.

Explication.

Je me difpenfe encore ici de faire connoître par quelle raifon une lentille de verre raffemble les rayons folaires ou leur action dans un petit efpace, renvoyant cette théorie à la Leçon qui comprendra les principes de

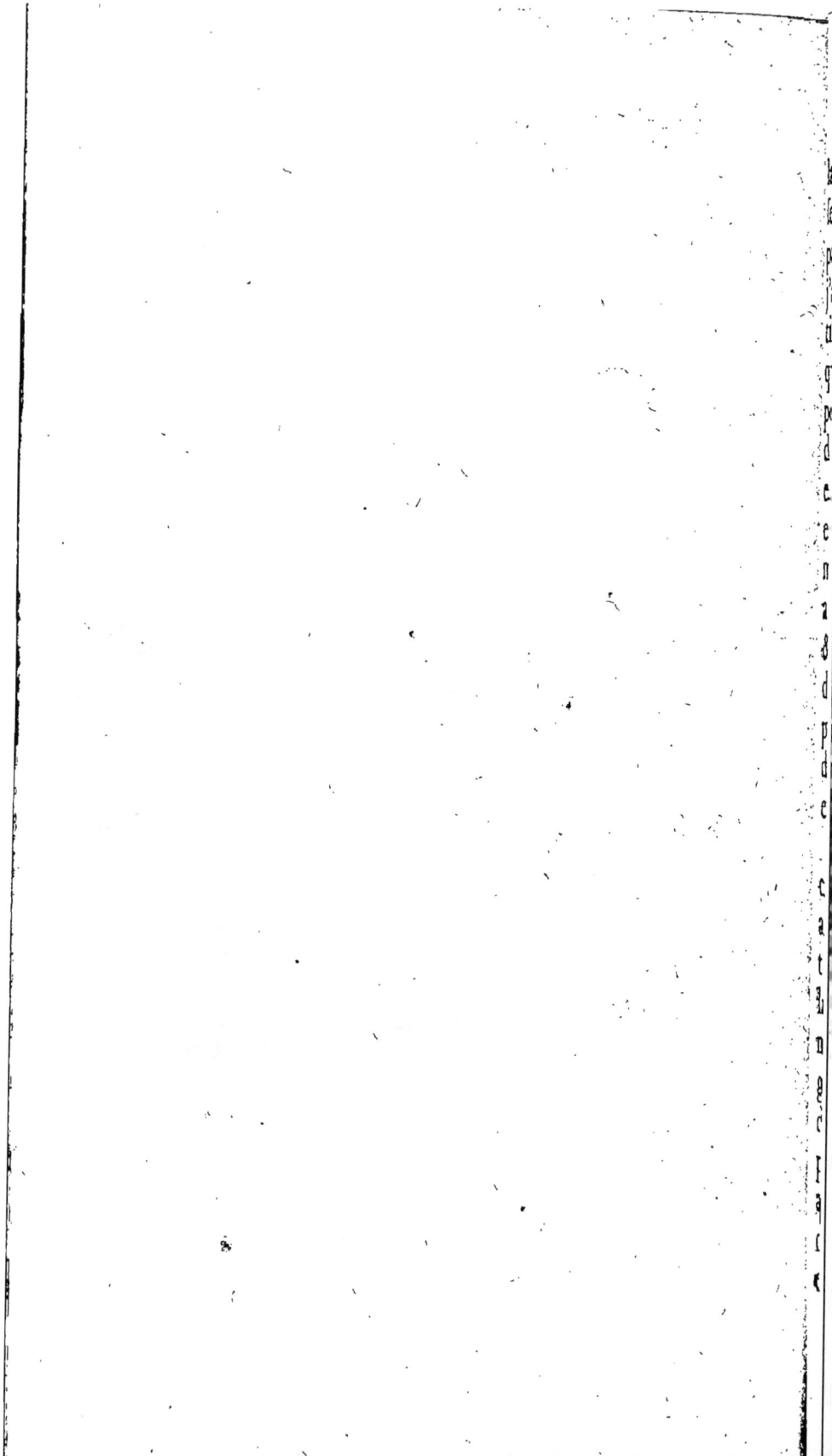

la Dioptrique. Je me contente à préfent de confidérer ces rayons réunis ,
par un moyen différent de ceux que
j'ai employés précédemment , & d'en
tirer cette conféquence , que de quelque maniére que cela fe faffe , ce feu ,
pour ainfi dire , concentré, devient
d'autant plus actif , qu'il eft raffemblé
en plus grande quantité dans un petit
efpace ; que fon action fe tranf-
mettant aux parties de fon efpéce ,
aux parties ignées qui font cachées
& comme affoupies dans les pores
d'une matiére, les excite, jufqu'au
point d'y faire naître, non-feulement
de la chaleur, mais même un véritable
embrafement.

Qu'on ne croye pas cependant que
cet effet vienne de quelque propriété
appartenante à la matiére du verre ,
tout dépend de la tranfparence & de
la figure ; & cela eft fi vrai , qu'une
maffe d'eau bien nette , que l'on fait
geler dans un vafe qui a la forme
d'une demie-lentille , & que l'on expofe un moment aux rayons du Soleil,
après l'avoir détachée de fon moule ,
occafionne comme le verre de notre
expérience, un foyer où l'on voit brû-

ler le linge, le bois, &c. Je fais voir la même chofe & en tout tems dans mes leçons publiques, avec une maffe d'eau contenue dans une forte de vaiffeau de verre qui a la forme d'une grande lentille.

Ce n'eft pas non plus de la matiére du miroir que dépend effentiellement le foyer brûlant dont nous avons vû les effets ; c'eft encore de la figure & du poli de la furface : rien ne le prouve mieux, que de mettre le feu, comme on le peut faire, aux corps combuftibles, avec des miroirs de plâtre ou de carton doré. Il s'eft trouvé même des gens affez oififs & affez patiens pour en faire avec des lames de paille choifie, arrangées & proprement collées fur une furface fphérique concave, & avec cette paille ainfi difpofé, on mettoit le feu à d'autre paille.

Applications.

Il paffe pour certain dans l'efprit de bien des gens qu'Archimédes mit le feu à la flotte des Romains, lorfqu'ils étoient devant Syracufe pour en faire le fiége. Et plufieurs Hiftoriens qui font mention de cet événement, difent que cela se fit par le moyen de certains miroirs, qui placés sur les remparts de la Ville, réunissoient les rayons du Soleil en quelque endroit d'un vaisseau des Assiégeans ; les Physiciens moins occupés de la vérité du fait (encore douteux par bien des raisons (a),) que de sa possibilité, se font partagés de sentimens , parce qu'ils ont pris des idées différentes de la construction des miroirs , & de la distance à laquelle ils ont dû agir.

L'effet dont il est question , devient d'une difficulté qui le peut faire regarder comme impossible, si l'on suppose un miroir d'une seule surface, dont le foyer soit à un éloignement de six ou sept cens pieds , tel que pourroit bien être celui d'une flotte qui assiége une ville. Car alors il faudroit que le miroir fût d'une grandeur à laquelle l'art ne peut atteindre moralement parlant, & en voici la raison.

(a) Consultez sur ce sujet une Dissertation de M. Bulfinger, qui a pour titre de Speculo Archimedis ; & le Mémoire de M. de Buffon , lû à la rentrée publique de l'Académie après Pâques 1747. Mém. de l'Acad. des Sc. pour l'année 1747.

Souvenons-nous de ce qui a été dit plus haut d'après M. Du Fay, que tous les rayons du Soleil qui font réfléchis par un miroir plan, d'un pied en quarré, s'étendent & s'écartent tellement après la réflexion, qu'à fix cens pieds de-là ils occupent un efpace environ dix fois auffi grand que le miroir. D'où il fuit que dans un pied quarré de cette place illuminée par la lumiére réfléchie, il n'y a que la dixiéme partie des rayons qui font partis du miroir. Un thermométre y feroit donc dix fois moins échauffé, qu'il ne le feroit s'il étoit plongé dans ces mêmes rayons, à une petite diftance du miroir, comme de fept ou huit pieds, où l'image du Soleil réfléchie n'eft point encore confidérablement aggrandie.

Maintenant, confidérons le miroir concave d'une feule furface, dont le foyer feroit à fix cens pieds, comme divifé en plufieurs portions quarrées, femblables au miroir plan, dont je viens de parler, (*a*) il faudroit qu'il

(*a*) Cette comparaifon ne doit pas être prife à la rigueur, puifque chaque portion quarrée du miroir concave, feroit elle-même en

en comprît dix pour raſſembler à ſix
cens pieds ſur un eſpace d'un pied en
quarré , autant de rayons qu'il en
vient du Soleil ſur un ſeul de ſes quarrés , & par conſéquent il ſeroit néceſſaire de multiplier beaucoup le nombre des quarrés , ou (ce qui eſt la
même choſe) d'augmenter la grandeur du miroir plus qu'on ne peut eſ-
pérer de le pouvoir faire ; pour lui
procurer un foyer brûlant à la diſtance
dont il s'agit.

On pourroit donc regarder le fait
d'Archimédes , non-ſeulement comme apocryphe , mais même comme
impoſſible , ſi l'on avoit d'aſſez fortes
raiſons pour croire que la flotte des
Romains ne s'approcha point des
murs de Syracuſe plus près que ſix
cens pieds , & que ce grand Mécha-
nicien n'eût en ſa diſpoſition qu'un
miroir d'une ſeule piéce.

Mais rien n'oblige abſolument à
croire ni l'un ni l'autre ; il paroît même

un petit miroir un peu concave , mais comme
cette concavité ſeroit peu ſenſible , nous la
comptons pour rien dans une explication qui
ne doit ſervir qu'à faire entendre ce que nous
avons préſentement en vûe.

Tome IV.   E e

par le témoignage de quelques Auteurs (a), que la flotte Romaine s'avança vers la Ville jusqu'à la portée d'un trait qui se lançoit avec la main: ce qui nous donne l'idée d'une distance bien au-dessous de six cens pieds, & l'on peut légitimement supposer que l'ingénieux Archimédes, dans une Ville riche & accommodée de tout point, s'est aidé de plusieurs miroirs, s'il n'a pû avec un seul remplir tout son dessein.

Au reste, en ne considérant que la possibilité du fait, nous pouvons assurer maintenant sur la foi de la théorie & de l'expérience, qu'avec des miroirs dont l'exécution n'est pas trop difficile, on peut faire un foyer brûlant qui atteigne plus loin que le javelot qu'on lançoit avec la main. Pour éviter les frais d'un grand miroir de métal, dont la matiére & les façons ne peuvent jamais être que d'un prix assez considérable, plusieurs Physiciens de ces derniers tems ont pris le parti d'en composer avec des morceaux de miroirs plans, attachés dans

(a) Voyez le Mémoire de M. de Buffon, cité plus haut.

une efpéce de chaffis , & arrangés de
maniére qu'étant expofés au Soleil ,
ils réfléchiffoient tous vers le même
endroit. M. de Buffon qui a beaucoup
enchéri fur cette premiére ébauche ,
en a fait conftruire un derniérement ,
dont les effets ont agréablement furpris tous les curieux qui en ont été témoins. Ce miroir actuellement , brûle
du bois à deux cens pieds , fond de
l'étain à cent cinquante pieds , & du
plomb à cent quarante (*a*) , & fon
inventeur compte qu'il lui fera faire
la même chofe, à une diftance encore
plus grande.

Je dis fon inventeur , car quoique
M. de Buffon ne foit pas le premier qui
ait fait des miroirs ardens de plufieurs
piéces , le fien eft tellement fupérieur
aux autres par la grandeur de fes effets , & par l'ordonnance de fa conftruction , qu'il mérite de paffer pour
l'Auteur de cette belle machine ,

XIII.
LEÇON.

(*a*) M. de Buffon s'eft aidé pour la conftruction de ce miroir, de M. Paffement , dont
les talens font très-connus , fur-tout pour ce
qui regarde les inftrumens de dioptrique & de
catoptrique , & en particulier pour les télef-
copes de réflexion , dont il a donné un Traité
il y a quelques années.

E e ij

comme Boyle paffe pour être celui
de la pompe pneumatique dans l'efprit de bien des gens, qui n'ignorent
peut-être pas qu'il a été précédé en
cela par Otto Guerik.

Une des perfections qu'on admire
avec raifon, dans le miroir dont je
parle, c'eft que fon foyer peut fe porter à différentes diftances, chacune
des petites glaces dont il eft compofé
étant mobiles, & pouvant fe fixer aifément à différens dégrés d'inclinai-
fon, de forte qu'avec les mêmes piéces on peut faire un miroir plus ou
moins concave.

Puifque les rayons du Soleil, reflé-
chis même par des miroirs plans, ne
perdent pas le pouvoir qu'ils ont d'é-
chauffer les corps fur lefquels on les
fait tomber, on doit s'attendre de
voir augmenter la chaleur dans tous
les endroits expofés à de pareilles réflexions, & pour cet effet il n'eft pas
befoin qu'il y ait de ces corps polis,
que nous appellons communément
miroirs. Prefque toutes les furfaces
réfléchiffent la lumiére, finon vifiblement, du moins d'une maniére imperceptible, qui fe fait fentir avec le

tems. Ainſi une muraille, ſur-tout ſi
elle eſt blanche & unie, une chaîne
de rochers, une montagne, & généralement tout corps ſolide oppoſé au
Soleil, eſt capable d'en renvoyer les
rayons, & de cauſer des augmentations de chaleur particulieres à certains endroits, & qui ne tirent point à
conſéquence pour la température générale de l'atmoſphére.

Les perſonnes qui tiennent un état
des variations du froid & du chaud de
chaque ſaiſon, en conſultant tous les
jours le thermométre à certaines heures, doivent donc examiner avec attention ſi le lieu où l'inſtrument eſt
placé, ne reçoit pas de rayons du Soleil réfléchis par quelqu'édifice ou autrement ; car comme cette cauſe acci-
dentelle eſt variable, à cauſe des différentes hauteurs du Soleil, & par
bien d'autres raiſons, les obſervations
ſur leſquelles elle influeroit, ne manqueroient pas de ſe reſſentir de ces ir-
régularités.

Quand les rayons réfléchis ſe mêlent à ceux qui viennent directement
du Soleil, il en réſulte une augmentation de chaleur bien plus ſenſible en-

core, & plus efficace. C'eſt pour cette raiſon ſans doute que les fruits qui viennent en eſpaliers, & que les légumes qu'on plante ou qu'on ſéme à l'abri d'une muraille expoſée au midi, ſont ordinairement plus hâtifs, & meuriſſent mieux que les autres ; il y en a tels, qui ſans ce moyen ne parviendroient jamais à maturité dans certains climats.

Le voyageur trouve la chaleur en Eté moins ſupportable dans les lieux creux ou dans les valées, que ſur les hauteurs ; c'eſt que la maſſe de l'air qui y eſt échauffée comme par tout ailleurs, par les rayons directs du Soleil, l'eſt encore par une infinité de réflexions, dont les effets ſont d'autant plus forts, que les côteaux ſont plus arides, plus remplis de rochers découverts, & oppoſés de plus près les uns aux autres.

Si le verre de la onziéme Expérience étoit beaucoup plus large, il recevroit & réuniroit à ſon foyer un plus grand nombre de rayons ſolaires ; & puiſque une lentille de quelques pouces de diamétre, en raſſemble déja aſſez pour brûler, quels effets ne de-

vroit-on pas attendre d'un corps dia-
phane, qui avec cette figure lenticulaire, auroit un diamétre de trois ou
quatre pieds ? La chymie qui doit à
l'action du feu presque tout ce qu'elle
nous offre de curieux & d'utile, auroit
lieu d'attendre de grands secours, &
d'heureuses découvertes, si, à l'aide
d'un pareil instrument, elle pouvoit
substituer, en certaines occasions, le
feu pur du Soleil, à celui de ses fourneaux, dont elle a, pour ainsi dire,
épuisé le pouvoir.

Tels étoient les regrets & les désirs
des Chymistes, lorsque M. Tschirnau-
sen, plus à portée que personne de
les entendre, (car il étoit Allemand)
produisit ces fameux verres ardens,
dont les principaux effets sont décrits
dans l'Histoire de l'Académie des
Sciences 1699. p. 90. & suiv. M. le
Duc d'Orléans, Régent, plein de zèle
pour le progrès des sciences & des arts,
en acheta un dont il fit faire plusieurs
épreuves en sa présence, & qui servit
depuis en différens tems à Messieurs
Homberg, Geofroy, &c, pour faire
plusieurs expériences curieuses, dont
on trouve les résultats dans les Mé-

XIII.
Leçon.
* 1702.
pag. 141.
1705. *pag.*
39.
1707. *pag.*
40.
1709. *pag.*
162.
1711. *pag.*
16.

moires de l'Académie. * Ce verre eſt actuellement à Bercy dans le cabinet de M. le Comte d'Ons-en-Brai; il eſt convexe des deux côtés, & eſt portion de deux ſphéres, dont chacune auroit douze pieds de rayon ; il péſe 160 livres ; & pour donner une idée de l'activité de ſon foyer, il ſuffira de dire ici, que l'or y fume, & ſe diſperſe en pluſieurs petites gouttes imperceptibles, qui ſautent de tous côtés.

Quoique ces ſortes de miroirs tranſparens aient aſſez bien répondu à l'idée avantageuſe qu'on s'en étoit faite d'avance, & que par leur moyen on puiſſe obtenir des effets qu'on ne peut pas ſe promettre avec un feu moins pur, avec notre feu commun on peut les regarder cependant comme une reſſource ſur laquelle il n'y a guéres à compter pour des particuliers, tant à cauſe de la dépenſe qu'ils exigent, que par les difficultés qu'on trouve à les mettre en uſage ; à peine trouve-t-on dans toute une année huit ou dix jours propres à ces ſortes d'opérations, encore n'eſt-ce point dans l'Eté qu'il les faut choiſir ; car (ce qu'on n'auroit jamais voulu

croire ⸗

croire, si l'expérience ne l'avoit fait
voir,) les grandes chaleurs nuisent
considérablement à ces effets ; de
plus, on a toutes les peines imaginables à tenir au foyer les matiéres
qu'on voudroit y travailler ; & enfin
l'embarras de manier une pareille machine, ajoute beaucoup à la délica-
tesse des Manipulations, qui exige
souvent une industrie peu commune
de la part de l'Artiste.

Le frottement ou les coups redoublés, la fermentation & l'effervefcence, la réunion des rayons solaires,
voilà donc les principaux moyens
par lesquels nous voyons commencer l'embrasement ou l'inflammation
des matiéres combustibles. Nous allons voir dans la Leçon qui suit ,
comment ce feu, une fois excité ,
exerce son action sur les autres corps ,
à quoi l'on peut réduire ses principaux effets , & de quelle maniére on
peut les entretenir , les augmenter,
les modérer & les faire cesser.

XIV LEÇON.

Suite des propriétés du Feu.

III. SECTION.

Des effets du Feu.

TOus les effets du feu, quoiqu'ils
nous paroissent extrêmement variés &
multipliés, peuvent se rapporter à ces
deux chefs. 1°. *Luire* ou *éclairer*. 2°.
Raréfier les corps, c'est-à-dire, étendre
dans un plus grand espace les parties
qui les composent, en diminuer ou
en faire cesser l'union & la cohérence. De ces deux effets principaux
je ne veux développer ici que le dernier, l'autre appartenant à la lumiére,
dont je dois traiter dans le cinquiéme
volume. Je me propose donc de suivre l'action du feu sur différentes matiéres, de faire remarquer les divers
changemens qui ont coutume d'en
résulter, selon la nature du corps

qui s'échauffe ou qui s'embrase.

Ces deux causes combinées, je veux dire le dégré de chaleur & le choix de la matiére que l'on chauffe, nous font voir dans les effets du feu, des variétés si confidérables, qu'un efprit peu circonfpect pourroit croire que la nature opére les contraires par la même voie. On amollit certains corps au même feu qui en durcit d'autres; dans le même fourneau l'on voit couler telles & telles matiéres, où d'autres qui étoient molles fe durciffent. Ce qui devient liquide par un certain dégré de chaleur, s'épaiffit jufqu'à être un corps dur quand on le chauffe davantage. Un métal fe purifie au feu, tandis qu'un autre s'y altére, &c.

Ces changemens si différens entre eux, commencent tous, ou font précédés par un premier effet qui eft commun à tous les dégrés de chaleur, & à toutes les efpéces de matiéres fur lefquelles on fait agir le feu. Avant tout autre changement, le corps chauffé fe dilate, fa maffe fe raréfie, fon volume augmente, & cela eft si général, que le pouvoir de pénétrer & de raréfier tout, peut être regardé comme le caractère distinctif du feu ; nous voyons bien des matiéres qui en pénétrent d'autres, & qui les dilatent, mais je ne connois que le feu qui s'insinue sans exception dans tous les corps, qui rende leur matiére plus rare, & qui désunisse néceffairement leurs parties. Etabliffons ceci fur des expériences bien décifives, & pour faire voir combien cette vérité a d'étendue, chauffons des liquides & des folides, & parmi ceux-ci choififfons par préférence les corps les plus compacts, les plus durs, & ceux dont les parties ont le plus de roideur ; le verre, par exemple, & les métaux, afin que le Lecteur voyant la dilatation bien prouvée dans les efpéces qui femblent les moins dilatables, foit comme forcé de la conclure *à fortiori* pour toutes les autres.

PREMIERE EXPERIENCE.

PREPARATION.

A, Fig. 1. eft un vaiffeau de verre formé d'une boule creufe de la groffeur d'une orange, ou à peu près, & d'un tube long de douze ou quinze

pouces, dont le diamétre intérieur
n'a guéres qu'une ligne : ce vaiffeau
eft rempli d'eau colorée jufques en *a*,
où l'on met une marque avec un fil
noué ou autrement , mais toujours
de maniére qu'on puiffe la changer de
place. Si l'on tient d'une main cet inftrument , qui reffemble affez à un
gros thermométre , & qu'on en plonge la boule pendant quelques inftans,
dans un vafe rempli d'eau prête à
bouillir ; on apperçoit ce qui fuit.

E F F E T S.

Pendant l'immerfion de la boule ,
on voit la liqueur du tube defcendre
précipitamment de huit ou dix lignes,
& quelquefois davantage au-deffous
de la marque qui eft en *a* , & remonter enfuite un peu plus haut que cet
endroit , dès qu'on a ôté la boule de
l'eau chaude.

Si l'on remet la marque où la liqueur a ceffé de monter , & qu'on re-
plonge la boule , on apperçoit encore
le même effet , & ainfi plufieurs fois
de fuite.

Mais les dernieres immerfions font
moins defcendre la liqueur que les

F f iij

premiéres, & cette liqueur, en re-
montant, excéde la marque d'autant plus que la boule a été plongée
un plus grand nombre de fois, ou que
fes immerfions ont été d'une plus longue durée.

EXPLICATIONS.

Quand un corps chaud en touche
un autre qui l'eft moins, il lui communique de fa chaleur fuivant de certaines proportions, dont j'aurai occafion de parler dans la fuite ; c'eft-à-
dire, que le feu ou fon action paffe de
l'un à l'autre, & continueroit d'y paffer, s'il y avoit affez de tems, jufqu'à
ce que les deux corps unis, l'un en fe
refroidiffant, l'autre en s'échauffant,
euffent acquis une température commune & nouvelle pour tous les deux.

Ainfi le feu qui eft dans l'eau du
vafe B, pénétrant l'épaiffeur de la
boule de verre, qu'on y plonge, en
écarte les parties, & augmente par
cet effet fa capacité: la boule devenue
plus grande reçoit une portion de la
liqueur qui eft dans le tube, ce qui
ne peut manquer de caufer un vuide
au-deffous de la marque a.

Mais auſſi-tôt que cette boule eſt
ſortie de l'eau chaude, elle eſt bien-
tôt refroidie, tant par l'air qui la touche extérieurement, que par l'eau
qu'elle contient, & qui n'a pas eû le
tems de s'échauffer comme elle. Ses
parties ſe rapprochent donc, elle reprend à peu près ſa premiére capacité, & ne pouvant plus contenir la
portion de liqueur qui étoit deſcen-
due du tube, elle doit l'obliger à remonter vers *a*.

La liqueur y remonte en effet, &
même un peu plus haut, non pas que
la boule ſoit devenue plus petite
qu'elle n'étoit avant ſon immerſion,
mais parce que l'eau qu'elle contient
a reçû un peu de la chaleur du verre,
& que cette eau étant elle-même ſuſ-
ceptible de dilatation, comme je le
prouverai, ſon volume en eſt un peu
augmenté.

Cette aſcenſion de la liqueur dans
le tube, au-deſſus de la marque,
donne un nouveau dégré de force à
la preuve que je tire de la dépreſſion
qui a précédé; car puiſque la chaleur,
bien loin de diminuer le volume de
l'eau qui eſt dans la boule (ſi quel-

qu'un vouloit le croire) eſt capable
au contraire de le dilater & de l'é-
tendre, il n'eſt pas poſſible d'attribuer
à une autre cauſe qu'à l'aggrandiſſe-
ment du verre, cet abbaiſſement de
la liqueur qu'on apperçoit d'abord
dans le tube.

Après que le verre eſt refroidi, s'il
eſt replongé une ſeconde ou une
troiſiéme fois dans l'eau chaude; il s'y
dilate de nouveau, & l'on voit re-
commencer tout ce qui dépend de
cette dilatation; nouvel aggrandiſſe-
ment de la boule, nouvel abbaiſſement de la liqueur dans le tube.

Mais comme les immerſions multi-
pliées donnent lieu à la chaleur de ſe
communiquer aſſez ſenſiblement à
l'eau colorée de la boule, cette liqueur raréfiée elle-même, augmente
un peu de volume, & ne laiſſe pas
dans le verre qui s'aggrandit, autant
de vuide qu'elle en laiſſeroit, ſi elle
reſtoit froide, d'où il arrive que la
boule ſe remplit, d'autant moins aux
dépens de la liqueur qui eſt dans le
tube : la même choſe arrive, & par
les mêmes raiſons, ſi la boule, au
lieu d'être plongée un grand nombre

de fois de fuite, l'eft feulement une
fois ou deux pendant un certain efpace de tems.

APPLICATIONS.

Lorfque je plonge dans l'eau chaude, l'inftrument dont je viens de parler, la plûpart des perfonnes qui me
voyent faire cette expérience, s'imaginent toujours que la boule va être
brifée par l'action fubite du feu qu'elle
éprouve : elle le feroit en effet, fi le
verre n'étoit pas fort mince, ou fi la
chaleur ne l'attaquoit que par un endroit feulement; car les parties ignées
qui font effort pour le pénétrer, dilatant fortement fa furface extérieure,
avant que celle du dedans puiffe être
étendue proportionnellement, ne
manqueroient pas d'occafionner une
folution de continuité. C'eft ce qu'on
voit arriver tous les jours aux caraffes
ou autres vaiffeaux de verre épais,
qu'on expofe brufquement à un grand
feu, ou aux gobelets & aux pôts de
criftal ou de fayance, qu'on emplit
fans précaution d'une liqueur très-
chaude.

Mais fi tous ces vaiffeaux font bien

minces, & que le dégré de chaleur auquel on les expose, se partage également, & en même-tems à toute leur surface, il arrive rarement qu'ils se cassent, parce que toutes les parties se prêtent comme de concert à l'action du feu, & qu'en s'écartant un peu les unes des autres, pour donner passage à cet élément, elles conservent entr'elles le même ordre qu'elles ont coutume d'avoir.

Ce n'est pas qu'on ne puisse bien aussi donner un grand dégré de chaleur à un vase de verre épais sans le casser ; ces mêmes caraffes qu'on voit se fendre au feu, quand on les en approche sans précaution, on peut les y tenir, lorsqu'elles sont mieux ménagées jusqu'à faire bouillir l'eau qu'elles contiennent : il ne s'agit que de les chauffer par dégrés, & lentement, afin que la matiére du feu les puisse pénétrer peu à peu, & en dilater les pores sans interrompre entiérement l'union des parties. C'est ainsi qu'on préserve de fracture le gobelet ou la tasse qu'on veut remplir d'une liqueur bouillante, en l'échaudant d'abord par la vapeur, ou par quel-

ques gouttes de cette liqueur qu'on y
fait couler & qu'on remue.

Au reste , si ces vaisseaux fragiles dans lesquels on peut impunément faire bouillir de l'eau avec la précaution dont je viens de parler , ne sont pas toujours pleins ; on court grand risque de les voir se fendre quand on viendra à les remuer ; & en voici la raison. La partie vuide s'échauffe beaucoup plus que celle qui est pleine , si l'eau en balançant vient à la toucher ; cette eau fut-elle bouillante , elle refroidira promptement l'endroit du verre qui en sera mouillé ; & alors la surface intérieure , dont les parties se condensent & se rapprochent, n'étant plus étendue d'une maniére proportionnée aux autres couches , qui forment l'épaisseur du verre , il arrivera entr'elles quelque désordre qui se manifestera par une ou plusieurs félures.

Un émailleur peu expérimenté qui chauffe un tube de verre fort épais au feu de sa lampe , est tout étonné de le voir se briser avec éclat , dès qu'il a reçû un certain dégré de chaleur ; il doit s'en prendre à l'une des deux caufes dont je viens de parler; ou il a chauffé brufquement un verre épais qu'il devoit ménager davantage, ou ce verre creux contenoit un air humide qui n'a point permis à la furface intérieure de recevoir une chaleur égale à celle qu'on lui donnoit par dehors. Il fuffit d'apprendre à cet Artifte qu'un tuyau de verre qui eft humide par dedans, foit pour avoir été mouillé, foit pour avoir feulement fervi de canal pendant un certain tems à l'air de l'Atmofphére, ne fe féche que très-difficilement; car d'ailleurs il n'ignore pas que la plus petite goutte d'eau fait caffer le verre ou l'émail qui eft chaud : Sa pince légérement humectée de falive lui fert tous les jours à couper, ou à détacher les piéces qu'il vient de travailler.

C'eft peut-être de-là qu'eft venue cette maniére de couper le verre avec le feu & l'eau, que des gens oififs & adroits fçavent fi bien ménager, qu'ils viennent à bout de faire d'un verre à boire une efpéce de ruban tourné en forme d'hélice, dont les circonvolutions fe féparent & fe re-

joignent à l'aide du reſſort de la matiére : *voyez la Fig.* 2. Ces découpu-
res ſe font par le moyen d'une méche
ſoufrée, qui ne chauffe le verre que
dans une ligne, ou dans un eſpace
fort étroit, que l'on refroidit auſſi-tôt
avec une plume ou un petit bâton
mouillé, & même quand la premiére fé-
lure paroît, ceux qui ont un peu d'habitude la conduiſent preſque toujours
où ils veulent avec un fer chaud, ou
avec un petit charbon allumé. Pour
moi quand j'ai de gros tuyaux ou des
cols de ballons à couper, je commence par entammer le verre avec l'angle
ou le tranchant d'une lime, & enſuite
avec un morceau de fer anguleux que
je fais rougir, & que j'y applique, je
réuſſis aſſez bien à faire fendre la piéce, ſuivant la ligne que j'ai tracée.

La vaiſſelle de fayance ou celle de
terre verniſſée ſe fend auſſi au grand
feu, quand on l'y expoſe précipitamment, non pas tant par elle-même,
peut-être, que par la couche d'é-
mail ou de matiére vitrifiée, dont elle
eſt couverte & colorée : car ſi cet enduit eſt d'une certaine épaiſſeur, l'action d'un feu trop violent le fait fen-

dre, & les parties en se quittant peuvent déterminer celles de la terre cuite, auxquelles elles sont unies, à se séparer de même. Ce qui me feroit penser ainsi, c'est que la fayance qu'on fait pour aller au feu, est émaillée plus légérement que d'autre, & qu'elle n'est bien à l'épreuve d'une grande chaleur, que quand son enduit est entr'ouvert par une infinité de petites félures, qui donnent lieu aux parties ignées de se partager & de pénétrer la terre par un plus grand nombre d'endroits. Je sçais bien aussi que la terre même en est préparée autrement que celle de la fayance commune, qu'elle est plus légére, plus poreuse, & mieux maniée : ce que je remarque à l'égard de l'émail qui la recouvre, je ne prétends le citer que comme une cause seconde ou subalterne de la qualité qu'elle a de résister au feu.

De toutes les matiéres fragiles dont on fait des vaisseaux, il n'en est pas qui soutiennent mieux l'action subite du feu que la porcelaine ; rien ne le prouve mieux que l'usage des tasses dans lesquelles nous voyons tous les jours verser du thé, ou du caffé pres-

que bouillant. Si la porcelaine étoit
auſſi commune que le verre, il ſeroit
très-commode de pouvoir la lui préférer dans bien des occaſions, ſur-tout
dans les laboratoires de Chymie, où
les matiéres que l'on traite ſont ſouvent de nature, à ne pouvoir pas être
miſes dans du métal, & quelquefois
encore moins propres à être chauffées
dans de la terre cuite, trop poreuſe
ou incapable de ſoutenir un grand
dégré de feu. Un Artiſte intelligent
qui ſentira ce beſoin, pourra ſe procurer des vaiſſeaux de porcelaine, ſans
qu'il lui en coûte preſqu'autre choſe,
que le verre même dont il appréhende
de ſe ſervir. En profitant d'une découverte que nous devons à M. de
Reaumur *, il n'aura qu'à remplir de
plâtre paſſé au tamis le vaiſſeau qu'il
aura deſſein de convertir en porcelaine, & le porter au four d'un po-
tier en terre, il l'en retirera tel qu'il
le deſire, c'eſt-à-dire, tout ſemblable
à la vraie porcelaine, à demi-tranſpa-
rent comme elle, capable d'être chauffé bruſquement & de ſoutenir un
très-grand feu ſans ſe caſſer. (a)

(a) Si quelqu'un veut faire uſage de ce

* Mém. de
l'Académie
des Sciences
1739. pag.
370.

A l'égard du changement de capacité qui arrive aux vaiffeaux que l'on
chauffe, foit extérieurement, foit intérieurement ; il faut remarquer que
la dilatation de la matiére, qui en eft
la caufe, pourroit fe faire de façon
qu'elle eût un effet tout contraire à
celui de notre expérience. Si la boule
que j'ai plongée ; par exemple, au
lieu d'être réguliérement ronde, avoit
des enfoncemens femblables à celui
qu'on fait communément au cul des
bouteilles à vin ; ces parties enfon-
cées, en fe dilatant, porteroient leur
augmentation de volume contre la liqueur contenue dans le vaiffeau, &
ne manqueroient pas de la faire monter vers l'orifice, à moins que l'ag-
grandiffement des autres parties qui
fe fait en fens contraire, ne rendît cet

que j'indique ici, il convient qu'il confulte
le Mémoire même de M. de Reaumur, pour
fe mettre au fait de certaines pratiques dont le
détail ne peut être placé ici. Il y en a deux
fur-tout qu'il ne faut pas négliger; la premiére eft le choix du verre : le plus commun, celui qui eft brun ou jaunâtre, réuffit mieux
que le plus blanc : La feconde eft de mêler du
fablon avec le plâtre, à peu-près à quantités
égales pour le raréfier.

effet

effet infenfible, ou par excès ou par
compenfation.

On fera pleinement convaincu de
la juftefle de cette remarque, fi l'on
remplit d'eau une bouteille mince,
qui ait le cul bien renfoncé, & dont
on ait prolongé le col avec un petit
tuyau recourbé & maftiqué avec de
la cire molle, ou autrement, *Fig.* 3.
Car fi l'on verfe de l'eau prefque bouillante en *C*, on verra la liqueur monter dans le tube avec autant de promptitude qu'on l'a vû defcendre, lorfque j'ai plongé dans l'eau chaude, la
boule de l'inftrument repréfenté par
la *Fig.* 1. & fi l'on s'imaginoit que cet
effet vient de ce que l'eau de la bouteille s'eft raréfiée par le dégré de
chaleur qu'elle a pû recevoir, il fuffira
de renverfer l'eau qui eft en *C*, pour
voir que ce foupçon porte à faux ; car
dans l'inftant même, on verra la liqueur defcendre dans le tube, à peu
près à l'endroit d'où elle étoit partie
pour s'élever : un effet auffi prompt
ne peut légitimement s'attribuer au
refroidiffement de l'eau qui eft dans la
bouteille.

II. EXPERIENCE.

PRÉPARATION.

La *Fig.* 4. repréſente un inſtrument
qui ſe nomme *pyrométre*, parce qu'on
s'en ſert pour meſurer en quelque façon l'action du feu. Il eſt compoſé
premiérement d'une lampe à l'eſprit-
de-vin *D d*, garnie de pluſieurs petites méches de coton, ſemblables entr'elles pour la groſſeur & pour la longueur. Secondement, de pluſieurs leviers renfermés dans une boëte cylindrique de verre *E F*, & qui ſe cor-
reſpondent, de maniére que recevant
le mouvement de la piéce *G*, ils le
tranſmettent par le moyen d'une portion de roue dentée ou *rateau*, & par
un pignon, à une aiguille *H h*, qui
parcourt horizontalement un cercle
diviſé en deux cens parties égales.
Les bras de ces mêmes leviers & le
rayon du rateau avec le pignon qu'il
méne, ſont tellement proportionnés,
que la piéce *G*, avançant d'un quart
de ligne fait faire à l'aiguille un tour
entier ; & comme la circonférence
du cercle qu'elle parcourt a deux cens

dégrés , dont chacun eft affez grand
pour être divifé en deux par le coup
d'œil d'un Obfervateur un peu attentif ; il eft évident que la piéce G , ne
peut s'avancer de la feize centiéme
partie d'une ligne qu'on ne s'en apperçoive par le mouvement de l'aiguille.

Un tiroir pratiqué dans le pied de
cet inftrument contient des cylindres de différens métaux , tous égaux
en longueur , & dont on a rendu
la groffeur égale en les faifant paffer
par la même filiere (a) : chacun eft
terminé d'un côté par une vis qui
s'ajûfte à la piéce G , tandis que l'autre bout eft arrêté & foutenu par le
pilier I , comme on le peut voir par
la *Fig.* 4.

On place ainfi fucceffivement le
cylindre de fer, & celui de cuivre jaune ; on allume toutes les méches à la
fois (b) , & l'on compte par le moyen
d'une montre , ou d'une pendule à fe-

(a) Les cylindres dont je me fers ont tous
exactement la même longueur, qui eft d'environ fix pouces , & le même diamétre qui eft
de trois lignes.
(b) Avec un petit morceau de papier allumé qu'on paffe très-rapidement, toutes les

condes, combien l'aiguille parcourt de dégrés dans un tems donné.

EFFETS.

Dans l'inftant même que la flamme des méches commence à agir fur le métal, on voit l'aiguille fe mettre en mouvement, & parcourir les dégrés avec une telle vîteffe, que dans l'efpace d'une demi-minute on en compte environ 580, fi l'on fait l'expérience avec le cylindre de fer, & 960, fi c'eft avec celui de cuivre jaune, ce qui eft à peu près dans le rapport de 3 à 5. (a)

Si l'on éteint les méches de la lam-

méches déja humectées d'efprit-de-vin s'allument en moins d'une feconde.

(a) Je m'exprime ici en nombre rond, & je ne prétends point fixer avec précifion les dilatations refpectives des métaux; cela dépend d'une fuite très-nombreufe d'expériences délicates, qui ne peuvent entrer dans un Ouvrage élémentaire, tel que celui-ci. Le Lecteur curieux de s'inftruire fur ce fujet d'une maniére plus étendue & plus approfondie, pourra confulter les Commentaires de M. Mufchenbroek fur les Expériences de l'Académie, del Cimento Tome 2, pag. 12. & feq. il y trouvera un long & curieux détail d'épreuves faites avec le *pyro-métre*, dont ce Sçavant eft le premier Auteur.

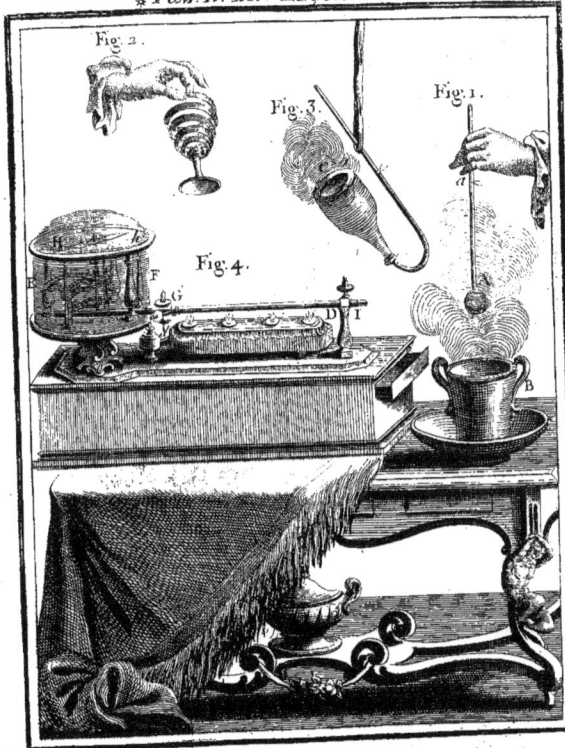

Fig. 2.

Fig. 3.

Fig. 1.

Fig. 4.

pe, auſſi-tôt on voit rétrograder l'ai-

güille, & parcourir en ſens contraire
tout le chemin qu'elle avoit fait précédemment : cette rétrogradation ſe
fait d'abord avec aſſez de vîteſſe, mais
enſuite elle ſe ralentit & devient ſi peu
ſenſible ſur la fin, qu'elle ne s'achéve
qu'au bout d'un tems aſſez conſidérable, & plus ou moins long, ſuivant la température du lieu où ſe fait
l'expérience.

EXPLICATION.

Les métaux, même les plus com-
paƈts & les plus durs, ſont poreux ;
leur poroſité eſt telle que certaines liqueurs les pénétrent & les diſſolvent.
Le feu qui coule des méches allumées
eſt un fluide plus ſubtile & plus pénétrant que toutes les liqueurs que l'on
connoiſſe : il s'inſinue donc dans les
cylindres de fer & de cuivre de notre
expérience, & met en aƈtion les parties de feu qui ſont logées naturellement entre les parties propres du métal ; & par ces deux cauſes, je veux
dire, par l'introduƈtion d'un feu étranger, & par l'expanſion de celui qui
appartient au métal, les cylindres

dont il eſt queſtion doivent ſe dilater
& s'étendre dans toutes leurs dimenſions.

Mais comme il y a plus de parties
dilatées ſur la longueur que ſur le diamétre, l'allongement doit ſe faire
mieux ſentir que l'augmentation de
groſſeur : c'eſt pourquoi l'on attache
d'une maniere fixe le cylindre par une
de ſes extrémités en *D*, afin que toute
la quantité dont il s'allonge ſe porte
contre la piéce *G*, à laquelle il eſt
joint par l'autre bout ; ainſi les deux
mouvemens en avant & en arriére de
la piéce *G*, ſont des effets néceſſaires,
& des preuves inconteſtables de l'allongement du cylindre chauffé, &
du raccourciſſement qu'il ſouffre en ſe
refroidiſſant

Si tous les métaux ne ſe dilatent pas
également au même dégré de feu, &
dans le même eſpace de tems ; il en
faut chercher la cauſe dans leurs différentes denſités, dans la liaiſon & la
tenacité plus ou moins grande de leurs
parties, dans la doſe plus ou moins
forte des parties inflammables que la
Nature a mêlées avec leurs autres principes, dans la différente diſtribution

de leurs pores, &c. toutes recherches
extrêmement délicates & compli-
quées, que l'on n'a pas encore beaucoup approfondies.

Dès que les méches de la lampe
font éteintes, le feu qui eft entré
dans le métal s'évapore au-dehors, &
l'action de celui qui refte n'étant plus
entretenue, fe ralentit peu-à-peu, ce
qui donne lieu aux parties du métal
de fe rapprocher, & au cylindre qui
fe refroidit, de reprendre fa premiére
grandeur.

Cela fe fait d'abord affez promptement, parce que le métal encore dilaté, laiffe échapper plus librement
les parties furabondantes de feu dont
il eft pénétré, & que l'air environnant, confidérablement moins chaud
que lui, les reçoit & les abforbe,
pour ainfi dire, avec avidité; & enfuite, parce que ces raifons ne fubfif-
tent plus, les derniers dégrés de refroidiffement & de condenfation, ne
s'achévent qu'avec beaucoup de lenteur.

APPLICATIONS.

Ce que nous voyons fe faire ici par

le feu d'une lampe appliqué à des petits cylindres de fer & de cuivre, arrive de même, proportion gardée, à
tous les métaux qui s'échauffent, de
quelque maniére que ce soit. La lame
d'une scie qui n'a point assez de *voie*, (a)
s'épaissit dans les corps durs par la chaleur que lui donne le frottement, & fa-
tigue beaucoup la personne qui s'en
sert. Il en est de même des forets, des
villebrequins & autres outils, qui s'é-
chauffent en travaillant, & qui se trouvent engagés dans des matiéres qui
ont peine à céder à l'augmentation
de leur volume, ou qui se gonflent
aussi par la même cause.

Tout métal exposé à l'ardeur du
Soleil, doit donc s'étendre, & nous
avons une preuve bien sensible de cet
effet à la machine de Marly, où le
mouvement des pompes qui sont établies sur la montagne, vient de la riviére, & se communique par des barres de fer assemblées à fourchettes, &

(a) On donne de la *voie* à une scie, en
écartant un peu les dents de part & d'autre, du
plan de la lame; ou bien on prépare cette lame
de façon qu'elle soit plus épaisse du côté de la
denture, que dans le reste de sa largeur.

soutenues

soutenues d'espace en espace par des leviers qui sont mobiles sur une de leurs extrémités ; toutes ces barres, depuis le plus grand froid de l'Hiver, jusqu'au plus grand chaud de l'Eté, varient tellement de longueur, qu'on a été obligé de faire plusieurs trous à l'endroit de leur jonction, pour être en état d'allonger, ou d'accourcir la chaîne qu'elles forment par leur assemblage, en faisant entrer plus ou moins le bout d'une barre dans la fourchette de l'autre, où elle s'arrête avec une cheville. Quand une barre de fer de six pieds ne s'allongeroit que de deux tiers de ligne du grand froid au grand chaud ; sur cent toises, ce seroit plus de six pouces d'allongement, * & en voilà assez pour faire sentir combien le jeu des pistons seroit dérangé, si cette longue chaîne qui leur communique le mouvement, souffroit, sans correction, les changemens que les différentes températures y peuvent causer.

Hist. de l'Académie des Scienc. 1629. pag. 61.

Les horloges de clocher, & généralement toutes les machines, qui ne font point, ou qui ne font qu'imparfaitement à couvert de la grande ardeur du

Soleil, doivent néceſſairement s'en reſſentir, par rapport à la liberté de leurs
mouvemens ; les tiges s'allongent, &
font porter les épaulemens ; les pivots
groſſiſſent & font plus ſerrés dans leurs
trous, les diamétres des roues croiſ-
ſent & les dents prennent plus d'en-
grenage. Il eſt vrai que le baſti ou la
cage qui renferme & qui ſoutient
toutes ces piéces, s'aggrandit auſſi
dans toutes ſes dimenſions ; mais s'il
peut en naître quelques compenſa-
tions qui conſervent les rapports entre
certaines parties, il eſt poſſible auſſi
que ces effets aillent à contre-ſens
pour d'autres qui en ſont conſidérablement dérangées. Qui ſçait même ſi
la chaleur du gouſſet n'eſt pas capable
de changer quelque choſe à la marche
d'une bonne montre, par le ſeul changement qu'elle eſt capable de cauſer
aux dimenſions des piéces dont la juſ-
teſſe eſt ſi préciſe.

Ce que je dis par forme de ſoupçon,
à l'égard d'une montre, je le puis aſſu-
rer très-poſitivement pour les pendu-
les ou horloges, dont la marche eſt
réglée par les oſcillations d'un corps
grave, ſuſpendu par une verge de mé-

tal. En parlant de cette efpéce de mouvement , & de l'application qui en a
été faite par M. Huyghens, * j'ai remarqué , qu'après avoir trouvé le
moyen de rendre la durée des ofcillations uniforme & conftante par la nature de la courbe qu'elles décrivent ,
on avoit encore à craindre que cet ifo-
chronifme ne fût troublé par les changemens que le chaud & le froid pourroient caufer à la longueur de la verge
du pendule. En effet cette verge étant
de métal, & par conféquent fufceptible de condenfation & de dilatation,
comme l'expérience précédenté le
fait voir, on peut s'attendre que dans
les tems ou dans les lieux chauds elle
s'allongera, & qu'au contraire elle di-
minuera de longueur, lorfqu'elle viendra à fe refroidir. (a)

On a penfé qu'on pourroit remédier à cet inconvénient, en oppofant
à elle-même la caufe phyfique d'où il
procéde; c'eft-à-dire, en faifant en
forte, que la même chaleur qui fait allonger la verge du pendule, fît auffi

(a) Il faut voir à l'endroit cité ci-deffus ,
comment la longueur du pendule influe fur
la durée de fes ofcillations.

remonter d'autant le centre du corps grave, ou descendre sur la même verge le point fixe autour duquel se font les oscillations.

M. Graham (*b*) me paroît être le premier à qui cette idée se soit offerte, & qui ait commencé à la mettre en exé-cution. Au lieu d'attacher au bout de la verge une boule ou une lentille so-lide, comme on a coutume de faire, il y mit pour corps grave une boîte ou vase cylindrique qu'il remplit pres-qu'entiérement de mercure : & voici quel étoit son raisonnement.* « Si d'u-ne saison à l'autre, dit-il, la tempéra-ture varie assez pour faire changer sensiblement la longueur de la verge du pendule, la même cause ne peut manquer d'augmenter ou de dimi-nuer la hauteur du cylindre de mer-cure, en le dilatant ou en le conden-sant, elle fera donc monter ou des-cendre le centre d'oscillation qui est nécessairement dans cette masse flui-de. » En supposant, par exemple, que la verge allongée par la chaleur, fasse reculer le point *B* du point *A*,

XIV.
Leçon.

* *Transac-tions Phi-losophiques.* 1726. *No.* 392. *art.* 4.

(*b*) Fameux Horloger de Londres, & Mem-bre de la Société Royale.

fig. 5 , d'un quart de ligne , si le mercure échauffé au même dégré , se dilate de maniére que le point *B* , centre de gravité, ou plutôt d'oscillation,
remonte précisément d'un quart de ligne , ces deux effets entretiendront
toujours la même distance entre *A* ,
centre du mouvement , & *B* , centre
d'oscillation, ce qui suffit pour conserver l'isochronisme du mouvement. Il
ne s'agit donc plus que de mettre en
proportion convenable ces deux effets qui vont en sens contraire, & cela
dépend de la hauteur qu'on donnera
au cylindre de mercure ; car plus il sera
long , plus son centre de gravité , ou
tout autre point pris dans sa masse, fera
de chemin , soit en montant , s'il y a
raréfaction, soit en descendant, s'il y a
a condensation.

Depuis cette invention proposée
par M. Graham , d'autres personnes
ont imaginé & mis en pratique des
moyens encore plus commodes pour
arriver aux mêmes fins que cet habile
& sçavant Artiste avoit en vûe , je
veux dire, pour faire en sorte que ce
qui fait changer la longueur de la verge du pendule , fît en même tems &

proportionnellement varier en fens contraire la hauteur du corps grave, dans lequel fe trouve le centre d'ofcillation. En 1738, M. Julien le Roy, à Paris, & M. Ellicot, à Londres, profitant du réfultat de notre expérience, par laquelle on fçavoit déja que le fer & le cuivre jaune échauffés au même dégré, fe dilatent dans des proportions qui font entr'elles, à peu près comme trois à cinq, employérent fort ingénieufement, quoique par différens procédés, l'excés de l'allongemens du laton, pour remédier à celui du fer, dont on fait communément(a) la verge du pendule.

Le premier termine la verge de fon pendule qui eft de fer, par un petit chaffis *A B*, *fig. 6*, compofé par en haut & par en bas, de deux traverfes de cuivre inflexibles, & pourles montans, de deux lames de reffort, très-minces; ces deux lames entrent, & n'ont que le jeu qu'il leur faut, pour monter & defcendre, en gliffant dans une piéce fendue *CD*, qui eft bien fo-

(*a*) Si on ne le fait pas, on doit le faire, plutôt que d'employer de l'acier, qui fe dilate davantage.

lide , & fixée au corps de l'horloge.

Le tout eſt ſuſpendu par une verge de fer *e f*, attachée à la partie ſupérieure d'un tuyau de laton, qui eſt repréſenté ouvert en partie , & qui repoſe ſur la piéce *C D*.

Lorſque la chaleur dilate les deux verges de fer *f e*, *b g*, qu'on doit conſidérer comme n'en faiſant qu'une, parce qu'elles ſont jointes par le chaſſis *A B*, elle tend à faire deſcendre la lentille, & à l'éloigner de la piéce *CD*, où eſt le centre du mouvement, ce qui rendroit le pendule plus long qu'il n'eſt; mais cette même chaleur agit ſur le tuyau de cuivre , au bout duquel eſt le point de ſuſpenſion ; & comme ſon allongement ſe fait de bas en haut , il tend à faire remonter la lentille; ſi la longueur de ce tuyau eſt à celle qui eſt compriſe entre *f g* , comme la dilatation du fer eſt à celle du cuivre , c'eſt-à-dire , dans le rapport de trois à cinq, ſon allongement de bas en haut , doit égaler celui des deux verges de fer qui ſe fait de haut en bas , & par cette compenſation la diſtance eſt toujours la même entre le centre d'oſcillation *g* & celui du mouvement *D*.

H h iiij

M. Ellicot fait la verge de son pendule d'une piéce de fer plate & ouverte
en forme de fourchette depuis la moitié ou les deux tiers de sa longueur jusqu'en bas, *fig.* 7. Il remplit le vuide
que forme cette fourchette, par une
lame de laton *i k*, qui, lorsqu'elle
vient à s'allonger par la chaleur, doit
excéder de $\frac{2}{3}$ l'allongement que la même chaleur fait prendre aux deux parties de la fourchette entre lesquelles
elle est placée. Il emploie cet excès
pour faire mouvoir deux petits leviers
l m, *l n*, qui ont leur centre de mouvement en *o* & en *p*, & par ce moyen les
deux bras *m*, *n*, soulévent deux chevilles ou deux vis *q*, *r*, par lesquelles ils
portent le corps grave, qui est ici une
boule représentée par sa coupe diamé-
trale ; ainsi le centre d'oscillation tend
à remonter par la même cause qui feroit allonger la verge ; & comme les
vis *q*, *r*, peuvent avancer plus ou
moins sur les bras des leviers *m*, *n*,
on peut proportionner à son gré ces
deux effets entr'eux.

Si j'écrivois un traité d'Horlogerie,
je ne manquerois pas de faire connoître dans un plus grand détail, ce que

plufieurs Artiftes, & même ce que
des Sçavans ont encore imaginé pour
remédier à l'allongement du fer par
celui du cuivre, dans la vûe de rendre
conftante la longueur du pendule; j'é-
xaminerois même le fort & le foible
de ces inventions, & je prendrois la
liberté d'en dire mon fentiment; mais
on ne doit trouver ici que ce qui a un
rapport direct & prochain avec l'expérience que j'ai employée, pour prouver que le chaud & le froid font varier
fenfiblement le volume d'une piéce
de métal: & afin qu'on ne croye pas
que ces derniers exemples, que je
viens de citer, font des inventions
plus curieufes qu'utiles, je remarquerai d'après nos meilleurs Aftronomes,
qu'avec le nouveau pendule (c'eft-à-
dire, celui dont la longueur eft conftante) il eft affez commun qu'une
horloge d'obfervations, ne varie que
de deux fecondes du plus grand froid
au plus grand chaud; au lieu qu'il eft
rare de trouver moins de 20 fecondes
de différence, avec un pareil inftrument, réglé par un pendule ordinaire.

Si la mefure du tems perd de fon
exactitude par l'allongement ou le rac-

courciffement du pendule, celle de l'étendue pourroit bien auffi fe reffentir des variations cauſées par le froid & par le chaud, au pied, à la toife, à l'aune, & autres inſtrumens dont on fe fert pour la connoître. Heureuſement que les erreurs qui peuvent naître de cette cauſe, ne tirent guére à conféquence, pour ce qui concerne le commerce ordinaire; mais il eſt bon d'en être averti pour certaines occaſions où l'on a befoin d'une grande exactitude. Si quelqu'un, par exemple, vouloit comparer la toife ou l'aune d'un pays à celle d'un autre, le choix du métal, & la température du lieu où fe feroit cette comparaiſon, feroient des circonſtances qu'on ne devroit pas négliger. Une régle de cuivre avec laquelle on meſureroit feulement une demi-lieue de terrein en longueur, pourroit tellement varier par le chaud & par le froid, que quand ce terrein feroit auffi uni qu'un canal glacé, l'Arpenteur le plus exact y trouveroit une différence de 6 à 7 pieds de l'Hiver à l'Eté, ce qui ne feroit pas auffi confidérable, fi au lieu d'une régle de cuivre, il en employoit une de fer ou de bois.

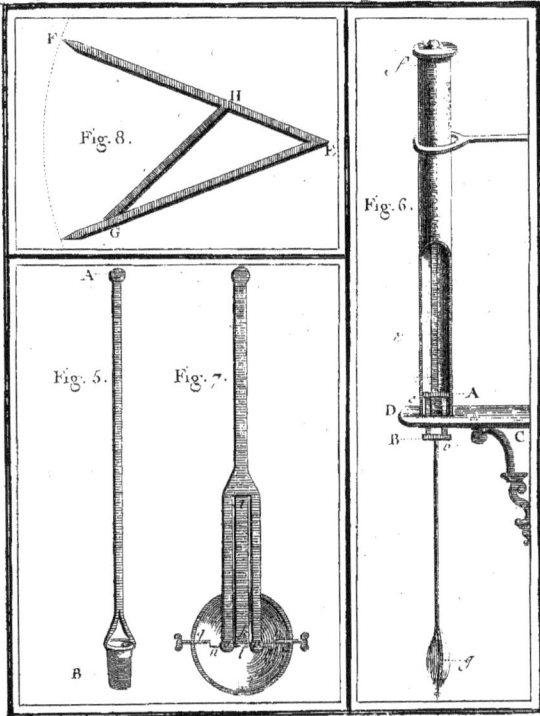

TOM.IV. XIV. LEÇON. Pl. 2.

• Tous les métaux n'étant pas capables de se dilater ni de se condenser également, par les mêmes dégrés de chaud & de froid, on ne doit les employer qu'avec beaucoup de circonspection en construisant les machines, ou les instrumens dans lesquels il est important que les dimensions ne changent point de rapport; si l'on vouloit, par exemple, qu'un angle formé par deux verges de fer *E F*, *E G*, *fig.* 8. demeurât constamment le même dans toutes fortes de températures, il faudroit bien se garder de les joindre par une troisiéme piéce *G H*, qui fût de cuivre; car comme ce dernier métal s'allonge par la chaleur beaucoup plus que l'autre, lorsqu'il viendroit à s'échauffer, il ne manqueroit pas de faire changer notablement l'ouverture de l'angle dont il s'agit. Il est aisé de faire l'application de ceci aux instrumens de mathématiques & d'astronomie, dont toute la justesse dépend du rapport invariable des dimensions, & dans la plûpart desquels cependant on emploie ensemble le fer & le cuivre, pour les faire passer ensuite de l'atelier où ils ont été construits, dans des lieux découverts, où ils éprouvent la gelée & l'ardeur du Soleil. Si l'on n'a point égard à ce qui en peut arriver, on court risque de voir les angles changer de grandeur, les surfaces planes & les lignes droites devenir courbes, &c.

Une corde de clavecin qui s'allonge par la chaleur, devient nécessairement moins tendue qu'elle n'étoit, si les points fixes ausquels elle tient, ne s'éloignent pas l'un de l'autre, par proportion à cet allongement. Nous avons vû dans la onziéme leçon, * qu'une corde sonore, toutes choses égales d'ailleurs, est d'un ton plus ou moins aigu, selon le dégré de tension qu'elle a ; ainsi comme celles d'un clavecin, partie de fer, partie de cuivre, s'allongent différemment entr'elles dans le même dégré de chaleur, & toutes davantage que le bois dont le corps de l'instrument est construit, & sur lequel sont attachées les chevilles, & chevalets, on voit par quelles raisons les accords se dérangent, quand la température du lieu varie d'une certaine quantité. Qui sçait même si une oreille fine & bien expérimentée ne sen-

Tom. 3. p. 462. & seq.

tiroit point quelque changement dans
le ton d'une cloche, ou de tout autre
corps sonore, que l'on essaieroit froid
& chaud, & dont on feroit la comparaison avec un autre, à l'unisson duquel on l'auroit mis précédemment.

J'ai dit ci-dessus que le bois chauffé
& refroidi n'est pas aussi susceptible de
changement sur la longueur de ses fibres, que le métal ; c'est un fait cons-
tant par l'expérience, & sur la foi duquel plusieurs Horlogers ont fait de
bois la verge du pendule, au lieu d'a-
voir recours aux moyens dont j'ai fait
mention. Si le succès n'a pas été assez
complet pour rendre ses variations
nulles, elles ont été moindres que celles du pendule ordinaire, ce qui suffit
pour justifier ma remarque.

Mais quoique le bois, & quantité
d'autres matiéres se raccourcissent &
s'allongent moins que le métal, par
le froid & par le chaud, il paroît en
général, & par un grand nombre d'é-
preuves faites en différens tems & par
diverses personnes, que tous les corps
solides, le marbre, la pierre, la terre
cuite, le verre, le métal, le bois & l'é-
corce des végétaux, les os, le cuir,

& la corne dès animaux, &c. se dilatent par l'action du feu, & se condensent en se réfroidissant : & comme tous
les ouvrages de l'art ne font que des as-
semblages & des modifications de ces
différentes matiéres, qui font tantôt
plus, tantôt moins exposées à la chaleur, suivant les saisons de l'année,
les heures du jour, ou les usages que
nous en faisons, on peut dire que
rien ne demeure constamment dans le
même état, & que tout ce que nous
voyons, bijoux, instrumens, meu-
bles, édifices, devient alternative-
ment plus grand, & plus petit.

On objectera peut-être contre cette
propriété que j'attribue au feu de dilater généralement tous les corps & d'en
étendre le volume, l'exemple des
pierres que l'on calcine, des bois que
l'on fait sécher au four, ou aux rayons
du Soleil, & de plusieurs autres matiéres dont l'action du feu diminue sensiblement la grandeur.

Mais j'ai déja prévenu cette difficulté, en faisant remarquer * que dans
tous les cas dont il s'agit, il y a une évaporation, une dissipation de substance,
qui donne lieu aux parties de ce qui

* 13. Le-
çon p. 174.

reste, de se rapprocher sous un moindre volume, quoique ces mêmes parties soient véritablement tuméfiées;
c'est ce dont on peut aisément se convaincre, en pesant devant & après,
tous les corps dont on voudroit nous
citer l'exemple. Un morceau de chaux
vive pése moins que la pierre dont elle
est faite; il en est de même des ouvrages de bois qui ont passé au four ou à
l'étuve, des viandes ou des fruits que
l'on a fait cuire, des pâtes & des compositions qu'on a fait épaissir par un
certain dégré de chaleur.

III. EXPERIENCE.

PREPARATION.

L'instrument représenté par *A B*,
fig. 9, est composé d'un verre de thermométre, dont la boule a près d'un
pouce, & le tube une demi-ligne de
diamétre, dans toute sa longueur, qui
est d'un pied; une portion d'environ
9 pouces de ce tube tient à une petite
planche fort légére, sur laquelle est
tracée une échelle, dont chaque dégré exprime la milliéme partie de toute la liqueur contenue au-dessous de la

planche, lorfque cette liqueur a reçu le dégré de froid de la glace.

On emplit la boule & un peu plus que le quart du tuyau, de plufieurs liqueurs fucceffivement; premiérement de mercure, d'efprit-de-vin enfuite, d'eau pure, & enfin d'huile de lin. On plonge la boule dans un vafe G plein de glace pilée bien menue, & on l'y laiffe jufqu'à ce que la liqueur ait reçu tout le froid qu'elle y peut prendre, ce qu'on reconnoît aifément, parce qu'alors elle ceffe de defcendre dans le tube. Enfuite avec un chalumeau capillaire D, que l'on fait entrer dans le tube, on ôte, en fucçant avec la bouche, ce qu'il y a de liqueur au-deffus de la ligne ef, ou bien on en met jufqu'à cette marque, s'il n'y en a point affez.

La liqueur étant bien fixée à cet endroit, on ôte l'inftrument de la glace, & l'on tient la boule plongée dans un autre vafe C rempli d'eau bouillante, jufqu'à ce que la liqueur ceffe de monter : on obferve à quelle hauteur elle s'arrête, & combien de tems elle a mis, pour recevoir ce dégré de chaleur. (a)

(a) Quoique j'aie réfolu de renvoyer à
EFFETS.

EFFETS.

Le mercure tranſporté de la glace dans l'eau bouillante, s'éleve dans le

un autre Ouvrage qui ſuivra de près celui-ci, tout ce qui concerne la conſtruction des inſtrumens, & la préparation des matiéres qui ſervent aux expériences que j'emploie dans mes Leçons ; je ne puis m'empêcher d'indiquer ici un moyen dont on pourra s'aider pour avoir un vérre de thermomètre, meſuré & gradué de la maniére que le requiert notre expérience, avec quelqu'autres inſtructions, ſans leſquelles on auroit peine à la répéter.

Choiſiſſez un tube de verre d'une longueur & d'un diamétre convenable, & pour voir ſi ſa capacité eſt bien égale par-tout ; faites-y entrer un peu de mercure, qui en occupe environ un pouce que vous meſurerez avec une carte ou autrement ; faites avancer ce petit cylindre de mercure d'un bout à l'autre du tuyau ; s'il eſt par-tout de la même longueur, vous ſerez ſûr que ce tuyau eſt du même diamétre intérieurement dans toute ſon étendue, & vous y ferez ſouffler une boule par un Emailleur ; le même ouvrier vous fera des chalumeaux capillaires & renflés par le milieu, en amoliſſant au feu de ſa lampe un petit morceau de tube de verre, qu'il allongera de part & d'autre en tuyaux capillaires.

Pour avoir une échelle qui exprime les milliemes parties de la liqueur contenue dans la boule & dans le quart du tube, il faut d'abord peſer le verre, & tenir compte de ſon poids, enſuite le remplir entiérement de mer-

=tube jufqu'au quatorziéme dégré, ce
qui fignifie que fon volume eft aug-

cure avec le chalumeau, & le faire bien chauffer, même jufqu'a bouillir, afin que toutes
les petites particules d'air fe dégagent & for-
tent du vaiffeau ; cela fe fera plus aifément, fi
l'on ne remplit d'abord que la boule.

Tout le verre étant bien plein & refroidi
au dégré de l'air de la chambre, on le péfera
exactement pour avoir le poids du mercure,
en fouftrayant celui du verre, dont on a précédemment reconnu la valeur.

Cela étant fait, on ôtera du tuyau une quantité de mercure qui foit la onziéme partie de
la totalité ; & fi la capacité de ce tuyau eft en
proportion convenable avec celle de la boule,
les trois quarts, ou à peu près de fa longueur,
fourniffent cette quatriéme partie, qu'il faut
ôter & reconnoître exactement par la balance.

Si ce qui eft contenu dans les $\frac{3}{4}$ du tube ou
environ, ne fuffit pas pour faire la quantité
qu'on demande ; c'eft une marque que la boule
eft trop groffe, & il faudroit en faire fouffler
une plus petite au bout du même tuyau ; ou,
pour s'en épargner la peine, il eft plus convenable de calibrer d'abord plufieurs tuyaux,
& d'y faire fouffler des boules un peu moins
groffes les unes que les autres.

Si l'on a donc ôté du tuyau la onziéme partie de tout ce qui étoit contenu dans le verre,
on n'aura plus qu'à y joindre une échelle de
cent parties égales, qui mefure toute la portion du tube qui eft reftée vuide, & alors chaque dégré de l'échelle répondra à une partie

menté de $\frac{14}{1000}$; & cette dilatation s'a-
chéve en 15 secondes, ou dans un
quart de minute.

L'eau commune à pareille épreuve
du tube, capable de recevoir la 1000e. partie
de ce qui reste au-dessous : & ce sera là même
chose pour toutes les liqueurs qu'on voudra
mettre dans ce même vaisseau.

Mais comme les dégrés de l'échelle sont des
milliémes de capacité, ou de volume, &
qu'une liqueur tient moins de place quand
elle est refroidie que quand elle est chaude,
il faut avoir soin que la boule & la partie du
tuyau comprise entr'elle & l'échelle, soient
bien pleines, avant qu'on retire l'instrument
de la glace, pour le plonger dans l'eau bouillante.

Quand on plonge la boule de cet instrument dans l'eau bouillante, il est bon de l'es-
sayer par deux ou trois immersions subites,
avant que de l'y laisser à demeure, de peur
qu'une action trop brusque du feu ne fasse casser le verre.

Pour bien juger du tems qu'une liqueur met
à monter à son plus haut dégré, il est à propos d'avoir reconnu ce dégré par une premiére épreuve, sans cela il se passera plusieurs
secondes, avant qu'on puisse juger si l'effet est
complet.

Enfin, si l'on se sert du même vaisseau pour
différentes liqueurs, il ne faut pas commencer
par celles qui sont grasses, & l'on doit avoir
attention qu'il ne reste point de bule d'air,
dont la raréfaction ne manqueroit pas de jetter
beaucoup d'erreur dans les résultats.

I i ij

se dilate de $\frac{37}{1000}$ ou un peu plus, en une minute & quelques secondes.

L'esprit-de-vin s'élève de 87 dégrés, en une minute & 22 secondes.

L'huile de lin emploie au moins 3 minutes pour arriver au soixante-douziéme dégré qui est le plus haut qu'elle puisse prendre, par la chaleur de l'eau bouillante.

Ainsi de ces quatre liqueurs éprouvées par la chaleur de l'eau bouillante, l'esprit-de-vin est la plus dilatable, si par *dilatabilité* on entend l'extensibilité de volume; & le mercure l'est encore davantage, eu égard à sa sensibilité, c'est-à-dire, à la promptitude avec laquelle il reçoit le dégré de chaleur, qu'on lui communique.

EXPLICATION.

Par toutes ces épreuves on voit que les liquides comme les solides, s'échauffent, se dilatent, augmentent de volume, & que suivant leurs différentes natures, la dilatation est plus ou moins grande, plus ou moins prompte. La cause générale de cet effet est toujours l'action du feu qui pénétre la masse liquide, qui désunit, & qui sou-

lève les parties : mais la mesure de la
dilatation, soit pour l'étendue qu'elle
peut avoir, soit pour le tems dans lequel elle s'accomplit, dépend sans
doute de plusieurs causes particuliéres, qu'il seroit difficile de bien démê-
ler.

Toutes choses égales d'ailleurs, il
semble qu'une liqueur doit être d'autant plus susceptible des impressions
du feu qui la pénétre, que ses parties
sont plus mobiles entr'elles, & qu'il
est plus facile de les désunir : c'est
peut-être par cette raison que le mercure ne met que 15 secondes à recevoir toute la chaleur que l'eau bouillante est capable de lui communiquer.
Mais si ce corps liquide renfermoit
peu de feu dans ses parties, ou si ce
feu renfermé ne devoit être développé
que par une action beaucoup plus violente que celle qui lui vient de l'eau
qui bout, on ne devroit s'attendre qu'à
une dilatation imparfaite, à un simple soulévement de parties, causé par
l'introduction d'une certaine quantité
de feu étranger ; effet beaucoup inférieur à celui qu'on verroit, si ce feu
qui vient du dehors, avoit assez de for-

ce pour donner à celui qui eſt renfermé dans chacune des parties de la maſſe, toute l'action qu'il pourroit acquérir. Si l'on admet, à l'égard du mercure, cette ſuppoſition qui eſt aſſez vraiſemblable, on n'aura pas de peine à voir pourquoi ſon volume n'augmente que de $\frac{14}{1000}$, tandis que celui de l'eſprit-de-vin, qui contient ſans doute plus de feu, & un feu moins enveloppé, reçoit une augmentation de $\frac{87}{1000}$.

L'huile de lin, matiére inflammable, ſe dilate par la chaleur de l'eau bouillante bien plus que le mercure & l'eau; mais l'expanſion du feu qu'elle contient, & qui contribue beaucoup à ſa dilatabilité, n'eſt pas auſſi libre que celle de l'eſprit-de-vin; elle eſt retardée par l'adhérence réciproque des parties, par cette viſcoſité qu'on apperçoit ſenſiblement dans toutes les liqueurs graſſes. Ainſi, parce que l'huile contient plus de feu que l'eau commune, un certain dégré de chaleur la dilate plus qu'elle; mais il ne la dilate pas autant que l'eſprit-de-vin, parce que le feu de celui-ci ſe met plus aiſément en action.

APPLICATIONS.

Un vaiſſeau de verre ou de quelque
autre matiére fragile, ſe caſſe bientôt
s'il eſt entiérement rempli de liqueur,
exactement bouché, & tranſporté enſuite dans un lieu chaud; c'eſt ce qu'on
voit arriver aſſez communément aux
flacons de poche, quand ils ſont trop
pleins; & j'ai perdu pluſieurs fois des
globes de verre, que j'avois rempli
d'eau pendant l'hiver, & que j'oubliois
de vuider avant que les chaleurs du
printems ou de l'été fuſſent venues; la
maſſe du liquide ainſi renfermé, en s'é-
chauffant ſe dilate plus que la matiére
du vaiſſeau, & le fait crever par deux
raiſons; 1°. parce que les liqueurs ne ſe
laiſſant point comprimer à la maniére
des ſolides, le volume qui tend à s'augmenter, ne ſçait point céder à la réſiſ-
tance des parois qui le renferment. 2°.
Parce que l'effort ſe fait du dedans au
dehors, & que les parties qui forment
l'épaiſſeur du vaiſſeau, ne ſe ſoutiennent point réciproquement, comme
cela arrive, quand une preſſion égale
les ſerre entiérement de toutes parts,
comme je l'ai expliqué en parlant des

récipiens de la machine pneumatique. *

XIV.
Leçon.
* Tom 3.
pag. 201. &
seq.

Les bouteilles pleines de vin qu'on
tire de la cave pendant les grandes
chaleurs de l'Eté, se cassent quelquefois par les mêmes raisons ; & elles se
casseroient bien plus fréquemment, si
l'on n'étoit pas dans l'usage de les tenir
fraiches, soit en les plongeant dans
l'eau de puits récemment tirée, soit en
les entourant de glace pilée : une autre cause qui les empêche encore de se
casser, lors même qu'on néglige de
les rafraichir, c'est qu'elles ne sont
presque jamais pleines entiérement &
que le liége dont on les bouche est
une matiére fléxible qui peut céder
un peu à l'effort qui se fait par dedans.

De tous les exemples que je pourrois encore citer, comme ayant rapport à notre expérience, il n'en est pas
qui convienne mieux, & qui mérite
plus notre attention que le thermométre. L'instrument même que j'ai décrit
dans la *préparation*, en est un ; & l'on
peut juger du mérite de cette invention moderne, par la maniére dont elle
a été accueillie, non-seulement des
Physiciens, mais aussi des personnes
qui

qui s'intéressent le moins aux progrès
des sciences & des arts: est-il quelqu'un
qui en ignore l'usage, & qui n'aime à
en parler, lorsque le froid ou le
chaud lui en donne occasion. On en
peut juger aussi, & plus sûrement par
les connoissances qu'il nous a déja pro-
curées, & par celles qu'on a droit d'en
attendre.

Avant qu'on eût des thermomètres,
comment pouvoit-on juger des différentes températures de l'air ; de celle
des lieux où il nous importe qu'elle
soit d'un dégré déterminé, de l'état
de certains mélanges, de certaines
compositions, dont le succès n'est sûr
qu'autant qu'on y entretient telle ou
telle chaleur? Connoissoit-on d'autres
refroidissemens que ceux dont on s'ap-
percevoit par le toucher, signe tout-à-
fait équivoque ? Sçavoit-on que dans
les caves profondes, & dans les autres
souterreins il ne fait ni plus chaud en
Hiver ni plus froid en Eté, que dans
toutes les autres saisons de l'année ;
ou que s'il y a des différences, elles
sont très-peu considérables? Sçavoit-
on que l'eau qui bout long-tems ne devient pas plus chaude qu'elle ne l'étoit

Tome IV. K k

après les premiers bouillons ? Enfin,

sans les thermométres se seroit-on jamais douté, que dans les pays les plus chauds, sous la ligne équinoxiale, la plus grande chaleur n'excéde pas celle que nous éprouvons quelquefois dans nos climats tempérés ? Auroit-on sçu, & l'auroit-on pû croire, qu'il y eût un pays habité par des hommes, où le froid devient, en certaines années, deux fois aussi grand & même davantage que celui qui causa tant de désordre en 1709 en France, & dans plusieurs autres parties de l'Europe ?

Le Physicien guidé par le thermométre travaille avec plus de certitude & de succès ; le bon citoyen est mieux éclairé sur les variations qui intéressent la santé des hommes, & les productions de la terre ; & le particulier qui cherche à se procurer les commodités de la vie est averti de ce qu'il doit faire pour habiter pendant toute l'année dans une température à peu près égale.

Cet instrument qui a tant d'avantages, & qui est digne d'Archymédes, sortit pour la premiére fois des mains d'un paysan de Northollande (a). A la

_____

(a) Traité des Barométres, des Thermo-

vérité ce payſan nommé Drebbel n'é-
toit point un de ces hommes groſſiers
qui ne connoiſſent que les travaux de
la campagne ; il paroît qu'il avoit naturellement beaucoup d'induſtrie , &
apparemment quelque connoiſſance
de la phyſique de ce tems - là. On
peut ajouter encore, pour rendre cet
événement moins merveilleux , que
le thermométre de Drebbel étoit fort
imparfait, capable à peine de faire entrevoir les utilités qu'on pouvoit attendre d'un autre qui ſeroit mieux
conſtruit , & d'en faire naître l'idée.
C'étoit un tube de verre terminé en
haut par une boule creuſe de même
matiére, & plongé par en bas dans un
petit vaſe rempli d'eau ou de quelqu'autre liqueur colorée ; le tout étoit
attaché ſur une planche diviſée en parties égales, avec des chiffres de 5 en 5
ou de 10 en 10, comme on le peut voir
par la *Fig.* 16. Pour mettre cet inſtrument en état de marquer les augmentations du froid & du chaud, l'Auteur
appliquoit ſa main ſur la boule pour l'é-
chauffer : auſſitôt l'air du dedans ſe di-

métres & Notiométres , imprimé à Amſter-
dam en 1688.

latoit , augmentoit de volume , & ne pouvant plus tenir dans cette espéce de vaisseau , une partie sortoit par en bas , à travers de la liqueur colorée; on cessoit alors d'échauffer la boule , ce qui donnoit lieu à l'air qui étoit resté de se condenser , en se refroidissant; en même tems celui de l'atmosphére, qui pesoit sur la surface du petit vase, faisoit monter la liqueur dans le tube jusqu'au milieu ou aux trois quarts de sa longueur.

Cela étant fait , on voit bien que cette liqueur colorée , qui occupoit une partie du tube , devoit s'y élever ou s'abaisser , selon que la tempé-rature de l'air extérieur réfroi-dissoit ou échauffoit celui qui occu-poit la boule & la portion du tuyau , immédiatement au-dessous.

Ce thermométre avoit beaucoup de défauts qui l'ont fait abandonner: le plus grand de tous , c'est qu'il étoit sujet , comme un baromètre , aux va-riations du poids de l'atmosphére , qui ne suivent pas, comme l'on sçait, celles de sa température. Comme la li-queur colorée ne montoit dans le tuyau qu'en vertu de la pression de l'air du dehors, il pouvoit arriver que cette liqueur fût follicitée à s'élever par cette cause; tandis qu'une augmentation de chaleur dilatant l'air du dedans, exigeoit qu'elle defcendît; & alors ces deux caufes oppofées l'une à l'autre, ou fe détruifoient mutuellement à forces égales, ou ne produifoient dans les autres cas qu'un effet participant de l'une & de l'autre, toujours équivoque & peu propre à indiquer le vrai dégré de chaleur qu'on cherchoit à connoître.

Cependant avec ce défaut & plufieurs autres dont je ne fais point mention, cet inftrument avoit ce qu'il faut effentiellement pour faire un thermométre; c'étoit un fluide très-dilatable renfermé dans un vaiffeau tranfparent, & d'une figure propre à rendre fenfibles les moindres changemens que le froid ou le chaud pourroient caufer au volume. Cette premiére idée a fervi comme de bafe à prefque toutes les inventions de cette efpéce qui ont paru depuis.

Le thermométre de Florence, ainfi nommé, parce qu'il vient originairement de l'Académie *del cimento* établie

K k iij

dans cette ville, ou parce que Sancto-
rius, Médecin Italien, en fit ufage,
pour connoître le dégré de chaleur de
fes malades, fut pendant plus de foi-
xante ans préféré à tous les autres; &
c'eft encore aujourd'hui celui qu'on
trouve le plus communément dans les
boutiques des émailleurs; il eft compofé d'un tube de verre fort menu, au
bout duquel on a foufflé une boule :
on emplit cette boule & environ un
quart du tube, par un tems froid,
ou après les avoir entourrés de neige
ou de glace pilée, on les emplit, dis-je,
d'efprit - de - vin coloré, & quand
on juge que la liqueur eft fuffifamment
refroidie, en chauffant le verre, on
la fait monter prefque jufqu'au haut du
tube, que l'on fcelle alors hermétiquement (a). On attache enfuite cet inftrument fur une planche divifée en
100 parties égales, que l'on diftingue
par des chiffres de 10 en 10 ou de 5
en 5, & qui mefurent toute la longueur
du tube. *Voyez la Fig.* 11.

(a) Sceller un tube ou un vaiffeau de verre
hermétiquement, ou à la maniére d'Hermes,
c'eft amollir au feu de lampe la partie ouverte, jufqu'à ce que la matiére fe joigne, &
s'unifle de toutes parts.

A mesure que le thermométre s'est perfectionné, on a senti qu'il pouvoit l'être encore davantage ; on a désiré qu'il le fût, & les plus grands Physiciens de ce siécle (*a*) se font fait honneur de travailler dans cette vûe. Les Académiciens de Florence , & ceux qui avoient reçu d'eux cet instrument, lui avoient laissé deux défauts qui limitoient beaucoup son usage & qui rendoient ses décisions vagues & incertaines. Premiérement , le froid & le chaud qu'il marquoit ne se rapportoit à rien de fixe ni de connu : il faisoit voir à la vérité que l'air ou toute autre matiére dans laquelle on le tenoit plongé avoit plus ou moins de chaleur qu'on n'y en avoit trouvé précédemment ; mais ce plus ou ce moins ne rappelloit aucune idée saisissable pour établir une comparaison , pour former un jugement.

En second lieu , plusieurs thermométres de cette espéce n'étoient point comparables entr'eux : dans la même température , les uns se fixoient plus

(*a*) Mrs Amontons , Halley , Newton , de Reaumur , Delisle : Farenneith , & Prins , guidés par M. Boheraave , &c.

K k iiij

haut , les autres plus bas ; ce ne
pouvoit être que par hazard & fort
rarement , qu'ils exprimaffent le
même chaud ou le même froid
par le même nombre de dégrés ;
& par une conféquence néceffaire ,
lorfqu'ils étoient placés dans des lieux
différens, & que leurs marches ne s'ac-
cordoient point , on ne pouvoit pas
en conclure avec fûreté , que ces lieux
fuffent plus chauds l'un que l'autre, ni
qu'ils le fuffent également , quand
bien même la liqueur fe feroit fixée de
part & d'autre vis-à-vis le même chiffre. On ne pouvoit donc comparer la
température d'un tems ou d'un lieu, à
celle d'un autre tems ou d'un autre
lieu , qu'en employant le même thermomètre , moyen impratiquable dans
les cas les plus intéreffans , comme ,
lorfqu'il s'agiroit de connoître le froid
& le chaud de tous les climats de la
terre, ou d'une longue fuite d'années ;
comment faire voyager ainfi cette unique inftrument, & quand cela fe pourroit , fa fragilité permettroit-elle de
compter raifonnablement fur fa durée ?

Mais fuppofons qu'un Phyficien eût

été affez heureux pour faire à l'aide de
fon thermométre, un grand nombre
d'obfervations intéreffantes; comment
fera-t-il pour tranfmettre fes connoiffances, & pour défigner au jufte ce
qu'il fçait par rapport aux différens dégrés de froid & de chaud qui font partie de fes découvertes? fuffira-t-il qu'il
dife:Mon thermométre marquoit alors
15, 20, ou 30 dégrés? ce langage
ne fe fera point entendre de ceux à
qui ce thermométre eft inconnu ;
ceux même qui le connoîtroient, n'en
feroient guére mieux inftruits, s'ils ne
s'étoient mis un peu au fait de la valeur de ces termes, par d'autres obfervations.

Dès les premiéres années de ce fiécle, M. Amontons * conçut l'idée d'un
thermométre comparable, d'un thermométre, qui eût pour bafe un terme
de chaleur fixe, connu de tout le
monde, facile à retrouver quand il en
feroit befoin, avec une graduation
qui au lieu d'être arbitraire, comme à
celui de Florence, offrît à l'efprit des
quantités proportionnelles & relati-
ves à un terme commun. En un mot,
ce nouvel inftrument devoit être tel ,

*Mém. de
l'Académie
des Sciences
1702, pag.
161. & feq.*

qu'étant conftruit par diverfes perfonnes, en différens tems, & dans tous les lieux imaginables, il exprimât toujours le même chaud ou le même froid par le même nombre de dégrés; & que s'il venoit à fe caffer ou à fe perdre, celui qu'on lui fubftitueroit, étant fait fur les mêmes principes, le remplaçât à tous égards, en marquant tout ce qu'il auroit marqué lui-même.

Pour remplir ce projet, M. Amontons faifoit ufage de deux belles découvertes qu'il venoit de faire, & dont nous avons déja fait mention : * la première, que le reffort ou la force élaftique de l'air s'augmente d'autant plus par le même dégré de chaleur, que ce fluide eft chargé d'un plus grands poids : la feconde, que l'eau qui a une fois acquis affez de chaleur pour bouillir, ne devient pas plus chaude, quoiqu'elle continue de bouillir plus long-tems. Il avoit donc d'une part, un point fixe de chaleur très-faififfable, à portée de tout le monde, & qui renfermoit au-deffous de lui tous les dégrés de froid & de chaud qu'on pouvoit éprouver dans les différens climats : d'un autre côté

Tom. 3. pag. 262. & Tom. 4. pag. 36.

XIV. Leçon.

il employoit fort ingénieusement le
poids d'une colomne de mercure,
pour charger & comprimer une masse
d'air contenue dans une boule creuse,
à laquelle étoit adapté un tube de
verre recourbé, comme on le peut
voir par la *Fig.* 12. Il apprenoit par
la hauteur plus ou moins grande du
mercure dans le tube *g h*, de combien le ressort de l'air contenu dans
la boule *k* étoit moindre que celui
qu'il reçoit de l'eau bouillante, quand
on l'y tient plongé ; & comme on
sçavoit que ce ressort augmenté ou
affoibli étoit l'effet d'une chaleur plus
ou moins forte, on jugeoit de l'intensité de cette cause par la colomne
de mercure plus ou moins longue
que soutenoit l'air de la boule.

Cependant comme la masse d'air
avoit à soutenir non - seulement le
mercure contenu dans le tube, mais
encore une colomne de l'atmosphére
qui pesoit en *g*, & dont le poids est
variable ; dans l'usage qu'on faisoit de
cet instrument, il falloit avoir égard
à la hauteur actuelle du barométre ;
c'est-à-dire, que si le thermométre,
par exemple, avoit été construit dans

un tems & dans un lieu où le barométre marquoit 28 pouces , & qu'on
vînt à le confulter lorfque le même
barométre ne marquoit plus que 27
pouces $\frac{1}{2}$; il falloit rabattre fix lignes
de l'élévation du mercure dans le
tube *g h* du thermométre ; & au contraire compter fur l'addition d'une pareille quantité , fi du tems de la conftruction, à celui de l'obfervation , le
barométre avoit monté de fix lignes.

Cette attention qui auroit peu coû-
té à des Phyficiens , étoit pourtant
une fujétion incommode dans l'ufage
d'un inftrument qui devoit paffer entre les mains de tout le monde ; d'ailleurs ce thermométre étoit néceffairement grand , fans quoi le mercure
qui fortoit de la boule pour monter
dans le tuyau eût laiffé un vuide qui
auroit augmenté la capacité occupée
par la maffe d'air , d'une quantité trop
confidérable, pour être négligée, comme on fuppofoit qu'elle pouvoit l'être
fans erreur fenfible ; cette grandeur ,
néceffaire pour la jufteffe , mettoit le
verre en plus grand rifque d'être caffé,
& ne permettoit pas qu'on pût le
plonger dans des liqueurs ou dans

d'autres matiéres qu'on n'auroit eû qu'en petite quantité, comme il arrive affez fouvent dans les laboratoires de Phyfique ou de Chymie. Enfin, pour être sûr que plufieurs thermométres de cette efpéce, euffent tous la même marche, il falloit que les maffes d'air renfermées dans les boules fuffent de la même qualité ; car on fçait que la dilatabilité de ce fluide dépend beaucoup de fon dégré de pureté, & que s'il eft plus ou moins humide feulement, le même dégré de chaleur le dilate avec des différences très-confidérables ; comment pouvoit-on s'affûrer au jufte de l'état de celui dont on rempliffoit la boule, dans des tems & dans des lieux éloignés les uns des autres ?

Ces difficultés, jointes à celles d'une conftruction affez délicate (a), ont empêché que le thermométre de M. Amontons, tout ingénieux qu'il étoit, ne s'acréditât d'une certaine façon : un ouvrier fort intelligent de ce tems-là (b), inftruit & guidé par

(a) Voyez le Mémoire cité ci-deffus à la page 168.

(b) Le fieur Hubin, habile & célébre Emailleur.

l'Auteur même, en répandit un certain nombre, que les Curieux confer-
verent dans leurs Cabinets ; mais ce
qu'on nomme le Public, prit peu de
part à cette invention ; à peine trouve-t-on quelque Ouvrage de phyfique, où il foit fait mention de l'ufage
qu'on en a fait.

Il étoit réfervé à M. de Reaumur
de caufer à cet égard une révolution
prefque totale, de faire ceffer jufques
parmi le peuple l'ufage du thermométre de Florence, & de lui en fubftituer un, qui n'ayant point l'air
d'une nouveauté par fon extérieur,
fe trouve avoir toutes les qualités
qu'on avoit défirées jufqu'alors dans
cet inftrument : en effet, en fuivant
de point en point ce que prefcrit Mr.
de Reaumur *, chacun peut en tout
tems, & prefque en tout lieu conftruire des thermométres, dont les
marches foient comparables entr'elles, dont les dégrés foient relatifs à
des termes de froid & de chaud bien fixes & bien connus, des thermométres qu'on obferve immédiatement &
fans aucune déduction, & qui foient
applicables à toutes les épreuves qui

* Mém. de
l'Académie
des Scien-
ces, 1730.
pag. 452.
& feq.

font du reffort de cet inftrument.

Pour remplir toutes ces vûes, Mr.
de Reaumur commence la graduation
de fes thermométres au dégré de
froid qui fait geler l'eau commune,
& qui fuffit à peine pour empêcher
de fondre la glace que l'on tient dans
un lieu où il ne gêle pas ; il eft peu
d'endroits où l'on ne puiffe avoir de
la glace, de la neige, ou au moins
de la grèle dans quelque faifon de
l'année, & ce terme plus facile à obtenir qu'aucun autre dont on fe foit
fervi jufqu'à préfent, eft auffi plus fai-
fiffable, & moins fujet à varier ; ceux
qui lui préférent la température des
caves profondes, prétendent-ils qu'on
trouvera plus communément des fouterreins femblables à celui de l'Obfervatoire de Paris, que de l'eau glacée ou prête à l'être ? Quand cela
feroit auffi vrai qu'il eft peu vraifemblable, nous fçavons préfentement, à
n'en plus douter, que cette température fouterreine n'eft point fixe comme il faudroit qu'elle le fût, & comme on l'a fuppofé long-tems. Je ne
crois pas non plus qu'un froid artificiel
excité par un mêlange de glace avec

XIV.
Leçon.

quelque fel, doive être préféré au froid naturel de la glace ou de la neige pure ; plus les opérations font fimples, moins elles nous expofent à nous tromper. La chaleur de l'eau bouillante même, que quelques Phyficiens ont pris pour leur point fixe, ne l'eft pas autant que celui dont Mr. de Reaumur fait ufage pour commencer fa graduation. L'eau n'eft auffi chaude qu'elle peut l'être, qu'après avoir bouïlli pendant quelques inftans ; & comme elle s'échauffe de plus en plus, jufqu'à ce qu'elle boüille très-fort, & que ce boüillonnement arrive plûtôt ou plus tard, felon le poids actuel de l'air qui péfe fur fa furface, il eft évident que le dégré de chaleur de l'eau qu'on fait boüillir, devient plus ou moins grand, fuivant la pefanteur actuelle de l'atmofphére ; auffi Farenneiht, qui fit le premier cette remarque, avoit-il bien foin de confulter la hauteur du barométre avant que de marquer le terme de l'eau bouillante fur fes thermométres de mercure ; & je ne doute pas que M. de Lifle, qui part auffi de ce terme pour la graduation des fiens, n'ait

n'ait égard à cette Obfervation, qui
a été bien vérifiée depuis.

Aprés avoir fait choix d'un terme
fixe, M. de Reaumur par des procédés
ingénieux, mais dont il faut apprendre le détail par la lecture même de
fon Mémoire, étudie & trouve le
rapport qu'il y a entre la capacité de
la boule & celle du tuyau; il eft bien
plus sûr & plus facile de s'y prendre
ainfi, que de prétendre obtenir quelque proportion déterminée des Ouvriers qui foufflent ces fortes de verres, & que la plus longue habitude
ne met pas en état de faire à cet égard
ce que l'on voudroit. Cela étant fait,
il divife le tube de maniére que chaque portion de fa capacité peut contenir tout jufte $\frac{1}{1000}$ partie de la liqueur qui occupe la boule, & envi-
ron un quart du tuyau; de forte
qu'ayant fait prendre à cette liqueur
le froid de la glace, il marque zero à
l'endroit où elle s'arrête, & compte
au-deffous de ce terme les dégrés de
condenfation, & au-deffus ceux de
dilatation.

Quand la liqueur, en s'échauffant,
monte dans le tube de 5 ou 6 dégrés

au-deſſus de zero, *terme de la glace,
ou de la congélation de l'eau*, cela ſi-
gnifie donc que ſon volume qui n'é-
toit que de 1000 parties devient égal
à 1000 & 5, ou 6 de ces mêmes parties ; & quand au contraire la liqueur
en ſe refroidiſſant s'abaiſſe au-deſſous
de ce terme, on ſçait par le nombre
de dégrés qu'elle parcourt en deſcen-
dant, que ſon volume eſt diminué de
tant de milliémes.

Si deux de ces thermométres ſont
faits avec des boules & des tubes,
dont les capacités ne ſoient point de
part & d'autre dans des rapports ſemblables, que le tube de l'un, par
exemple, ſoit à la boule comme 100
à 1000, ou comme 1 à 10 pour la
capacité, & que la proportion de
l'autre ſoit comme 150 à 1000, ou
comme 1 $\frac{1}{2}$ à 10 ; tout ce qu'il en arrivera, c'eſt que l'échelle de celui-ci
aura les dégrés plus petits & en plus
grand nombre que l'autre ; mais dans
tous les deux, ces dégrés feront toujours des milliémes de la capacité qui
eſt au-deſſous de zero, & c'eſt ce
qui caractériſe principalement le thermomètre de M. de Reaumur, & ce

qui le fait différer effentiellement de
ceux dont la graduation faite en parties égales & en nombre arbitraire
fur la longueur du tuyau, ne donne
aucune idée diftincte de l'action de la
chaleur, puifque la dilatation de la
liqueur qui en eft l'effet, n'y eft pas
mefurée par des quantités égales, ou
proportionnelles.

Mais ce n'étoit point affez pour
rendre les thermométres comparables, & leur procurer des marches
femblables, de commencer la graduation à quelque terme connu &
fixe, & d'établir une certaine proportion entre toutes les parties du tuyau,
& la capacité de la boule ; il falloit
encore convenir d'une liqueur dont
le dégré de dilatabilité fût déterminé
& qu'on pût aifément fe procurer par
tout; car nous avons fait voir par l'expérience même qui a fait naître cette
digreffion, que le dégré de chaleur
qui fait monter l'efprit-de-vin dans le
tube jufqu'au 87e milliéme n'éléve
pas autant, à beaucoup près, l'eau
pure, l'huile de lin, le mercure, &
que chacune de ces liqueurs, également chauffée, fe fixe à la hauteur

qui lui convient ; d'où il arriveroit nécessairement, que si deux thermo- métres, construits d'ailleurs suivant les principes de M. de Reaumur , dif- féroient seulement par plus ou moins de dilatabilité dans leurs liqueurs, les dégrés correspondans ne pourroient plus exprimer des quantités sembla- bles de froid & de chaud : l'un des deux , par exemple , marqueroit la chaleur animale par 32 dégrés au-des- sus du terme de la glace , & l'autre par le même nombre de dégrés expri- meroit une chaleur qui seroit, à coup sûr , plus forte ou plus foible.

La liqueur la plus dilatable seroit sans doute la plus propre à faire des thermométres bien sensibles ; mais dans bien des occasions on auroit peine à la trouver , & l'intention de l'Auteur a été que le nouveau ther- mométre pût se faire en tout tems & en tout lieu ; c'est pourquoi il s'est un peu relâché sur la grande dilatabi- lité , pour sauver une difficulté par la- quelle on auroit été souvent arrêté : M. de Reaumur s'est fixé à l'esprit-de- vin , qu'il affoiblit avec de l'eau ; & après avoir donné des régles pour

cet affoibliſſement , il enſeigne des
moyens ſûrs pour connoître ſi ce mêlange a atteint préciſément le dégré
preſcrit de dilatabilité ; ces épreuves
conſiſtent à faire paſſer un de ces thermométres par certains dégrés de chaud
& de froid , qu'on ſçait d'ailleurs être
toujours les mêmes , par la chaleur
de l'eau bouillante , par exemple , par
celle d'un mêlange de glace ou de
neige , avec un tiers du poids de ſel
marin , &c. de-là vient que dans tout
les thermométres conſtruits ſur ces
principes , le dégré de l'eau boüillante eſt de 80 , celui de la chaleur
animale $32\frac{1}{2}$, celui des ſouterreins
très-profonds $10\frac{1}{4}$, celui du ſel commun , mêlé avec la glace 15 , au-deſſous du terme de la congélation de
l'eau ; & cette méthode eſt ſi ſûre ,
que quand une fois la liqueur eſt propre à l'un de ces termes , au refroidiſſement cauſé à la glace par le ſel marin , par exemple , elle convient pour
tous les autres.

Si dans la conſtruction de ces thermométres on a donné la préférence
à l'eſprit-de vin ſur des liqueurs ſuſ-
ceptibles d'un plus haut dégré de cha-

leur, c'eſt qu'on s'eſt propoſé avant toute choſe d'en faire un inſtrument météorologique, un inſtrument dont le principal uſage ſeroit de faire connoître les différentes températures de l'air, & en le conſidérant ſous ce point de vûe, il eſt inconteſtable qu'on a eu raiſon de préférer aux huiles qui s'épaiſſiſſent, & au mercure qu'on a peine à appercevoir, une liqueur très-dilatable, qui ſe colore autant qu'on le veut, & qui peut ſoûtenir beaucoup plus de chaleur qu'elle n'en peut jamais recevoir de l'air dans aucun climat. S'il eſt queſtion de s'en ſervir dans les laboratoires de Phyſique & de Chymie pour meſurer des dégrés de chaud qui ſurpaſſent celui de l'eau boüillante; ſi des obſervations récentes & poſtérieures à l'invention de cet inſtrument, ont appris que l'eſprit-de-vin affoibli pourroit bien ſe geler dans certaines parties du monde, où l'on ſeroit peut-être bien-aiſe de le faire voyager, rien n'empêche qu'en gardant tout le reſte de la conſtruction, on ne ſubſtitue à l'eſprit-de-vin pour ces cas rares, ou pour des uſages particuliers, toute autre liqueur

moins prompte à boüillir , pourvû
qu'on tienne compte de fon dégré
de dilatabilité.

J'ai beaucoup de peine à croire que
l'efprit-de-vin devienne moins dilatable & moins condenfable par fuccef-
fion de tems : c'étoit pourtant l'opinion de M. Halley , cité par M. Mufchenbroek *, qui dit l'avoir éprouvé
lui-meme ; c'eft auffi fur ma propre
expérience que je m'appuye pour penfer tout autrement ; voila bien des fois
que je remets à la glace , à l'eau boüillante , & aux autres épreuves , des
thermométres que j'ai faits il y a environ quinze ans , & je les vois toujours revenir aux mêmes termes ; celui de M. de la Hyre , que l'on conferve encore à l'Obfervatoire , & que
l'on tient depuis plus de quarante ans
en plein air dans toutes les faifons ,
ne donne aucune marque fenfible d'affoibliffement.

*Effais de
Phyf. t. 1.
pag. 461.

Le feul reproche raifonnable qu'on
ait fait aux thermométres de M. de
Reaumur dans le tems qu'ils commen-
cerent à paroître , (& c'étoit moins
un reproche qu'un regret;) c'eft qu'e-
tant beaucoup plus grands que ceux

de Florence, ils en étoient moins faciles à transporter partout où l'on sou-
haitoit les avoir, & moins prompts à
suivre les changemens qui arrivent,
quelquefois assez subitement, à la température de l'air. Cette difficulté fut
bien-tôt levée, M. de Reaumur, sous
la direction duquel je travaillois alors,
me fit appercevoir que ces grands
instrumens, & l'appareil qu'ils exi-
geoient pour être construits avec justesse, n'étoient nécessaires que pour
en régler d'autres qui pourroient être
aussi justes qu'eux, & beaucoup plus
petits ; je n'en ai plus fait depuis que
pour cet usage ; & tous ceux qui sor-
tent maintenant de mon laboratoire,
sont, ou de la grandeur ordinaire des
baromètres, ou renfermés dans une
petite boîte fort étroite, qui n'a pas
un pied de longueur, *Fig.* 13. Je les
pourrois bien faire encore plus petits,
à l'imitation de ceux qui entrent dans
des étuis à curedents, *Fig.* 14. mais
je pense, que, comme il n'étoit pas
raisonnable de rejetter les premiers
thermomètres de M. de Reaumur,
par la seule raison que les yeux n'é-
toient pas accoutumés à voir ces fortes

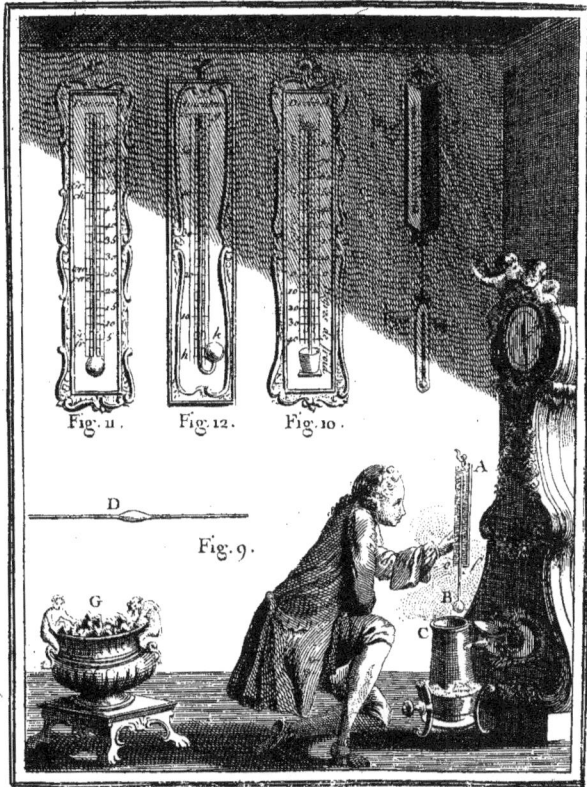

Fig. 11.   Fig. 12.   Fig. 10.

D

Fig. 9.

G

A

B

C

les d'inftrumens de quatre ou cinq
pieds de hauteur, il eft prefque pué-
rile auffi, de vouloir qu'ils puiffent fe
porter dans la poche, comme un
couteau, & de forcer gratuitement fa
vûe fur une graduation exceffivement
fine.

La premiére expérience employée
dans cette Leçon fait naître une difficulté contre tous les thermométres
qui ont paru jufqu'à préfent : tous,
par leur forme, reffemblent plus ou
moins au vaiffeau repréfenté par la
Fig. 1. & nous avons vû que la boule
qui contient la plus grande partie de
la liqueur, fe dilate & devient plus
grande à mefure qu'elle s'échauffe. Il
fuit de-là que la liqueur d'un thermométre ne monte pas auffi haut dans le
tube qu'elle y monteroit, par le dégré
de chaleur qu'elle éprouve, fi la capacité de la boule étoit abfolument
invariable ; & par rapport à celui de
M. de Reaumur, que les portions du
tuyau qui répondent à chaque dégré
ne font rigoureufement des milliémes
de la capacité qui eft au-deffous de
zero, que quand l'inftrument eft dans
une température égale à celle où il

Tome V.   M m

étoit , quand on a mesuré & déterminé cette proportion. Dans les grandes chaleurs ces mesures péchent par
défaut , elles ne contiennent pas
tout-à-fait cette milliéme partie dont
il s'agit ; dans les grands froids elles la
contiennent , & un peu plus , elles
péchent par excès; si la liqueur échauffée par de l'eau bouillante s'arrête vis-
à-vis le chiffre 80, il faut donc entendre qu'elle s'éléveroit plus haut de
toute la quantité dont l'instrument
de notre expérience , plongé dans
l'eau qui bout , fait descendre la
sienne , si les boules & les tubes
étoient dans les mêmes rapports de
part & d'autres.

Cet effet est inévitable ; il ne s'agit
plus que de sçavoir de quelle quantité
il influe sur les proportions d'où dépend l'exactitude du thermométre ,
dans quels cas il cause une imperfec-
tion notable , & s'il y a des moyens
pour y remédier. Le Mémoire de Mr.

*p. 398. de Reaumur , cité ci-dessus *, répond
amplement sur tous ces articles ; je
crois ne pouvoir mieux faire que d'y
renvoyer le Lecteur , comme j'ai fait
à l'égard des détails qui regardent la

conſtruction du thermomètre même ;
car, je l'ai déja dit pluſieurs fois, cet
ouvrage n'eſt point fait pour apprendre à conſtruire des inſtrumens de
Phyſique, ſi je m'écarte quelquefois
pour en montrer, pour ainſi dire, l'eſprit & les principes, ce n'eſt qu'autant
que ces digreſſions ont un rapport
aſſez marqué avec la matiére que je
traite, c'eſt la raiſon pour laquelle
j'eſpere qu'on voudra bien me par-
donner la longueur de celle-ci. Je ne
dois pourtant pas la finir ſans dire un
mot de l'uſage le plus commun du
thermomètre, & de la maniére de
l'obſerver.

C'eſt ordinairement pour connoître
les différens dégrés de chaud & de
froid qui régnent dans l'air, qu'on
employe cet inſtrument, & qu'on
eſt curieux d'examiner ſa marche :
pour le faire d'une maniére convenable, il faut avoir quelques attentions,
ſans leſquelles on tomberoit dans l'in-
exactitude. Il faut 1°. placer le thermomètre à l'air libre, c'eſt-à-dire, en
dehors des appartemens ; & s'il eſt
appuyé contre un mur, on doit prendre garde que ce mur ne contienne

dans son épaisseur quelque tuyau de cheminée, ou qu'il ne soit adossé à quelque four où l'on fasse du feu en certains tems. Ceux que l'on place dans les chambres ne peuvent indiquer que la température du lieu où ils sont, cela n'est pas inutile dans bien des occasions (*a*) : mais on n'en doit rien conclure pour le tems qu'il fait au dehors. 2°. L'exposition doit être au nord ou à peu près, dans quelque place qui ne reçoive jamais ni les rayons directs, ni même les rayons réfléchis du soleil ; & à cet égard, il est bon que l'on sçache que la proximité d'un grand arbre, d'un édifice, fût-il passablement éloigné, d'une montagne voisine, &c. peut causer des reflets de lumiére très-efficaces ; le pavé même renvoye au premier étage, & aux appartemens du rez-de-chaussée, une chaleur qui différe notablement de celle qui agit plus haut. 3°. Le tems le plus froid des vingt-quatre heures,

(*a*) Pour échauffer, par exemple, convenablement la chambre d'un malade, ou une serre ; pour sçavoir la différence qu'il y a quant au froid, entre l'air du lieu que l'on habite, & celui qu'on doit respirer en sortant, & éviter des excès dangereux, &c.

qui compofent dans nos climats là
nuit & le jour, étant pour l'ordinaire
celui qui précéde un peu le lever du
foleil, & le tems le plus chaud celui
qui arrive deux ou trois heures après
le paffage de cet aftre par le méridien,
il eft à propos qu'un Obfervateur
exact vifite le thermométre deux fois
tous les jours ; le matin, & l'après-
midi dans les tems dont je viens de
parler, indépendámment des obfervations qu'il lui plairoit de faire dans
les autres heures du jour ou de là nuit.
4°. Quand on regarde la liqueur pour
fçavoir au jufte à quel dégré d'élévation elle eft, il eft néceffaire de placer
l'œil à la même hauteur ; càr s'il eft
plus haut, on jugera la liqueur moins
élevée qu'elle ne l'eft en effet ; & s'il
eft plus bas, cette même liqueur paroîtra trop haute. *Voyez la Fig.* 15.
5°. Enfin, on doit faire attention,
que fi l'on s'approche fort près &
long-tems, fur-tout avec un flambeau
ou une bougie allumée, pour obferver le dégré de froid ou de chaud qui
eft défigné par la liqueur du tube, il
peut arriver que celle de la boule reçoive quelque chaleur qui ne vient

M m iij

point de l'air, & qui rende l'obfervation moins exacte.

Si l'on veut donc faire part de fes
remarques fur les diverfes températures de l'air, & leur mériter de la confiance de la part des Connoiffeurs, on
aura foin de dire de quelle efpéce de
thermométre on s'eft fervi, en quel
endroit de la terre, & comment il
étoit expofé, à quelles heures, &
avec quelles attentions on l'a obfervé.

On a vû par la premiére & par la
feconde Expérience, que les corps
folides les plus durs, les plus compacts, fe dilatent & augmentent en
volume quand on les chauffe de plus
en plus jufqu'à un certain point; la
troifiéme Expérience a prouvé que
les liquides font foumis à la même loi;
il s'agit maintenant d'examiner quels
effets peut produire fur les uns & fur
les autres une chaleur continuée &
plus grande que celle d'où il ne réfulte qu'une fimple dilatation ou écar-
tement de parties : commençons par
ceux de la premiére claffe.

La plûpart des mixtes, ceux même qui ont affez de confiftance pour

être nommés solides, font compofés
de parties dont les unes bien moins
fixes que les autres, quittent la maffe
avec le feu qui s'en exhale.; & ces fortes de déchets commencent fouvent
avec les premiers dégrés de chaleur :
de-là il arrive que le corps chauffé,
avant que d'être arrivé à fes derniers
dégrés de dilatation, n'eft déja plus
le même qu'il étoit au commencement, il a changé de nature par l'é-
vaporation d'une partie de fes principes, & il a paffé par divers états, fi
ces mêmes principes, plus volatils les
uns que les autres, n'ont cédé que
fucceffivement à l'action du feu. On
ne doit pas s'attendre de trouver ici
le détail de tous les changemens qui
arrivent par cette voie aux différentes
efpéces de fubftances fur lefquelles on
fait agir le feu ; c'eft un objet qui appartient à la Chymie, & qui feroit
étranger à préfent ; celui qui m'occupe eft de faire connoître l'action du
feu en général, ce que cet élément
eft capable d'opérer, & non pas ce
qu'il opére en effet fur telle ou telle
matiére en particulier; fi je fuis obligé
de m'attacher à des exemples, parce

que j'emprunte mes preuves de l'expérience, je dois choisir préférablement les plus simples, je dois représenter l'action du feu sur des matiéres
dont les parties semblables entr'elles,
se prêtent ou se refusent, toutes également au même effet; or dans la plûpart des corps qui sont tels que je les
suppose ici, la dilatation poussée jusqu'à son dernier période, finit enfin
par un amolissement de la masse, par
une liquéfaction plus ou moins parfaite, selon la nature du corps que
l'on chauffe, ou le dégré d'activité du
feu que l'on fait agir.

IV. EXPERIENCE.

PREPARATION.

Je place dans la demie-coquille
d'une noix une de ces piéces de mon-
noyë que nous nommons *sol neuf*, dont
la valeur est actuellement de dix-huit
deniers, ou six liards, & qui sont faites
d'un alliage de cuivre avec un peu
d'argent : dessus & dessous cette piéce, que je ploye un peu en forme de
gaufre, je mets autant qu'il en peut
tenir dans cette espéce de creuset, un

mélange fait de trois parties de nitre
ou falpêtre fin, bien pulvérifé & féché fur une pêle de fer que je fais
chauffer, auxquelles je joins une partie de fleur de foufre, & autant de
fcieure ou rapure de quelque bois tendre tamifée (a). Je place la coquille
ainfi chargée fur du fablon, ou fur
quelque fupport qui s'accommode à
fa convexité, afin qu'elle ne fe renverfe point, & avec une allumette
je mets le feu à la poudre qu'elle contient. Voyez la Fig. 16.

EFFETS.

On voit la poudre s'enflammer &
fufer pendant quelques inftants, après
quoi l'on apperçoit au fond de la coquille le métal fondu & très-ardent,
qui fe ramaffe en forme de bouton, &
qui fe durcit promptement dès que la
matiére qui brûloit autour, eft con-
fumée.

EXPLICATIONS.

Le feu dont on fe fert dans cette expérience eft d'autant plus puiffant,

(a) Na. Que toutes ces dofes font prifes
au poids.

qu'il fait agir avec lui fur le métal , le foufre & le nitre qu'il a mis en fufion ; ces matiéres contiennent un acide qui fuffiroit feul pour diffoudre le cuivre & l'argent, dont le *fol neuf* eft compofé : on a vû par une expérience

* Tom. 1.
pag. 15.

de la premiére Leçon * qu'une piéce de monnoye s'ouvre en deux lorfqu'elle eft pénétrée d'une certaine façon par la vapeur du foufre ; & tout le monde fçait que l'efprit de nitre eft le diffolvant de prefque tous les métaux ; nous devons donc croire que ce mêlange enflammé , porte fur la piéce qu'on y a plongée , un dégré de chaleur très-violent qui l'a bien-tôt dilatée autant qu'elle peut l'être ; mais la même caufe continuant d'agir , le métal fait plus que fe dilater ; fes parties trop écartées les unes des autres, pour conferver leur adhérence réciproque , fe quittent enfin , & nagent librement dans la grande quantité de feu qui les pénétre.

Il ne faut pas moins que cette grande abondance de parties ignées pour tenir en fufion du cuivre & de l'argent ; dès que le mêlange confumé leur donne lieu de s'évaporer & de

fortir de la maffe qu'elles tiennent en
état de liquidité, cette même maffe
reprend bien-tôt fa premiére confiftance en paffant, quoique plus lénte-
ment par tous les dégrés de froid ou
de moindre chaleur, que le feu lui
avoit fait perdre.

Ce qui mérite bien d'être remarqué, c'eft que ce feu dont l'activité
fait fondre un métal très-dur, ne confume pas la coquille de noix qui fert
de creufet. Elle demeure ordinairement prefqu'entiere, après l'opération ; elle n'eft que légérement en-
dommagée par dedans, ou fi elle eft
percée, c'eft feulement à l'endroit où
a repofé le métal fondu, fi l'on n'a
pas eu foin de l'éteindre avec de l'eau,
dans l'inftant qu'on s'eft apperçû qu'il
avoit coulé. Ce fait confidéré en lui-
même, paroît être d'une légére importance, & ne pas mériter la peine
qu'on s'y arrête ; mais il tient à d'autres qui intéreffent d'avantage & qui
dépendent comme lui d'une propriété
du feu, digne d'une attention fé-
rieufe.

Le feu, quand il agit en force fuffifante, produit des effets d'autant plus

grands, que son action a été plus retardée : quand une fois cette action devient victorieuse, elle dilate, elle dissout, elle dissipe une masse avec d'autant plus de promptitude, & d'une maniére d'autant plus complette, que les parties de cette masse lui ont opposé plus de résistance, avant que de céder : les métaux plus difficiles à fondre que la cire, la résine, la graisse, &c. coulent aussi beaucoup plus vîte, quand ils sont atteints par le dégré de chaleur auquel doit céder la cohérence de leurs parties. Les huiles grasses s'enflamment plus tard que l'esprit-de-vin, ou celui de térébenthine, mais leur embrasement porte un degré de chaleur bien plus considérable : la poudre qui s'allume en plein air, ne fait qu'un effort bien médiocre & qui n'a nulle proportion avec celui dont elle est capable, dans une arme à feu, ou dans un fourneau de mine.

Je conçois donc que le feu appliqué à la surface d'un corps solide, fait deux choses en même tems ; il le pénétre d'un côté à l'autre, & en le pénétrant, il met en action les particules du feu qui résident dans les petites masses qui composent ce corps ; si ces peti- tes masses sont de nature à céder aisé- ment aux premiers dégrés d'expansion que reçoit le feu qu'elles renferment, celles de la surface se dissolvant, ou s'évaporant avant que les autres, qui sont plus reculées, ayent été suffisam- ment échauffées ; de couche en cou- che la masse se fond, comme on voit que cela arrive à de la cire, ou à du beurre ; ou bien, elles se dissipent en fumée & en flamme, comme on peut le remarquer, lorsqu'on voit brûler une bûche.

Mais si les parties de la surface ont un dégré de fixité, qui donne le tems au feu qui les attaque, de porter son effort jusques sur les autres & d'ani- mer suffisamment les petites portions de feu qu'elles renferment ; je com- prends que l'expansion de ce feu in- terne, qui doit défunir les parties pro- pres de la masse, doit avoir lieu pres- que en même tems par-tout, & que la dissolution devient générale en très- peu de tems, comme on voit que cela se passe à l'égard des métaux.

Si l'on veut revenir maintenant à la coquille de noix, qui a donné lieu à

cette remarque, on verra pourquoi elle
s'est conservée presque toute entiére,
tandis que le métal qu'elle contenoit,
s'est embrasé jusqu'à se fondre; l'action
du feu, qui n'a eû qu'une petite dú-
rée, en a pourtant eû assez, pour pénétrer & ébranler jusques dans ses
moindres parties une piéce très-mince, qu'elle attaquoit en même tems
de toutes parts. Mais à l'égard du petit creuset de bois, elle n'a eû le tems
que d'agir sur sa superficie intérieure,
qu'elle a brûlée, ou si elle a pénétré
dans son épaisseur, une trop grande
porosité, lui a laissé le passage si libre,
qu'elle s'est dissipée, sans animer les
parties de son espéce qui pouvoient y
être, au point de causer l'embrasement
total.

Applications.

Les Arts ont bien profité de cette
action du feu, qui fait passer diverses
matiéres de l'état de solidité à celui de
liquidité. Il n'est presque pas de mé-
tier, qui ne s'en aide, ou qui n'en fasse
son principal objet: le Ménuisier, le
Sculpteur, le Luthier, l'Ebéniste, &
tant d'autres, font un usage continuel

de la colle forte, qui n'est autre chose
que de la corne préparée pour se fondre aisément dans l'eau chaude, & se
durcir ensuite: tant qu'elle est liquide,
elle s'étend sur le bois, elle se moule
dans ses pores, & en s'y durcissant,
elle devient un lien commun entre
deux surfaces appliquées l'une contre
l'autre. Il en est presque de même des
soudures employées par le Ferblan-
tier, le Plombier, le Chaudronnier,
l'Orfévre, &c. Ce sont des alliages
qui coulent à un dégré de feu au-dessous de celui qu'il faudroit pour fondre les piéces de métal, qu'on veut
joindre, & qui, lorsqu'ils se refroidissent, prennent une dureté & une consistance égale ou à peu près, à celle
de ces mêmes piéces. Ceux qui fabri-
quent la chandelle, la bougie, la cire à
cacheter, &c. ne font presque occupés qu'à fondre & à refondre ces matiéres, pour les façonner ; enfin c'est par
la fusion des matiéres les plus dures
qu'on est parvenu à faire le verre, matiére peut-être plus estimable que l'or,
si l'on veut l'apprécier par les commodités qu'elle nous procure, & par les
effets merveilleux dont elle embellit
le monde.

XIV.
Leçon.

Mais de tout ce qui peut se fondre, & se durcir ensuite, je ne vois rien de comparable aux métaux, par rapport à la multiplicité & à l'importance des usages qu'on en fait; depuis qu'ils sont tirés du sein de la terre, jusqu'au moment où ils y rentrent par la dispersion de leurs parties, presque toutes les formes qu'on leur fait prendre, ils les doivent au feu qui les liquefie dans le creuset, pour être coulés dans des moules, ou qui les amollit à la forge, pour les rendre flexibles sous le marteau.

Le fer fondu presque en sortant de la miniére, devient marmites, chaudiéres, canons, tuyaux d'Aqueducs, plaques de cheminées, vases de jardins, &c. & que ne deviendroit-il pas, si celui qui en fait commerce, sçavoit profiter de tout ce que M. de Reaumur a expérimenté & écrit * sur la maniére de traiter ce métal, & de le mettre en œuvre ? Le fer doux & celui que l'on a converti en acier, ne deviennent plus assez liquides, pour être coulés, mais ils sont encore susceptibles d'une demie-fusion, c'est-à-dire, qu'ils s'amollissent; & entre les mains

* L'art de convertir le fer en acier, &c.

du

du Serrurier, du Taillandier, du Coutelier, du Fourbiffeur, de l'Arquebufier, du Maréchal, &c. ils reçoivent une infinité de façons, par lefquelles ils rendent nos bâtimens & nos voitures folides, fûres, agréables & commodes ; ils nous procurent des armes pour notre défenfe, & pour nos plaifirs ; & ils fournifient des inftrumens & des outils pour tous les Arts.

L'Orfévre, le Bijoutier, le Fabriquant d'Etoffes, miniftres du luxe & de la mode, remettent fouvent le même or & le même argent au creufet, pour changer les contours de la vaiffelle, pour donner de nouvelles formes aux boîtes, aux étuis, &c. & pour enchérir fur les deffeins & les ornemens de l'année précédente : fans cette facilité de fondre & de refondre, le goût de la nouveauté auquel on s'abandonne fi volontiers, auroit bien moins de reffource, & l'induftrie n'auroit pas autant de moyens de s'exercer & de fe perfectionner.

Que ne fait-on pas avec le cuivre fondu, fur-tout avec celui qu'on a rendu jaune, en le mêlant avec la Calamine : eft-il préfentement un meu-

ble qui n'en soit décoré? la dorure qu'il
reçoit aisément, & qu'il fait si bien valoir, n'a pas peu contribué au grand
usage qu'on en fait aujourd'hui : mais
ce qui a fait de tout tems le grand mérite de la fusibilité du cuivre, c'est
qu'on ait pû & qu'on ait dû choisir ce
métal, préférablement à tous les autres, pour former ces monumens qui
transmettent à la postérité les événe-
mens mémorables, les portraits des
hommes illustres, & les productions
des grands Maîtres. Les Princes & les
curieux possédent encore aujourd'hui
grand nombre de bas reliefs, & de figures d'airain, qui instruisent les Sçavans, & qui forment le goût de nos
Artistes; que seroient devenus tous ces
précieux restes de l'Antiquité, si le
métal dont ils sont faits, eût été aussi
cher que l'or ou l'argent, aussi sujet à
la rouille que le fer, aussi tendre que
le plomb & l'étain? L'injure des tems,
ou la cupidité des hommes ne leur
eussent jamais permis de passer jusqu'à
nous.

L'étain d'abord moulé, & ensuie
plané à coups de marteau, fait une
vaisselle beaucoup moins précieuse

que celle d'argent , & qui n'a point la
fragilité de la fayance ou de la terre
cuite ; par ces deux raisons elle convient, on ne peut pas mieux , dans
les cuisines des grandes Maisons, dans
les Hôpitaux , dans les Communau-
tés Religieuses , & généralement par-
tout où il y a grand nombre de gens à
nourrir, & peu de magnificence à observer dans le service.

L'étain fondu s'attache au fer, moyennant quelque préparation ; c'est par
cette union que l'on fabrique ces feuilles minces qu'on nomme *Ferblanc* ,
dont on fait tant de jolis ouvrages ,
& à si bon marché ; le fer enduit d'é-
tain ne se rouille pas , voilà pourquoi
l'Epronnier s'en sert pour blanchir
les mords des brides ; & dans plusieurs endroits on est dans l'usage d'é-
tammer aussi toutes les ferrures qui
servent aux portes & aux fenêtres des
appartemens.

Sans un pareil enduit d'étain fondu,
que l'on met au-dedans des marmites , casseroles , & autres ustensiles
de cuisine , qui sont faites de cuivre
rouge, on risqueroit perpétuellement
d'être empoisonné par le vert-de-gris,

qui eſt la rouille de ce métal ; malgré l'uſage où l'on eſt d'étammer la batterie de cuiſine, il arrive encore bien des accidens par la négligence des domeſtiques qui ne connoiſſent point aſſez le danger d'un étammage uſé ou mal fait, & qui provoquent le vert-de-gris, en laiſſant ſéjourner dans ces vaiſſeaux, des matiéres ſalées & des jus aigres.

Pour combien d'uſages ne fait-on pas fondre le plomb ? Coulé en *Tables*, il devient propre à couvrir les faîtes de bâtimens, à former des goutiéres, à revêtir intérieurement des baſſins, ou tout ce qui doit recevoir, garder, ou conduire les eaux. Employé chaud, & lorſqu'il eſt liquide, il ſert à ſceller dans la pierre des piéces de fer, qui doivent ſervir de liens, ou tout autre ouvrage de ferrurerie, qui a beſoin d'être fixé ſolidement. Fondu & moulé en globules, il eſt plus propre qu'aucune autre matiére, à conſerver la vîteſſe qu'il reçoit de la poudre qui s'enflamme dans une arme à feu ; avec cet avantage qu'il tient de ſon poids, il a encore celui de n'être pas bien cher, ce qui met

le plaifir & le profit de la chaffe à la
portée d'un plus grand nombre de perfonnes.

Comme il faut plus de chaleur pour
faire couler la cire , que pour fondre
du beurre ou du fuif ; auffi chaque métal ne devient-il liquide que par le dégré de feu qui lui convient ; le fer eft
le plus difficile à faire couler ; le cuivre fe fond avec moins de feu , mais
il lui en faut davantage qu'à l'argent &
à l'or : le plomb céde à une chaleur
bien plus foible, & l'étain encore plus
aifément fufible , ne foutient pas celle
qu'on peut faire prendre à des matiéres graffes, c'eft pourquoi les vaiffeaux
faits ou enduits de ce métal fe gâtent,
ou périffent bientôt entre les mains
d'une cuifiniere , qui s'en fert, pour
faire rouffir du beurre , du lard , de la
graiffe , &c.

Le feu met en fufion les alliages
plutôt que les métaux fimples, dont
ils font compofés ; le fol neuf de notre expérience , par exemple, fe fondroit dans un dégré de feu, qui ne feroit pas couler féparément l'argent ni
le cuivre , dont il eft fait. Cela ne doit
pourtant pas fe prendre pour une ré-

gle générale : car le métal blanc, dont on fait les miroirs de Télescope, & tous ceux qui servent aux expériences de Catoptrique, ce métal, dis-je, qui est composé de cuivre rouge, d'étain, & d'arsenic, ou d'antimoine, ne se fond pas aussi aisément que l'étain pur. Il en est de même du métal des timbres ; celui des canons & des cloches résiste à un dégré de feu, qui n'est pas fort éloigné de celui qu'il faut pour fondre le cuivre, & qui l'emporte de beaucoup sur la chaleur, qui fait couler l'étain ; ces différences dépendent apparemment des proportions que l'on met entre les métaux, qui composent l'alliage ; le dégré de fusibilité tient davantage de celui qu'on y fait entrer en plus grande quantité.

En expliquant les effets de la derniére expérience, j'ai observé que la piéce de monnoye devoit sa prompte fusion à l'embrasement du nitre & du soufre dans lesquels elle se trouve plongée ; ce fait bien entendu peut servir à rendre raison d'une pratique, qui est fort commune dans tous les Arts, où l'on fait usage des soudures fortes : comme il est essentiel que les

piéces, qu'on veut fouder, ne foient
pas fondues par le dégré de feu qu'elles ont à fouffrir, les ouvriers employent deux fortes de moyens pour
prévenir cet accident; 1°. ils compofent leurs foudures avec tels métaux
& alliés dans telles proportions qu'elles puiffent couler à un dégré de chaleur moindre que celui qu'il faudroit,
pour fondre les métaux fimples qu'ils
ont à fouder; 2°. ils mêlent les pail-
létes, ou grains de foudure avec quelque matiére faline, qui en prépare, &
en accélère la fufion, en fe fondant
elle même; c'eft ordinairement du bo-
rax pulvérifé, qu'on employe à cet effet; & moyennant ces deux précautions, les deux furfaces qui doivent
s'attacher, ne font que s'échauffer, &
fe dilater autant qu'il le faut, pour être
enduites, & légérement pénétrées par
l'alliage fondu, qui fe trouve & qui
coule entr'elles.

V. EXPERIENCE.

PRÉPARATION.

UN fupport fait en forme de po-
tence, comme le repréfente la *Fig.* 17.

tient, fufpendu par deux ficelles, un vafe cylindrique de verre très-mince, dans lequel on a mis une chopine d'eau bien claire. On y plonge un pe-tit matras de verre auffi bien mince, & afin qu'il ne touche pas le fond, on enfile un peu à force fur le col une rondelle de liége, qu'on fait enfuite repofer fur les bords du vafe cylindri-que, de forte que la boule de ce ma-tras plongé, eft environnée de toutes parts à peu près d'un pouce d'eau.

A la diftance d'un pied au-deffous du vafe fufpendu, on établit un ré-chaud plein de charbons bien allumés, & qui ne faffent aucune flamme; & la tige du fupport, qui eft de deux pié-ces, dont l'une entre dans l'autre au-tant qu'on le veut, donne la facilité de faire defcendre le vafe vers le feu, & de l'en approcher de plus en plus, à mefure qu'il s'échauffe.

Tout étant ainfi difpofé, voici ce qu'on obferve, en fe plaçant de ma-niére que le vafe fufpendu fe trouve entre la lumiére & l'œil.

EFFETS.

1°. Lorfque l'eau a reçu 35 ou 40 dégrés

dégrés de chaleur, la furface intérieure
du vafe cylindrique, fur tout celle du
fond, & la furface extérieure du matras fe couvrent d'un grand nombre
de petites bulles qui paroiffent être de
l'air; ces bulles groffiffent à mefure que
l'eau s'échauffe davantage, & quand
elles ont acquis un certain volume,
elles fe détachent, & elles montent à
la fuperficie de l'eau.

2°. A 60 ou 70 dégrés de chaleur,
on voit s'élever du fond du vafe cylindrique, une petite vapeur extrêmement fine, & qu'on n'apperçoit qu'a-
vec beaucoup d'attention, & en prenant la lumiere un peu obliquement:
cette vapeur reffemble tout-à-fait à
celle qu'on remarque autour des poë-
les; & lorfqu'elle a quitté le fond du
vafe, d'où elle s'éléve, on la voit fe
divifer, s'étendre, & fe répandre dans
toute la maffe de l'eau, qui perd fa
premiére limpidité & devient un peu
louche.

3°. Quand la chaleur de l'eau eft de
80 dégrés ou à peu près, toute la
maffe eft remplie de bulles imperceptibles, qui en troublent la tranfparence, & qui s'élévent rapidement en

Tome IV.   O o

ligne droite, depuis le fond du vafe jufqu'à la fuperficie de la liqueur qu'il contient.

4° Le feu n'étant plus qu'à un pouce de diftance, le fond du vafe femble s'entr'ouvrir par plufieurs petits trous qu'on ne voit cependant pas, mais d'où l'on croit voir fortir une matiére tranfparente, qui fe divife en plufieurs jets, qui s'élance comme la flamme avec une extrême rapidité, alors l'eau fe fouléve de toutes parts, & il s'y forme de groffes bulles tranfparentes, qui vont crever à la fuperficie.

5°. Rien de tout cela ne paroît dans l'eau du matras; elle ne parvient que fort lentement à un dégré de chaleur, qui eft toujours un peu moindre que celui de l'eau boüillante; & elle ne bout jamais, quoique celle qui l'entoure continue de boüillir pendant plus d'une heure.

VI. EXPERIENCE.

PREPARATION.

JE choifis un verre de thermomé-tre, dont la boule ait environ un pouce de diamétre & le tuyau un pied de

longueur : je remplis les deux tiers de
la boule avec du mercure, & je noue
au bout du tube que je laiſſe ouvert,
la moitié d'une veſſie de carpe, comme
on le peut voir par la *Fig.* 18. ſe plonge enſuite la boule de cet inſtrument
dans un bain de ſable que je chauffe
peu à peu, juſqu'à ce qu'il ſoit capable de fondre des petites lames de
plomb que j'y enfonce de tems en
tems ; alors je la retire du ſable, & je
la tranſporte ſur des charbons ardens,
dont je la tiens éloignée ſeulement
d'un demi-pouce ; quand elle a été
chauffée de la ſorte pendant quelques
inſtáns, & que l'on continue de la tenir au même feu, on remarque ce qui
ſuit.

EFFETS.

1°. A certains points du fond de la
boule de verre, & préciſément aux
endroits qui ſont le plus expoſés au
feu, on voit le mercure ſe ſoulever,
comme s'il étoit pouſſé par des jets
continuels & redoublés d'une matiére
tranſparente ſans couleur ; & tant que
cet effet dure, toute la maſſe boüil-
lonne. 2°. La petite veſſie qui eſt

O o ij

nouée au bout du tube, paroît un peu gonflée pendant tout le tems que le mercure bout ainſi ; 3°. mais elle ſe défenfle, & revient à peu près à ſon premier état, quand tout eſt refroidi.

EXPLICATIONS.

LE boüillonnement des liqueurs,& ſur-tout celui de l'eau que l'on fait chauffer, eſt un de ces phénoménes que l'on eſt tellement accoutumé de voir, qu'il faut être un peu Philoſophe, pour oſer croire qu'il mérite la peine qu'on s'y arrête ; le commun des hommes ne demande raifon que des faits qui lui paroiffent extraordinaires ; or rien ne l'eſt moins que celui dont il s'agit ; ſa cauſe même n'eſt ignorée de perſonne, on ſçait que c'eſt le feu qui fait boüillir ; mais il y a quelque difficulté à dire comment le feu opére ce ſoulévement, lorſqu'entre le liquide & lui il y a l'épaiffeur d'un vaiffeau, dont la matiére eſt communément plus denſe, que celle qu'il contient : eſt-ce le feu que j'apperçois en globules au milieu de la liqueur boüillante, & qui en interrompt la continuité ; ou bien eſt-ce un autre fluide,

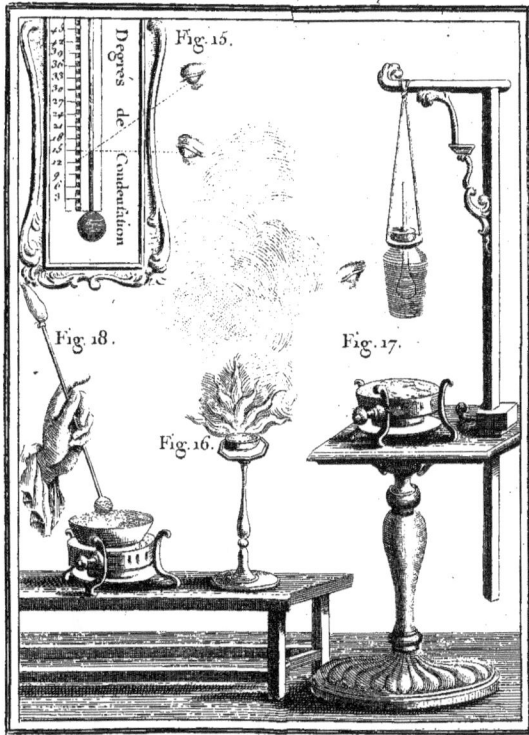

Fig. 15.

Degrés de Condensation

Fig. 18.

Fig. 16.

Fig. 17.

qui fe dévelope du fein même de cette
liqueur , ou que l'action du feu fait
paffer du dehors au-dedans par les pores dilatés du vaiffeau? Voilà des queftions qui fe préfentent affez naturellement , & fur lefquelles je vais dire
ma penfée , en prenant pour guide ce
qui paroît être indiqué par les deux
expériences précédentes.

Un corps embrafé lance des rayons
de feu de toutes parts ; il devient
comme le centre d'une fphére d'activité , qui a plus ou moins d'intenfité
& d'étendue , felon la nature & la
quantité de la matiére qui brûle. Ainfi
le fond du vafe cylindrique de la cinquiéme Expérience, fufpendu au-deffus des charbons ardens , eft expofé à
des rayons de feu, qui le pénétrent
lui & la maffe d'eau dont il eft chargé ;
de-là naît un dégré de chaleur très-
fenfible dans l'un & dans l'autre.

Cette premiére action du feu dilate
& fait paroître fous un volume fenfible toutes les petites lames d'air qui
étoiént reftées adhérentes aux furfaces tant du vafe que du matras ; &
& lorfqu'en s'aggrandiffant de plus en
en plus par l'augmentation de la cha-

leur, ces bulles ont acquis une légéreté refpective, qui peut l'emporter
fur la force qui les retient contre le
verre, elles s'en détachent & gagnent
la fuperficie de l'eau.

Les pores du verre & ceux de l'eau dilatés par 60 ou 70 dégrés de chaleur,
reçoivent & tranfmettent des rayons
de feu d'un plus gros volume ; & c'eft
apparemment ce qui forme cette efpéce de vapeur, qu'on voit s'élever
du fond même du vaiffeau, & qui s'apperçoit peut-être moins par elle-même, ou par fon ombre, que par quelque modification qu'elle caufe à la lumiére dans un milieu, dont elle altére
l'homogénéité, & par conféquent la
tranfparence : c'eft à peu près ainfi
que l'efprit-de-vin le plus pur, quand
on le mêle avec de l'eau bien claire,
s'y fait voir pendant quelques inftans,
comme une vapeur divifée par filets,
& la rend un peu louche.

Lorfqu'une chaleur plus forte, ou
continuée plus long-tems, a dilaté
le verre & l'eau encore davantage &
d'une maniére plus complette, il eft
naturel de penfer que le feu fe cri-
blant, pour ainfi dire, en plus grande

quantité, & en plus groffes parties à
travers le fond du vafe, dont les pores font confidérablement aggrandis,
fe trouve en état d'écarter l'eau, & de
remplir un efpace fenfible : cet efpace
rempli par une matiére très-fluide,
qui n'a point de couleur, & qui eft
beaucoup plus légére que l'eau, doit
avoir toutes les apparences d'une bulle d'air, & repréfenter les mêmes effets qu'elle ; c'eft-à-dire, que s'il part
du fond du vafe un grand nombre de
pareilles bulles, extrêmement petites,
leur légéreté refpective, aidée par l'impulfion des rayons de feu, dont elles
font partie, les éléve rapidement à
travers la maffe de l'eau, qu'elles rendent trouble & dont elles augmentent un peu le volume.

La tranfparence diminue, parce que
ces petites bulles d'une matiére extrêmement rare compofent avec l'eau un
milieu, dont la denfité n'eft plus uniforme à beaucoup près ; & nous ferons voir ailleurs qu'en pareil cas la
lumiére ne fe tranfmet point auffi facilement, ni d'une maniére auffi complette, que lorfqu'elle a à pénétrer des
corps diaphanes dont les parties font
homogénes.   O o iiij

L'augmentation du volume de l'eau est une efpéce de foulévement caufé par ces bulles de matiére étrangére affez petites encore, pour fe faire jour, & paffer aifément dans la maffe, mais trop groffes pour fe loger dans les pores, qui d'ailleurs doivent être cenfés pleins d'une pareille matiére. Si ces mêmes bulles fe fuivent encore de plus près, qu'elles forment des jets continuels, & qu'elles entrent plus groffes par certains pores du verre, comme on le voit réellement, dès que la chaleur eft parvenue à un dégré convenable; on conçoit bien que les foulévemens de la liqueur doivent être plus fréquens, plus grands, & que la tranfparence ne peut être alors que très-imparfaite; & en effet voilà l'état d'une maffe d'eau que l'on fait boüillir.

J'ai dit plus haut, que ces efpaces tranfparens qui interrompent la maffe du liquide, & qui font le boüillonnement, avoient toute l'apparence de bulles d'air; j'ajoûte ici qu'elles n'en ont pas la réalité : une liqueur que l'on tient au feu, bout jufqu'à la derniére goutte, jufqu'à ce qu'elle foit entiérement évaporée; eft-il probable

qu'elle renferme aſſez d'air pour fournir à toutes ces ampoules qu'on voit
naître & s'enfler pendant tout le tems
de ſon ébullition ?

En vain me diroit-on qu'une très-
petite quantité d'air extrêmement dilaté peut ſuffire à cet effet : l'expérience nous apprend que ce fluide
ſous le poids de l'Atmoſphére ne ſe dilate que d'un tiers de ſon volume par
la chaleur de l'eau boüillante. S'il étoit
poſſible de meſurer toutes les bulles
qui viennent ſe diſſiper à la ſuperficie
d'une pinte d'eau que l'on fait boüillir juſqu'à ſiccité , & qu'on les addi-
tionnât pour en avoir le volume total,
quand bien même on rabattroit un tiers
de la ſomme, on ſe perſuadera ſans peine , que le reſte repréſenteroit encore
une quantité beaucoup au-deſſus de
celle de l'air qu'on peut raiſonnablement attribuer à l'eau (a).

La ſixiéme Expérience , en nous
montrant que les liquides mêmes les

(a) Par les Expériences de M. Halles , il
paroît que l'air contenu dans l'eau , égale à
peine la cinquante - quatriéme partie du volume , Stat. des Veget. ch. 6 p. 156. & par
les miennes , il m'a paru qu'on pouvoit l'éva-
luer à $\frac{1}{30}$. Mém de l'Acad. des Sc. 1743. p. 215.

plus pefans font fufceptibles d'ébullī-
tion, nous fait voir auffi que ce qui les
met en cet état, n'eft point de l'air
qui fe dégage de leur intérieur : outre
que l'œil peut fuivre ces bulles tranfparentes depuis le fond du vafe où
l'on voit qu'elles prennent naiffance , jufqu'à la fuperficie de la liqueur où elles fe diffipent , il eft
évident qu'elles ne font formées par
aucun fluide capable, comme l'air, de
remplir une veffie ; puifque celle de
carpe qui eft liée au bout du tube,
ne paroît point du tout gonflée après
l'opération , & qu'elle ne l'eft même
dans le tems qu'on chauffe l'inftrument, qu'autant qu'il convient qu'elle
le foit par la dilatation du peu d'air
contenu au-deffus du mercure dans la
boule & dans le tube.

M. Mufchenbroek a fi bien fenti la
difficulté, ou plutôt l'impoffibilité d'expliquer l'ébullition des liqueurs par la
dilatation de l'air qu'elles renferment,
qu'il a pris le parti d'attribuer cet effet
à *un fluide élaftique* , qui eft répandu
dans l'Atmofphére terreftre, & qui paffe de-là dans tous les autres corps, mais
qui n'eft point de l'air (groffier,) quoi-

qu'il lui reſſemble , dit il , à bien des
égards, * Je n'ai garde de conteſter
l'exiſtence de ce fluide , qui nous eſt
indiqué par tant de maniéres différentes , & que j'ai admis moi-même ſous
le nom d'air ſubtile. * Mais s'il faut autre choſe pour faire boüillonner une
liqueur , que la matiére du feu qu'on
voit aſſez clairement paſſer par les pores du vaiſſeau ; comme je vois une
infinité de boüillons partir du même
point de la ſurface ſolide , & que ces
boüillons naiſſent toujours par l'endroit le plus expoſé au feu , je ne puis
ſans peine les attribuer à des portions
de ce fluide élaſtique , qu'on ſuppoſe
répandu dans la maſſe, & qui n'attend,
pour ſe dilater, qu'un certain dégré de
chaleur. .

  J'aimerois mieux croire que le vaiſſeau recevant par l'endroit qui touche
le feu , plus de chaleur que n'en peut
ſoûtenir de l'eau , par exemple , tant
qu'elle eſt en état de liqueur , la premiére couche, qui eſt appliquée à cette
partie trop chaude du vaſe , ſe convertit en vapeur, & que pluſieurs portions
ſemblables de vapeur dilatée par l'a-
bondance du feu qui pénétre le vaſe ,

XIV.
LEÇON.
* Eſſai de
Phyſ. t. 1.
p. 436.
* Tom 2.
pag. 457. &
ſeq.

foulévent brufquement la maffe qui les
environne de toutes parts, & gagnent
par leur légéreté la fuperficie où elles
fe diffipent : quand il tombe une goutte d'eau fur un fer chaud, dans l'efpace
de quelques inftans fort courts, elle
eft évaporée ; mais avant que de l'ê-
tre, elle forme plufieurs petits boüillons qui crévent dans le moment
même qu'ils paroiffent : creveroient-
ils de même, s'ils étoient appuyés par
une maffe fluide plus denfe que l'air,
& prefque auffi chaude qu'eux-mêmes?
Je ne le crois pas : j'imagine plutôt,
que cédant au feu qui les poufferoit,
& qui les auroit enflées, ces petites
bouffées de vapeur s'enfonceroient
dans le liquide, dont elles feroient
couvertes, qu'elles en feroient voir la
continuité interrompue, & qu'étant
beaucoup plus légéres que lui, elles
iroient promptement fe diffiper à fa
fuperficie. Or la partie d'un vaiffeau la
plus expofée au feu, peut être comparée au fer chaud, dont je parle, & la
couche de liqueur qui s'y trouve appliquée à chaque inftant, peut éprouver
le même fort que la goutte d'eau qui
s'évapore.

Si l'on ne voit pas boüillir l'eau du petit matras plongé dans le vase cylindrique de la cinquiéme Expérience : c'est apparemment parce que les rayons de feu divisés & amortis, pour ainsi dire, en traversant l'eau, qui est entre le fond du vaisseau & le matras, ne font que transpirer à travers l'épaisseur de celui-ci, & n'ont pas la force de soulever & de faire boüillonner la portion d'eau qu'il contient. Ajoûtez à cette raison, que ce petit vaisseau plongé ne pouvant jamais recevoir que le dégré de chaleur de l'eau boüillante, n'a pas tout-à-fait celui qu'il faut, pour convertir en vapeur dilatée aucune partie de celle qu'il renferme, comme il est très-probable que cela arrive à l'égard du vase cylindrique exposé immédiatement au feu.

On m'objectera peut-être que si le matras plongé dans l'eau boüillante contenoit au lieu d'eau, de l'esprit-de-vin ; cette derniére liqueur ne manqueroit pas de boüillir : ce qui semble prouver que les rayons de feu, en traversant l'eau qui bout, ne s'amortissent pas, comme je le suppose ; puisqu'ils pénétrent encore le second vaisfeau avec toute la force qu'il faut, pour exciter l'ébullition.

L'ébullition de l'esprit-de-vin ; oüi: mais non celle de l'eau ; à moins que cette eau, par quelque cause que ce puisse être, ne soit plus facile à soulever & à convertir en vapeur, que celle dans laquelle elle est plongée.

On a dû voir par les deux derniéres Expériences, que toutes les liqueurs ne boüillent point au même dégré de chaleur. Comme il en faut moins pour l'eau que pour le mercure, aussi en faut-il moins pour l'esprit-de-vin que pour l'eau; ainsi la chaleur de l'eau qui bout, quoiqu'un peu moindre que celle qui enfle ses bouillons, peut suffire pour faire naître dans une liqueur plus légére, où plus évaporable, de ces petites bouffées de vapeur qui soulévent la masse, & qui font ce qu'on nomme boüillonnement. Dans une expérience de la douziéme Leçon l'on a vû boüillir de l'eau par la chaleur d'un bain d'eau non boüillante: c'est que ce dégré de chaleur trop foible, pour exciter des boüillons dans une masse d'eau chargée du poids de l'Atmosphére, suffisoit, pour en faire naître, dans une

autre maſſe , de pareille eau , fur laquelle la preſſion de l'air étoit nulle ,
ou à peu près.

Je ne diſſimulerai pas cependant ,
qu'en répétant cette expérience, j'ai
ſouvent remarqué que les boüillonnemens recommençoient à chaque coup
de piſton, quoique le vaiſſeau, qui contenoit l'eau , ceſſât d'être plongé dans
ſon bain.

Il n'eſt guères poſſible d'attribuer
ce dernier effet aux rayons de feu qui
pénétrent le vaiſſeau du-dehors au-
dedans , & qui ſoulévent les liqueurs :
mais pourvû que cette liqueur ſoit
ſoulevée par un fluide tranſparent &
ſans couleur , qui cauſe des interrup-
tions dans le volume , & qui s'éléve
précipitamment à la ſuperficie; il n'importe quel ſoit ce fluide , la liqueur
boüillira , ou paroîtra boüillir ; or je
ſçais, à n'en pouvoir douter, que quand
je fais le vuide dans un vaiſſeau , il y
rentre à chaque coup de piſton , une
matiére ſubtile que je crois être de la
nature de l'air ; je lui vois ſoulever
dans une infinité d'endroits la couche
d'eau que je laiſſe exprès ſur la platine
de la machine pneumatique; & je pré-

fume de-là, que dans le cas dont il s'agit, cette même matiére paſſe en plus grande abondance, & plus rapidement à travers les pores du matras qui contient l'eau, d'autant plus que ces pores ſont dilatés par la chaleur du bain; en paſſant ainſi, elle ſupplée aux rayons de feu qui ne ſubſiſtent plus.

APPLICATIONS.

De tout ce qui vient d'être dit, on peut tirer trois conſéquences. 1°. Que l'ébullition eſt le dernier terme de la liquidité; c'eſt-à-dire, qu'un corps fuſible ſe liquefie par dégrés, juſqu'à ce qu'il boüille; puiſqu'il ne parvient à cet état, qu'autant que la matiére du feu le pénétre, & le diviſe de plus en plus.

2°. Que les matiéres fondues ou liquefiées par l'action du feu, continuent de s'échauffer, juſqu'à ce qu'elles boüillent, & qu'au-delà de ce terme leur chaleur n'augmente plus.

3°. Que l'ébullition n'eſt pas toujours l'effet du feu, mais en général celui d'un fluide quelconque, qui s'inſinue & ſe pelotonne, pour ainſi dire, dans une liqueur, qui la ſouléve bruſquement

quement, & qui en fait voir la continuité interrompue.

La cire, la graiſſe des animaux, les
gommes, les réſines amollies par un feu
lent, nous laiſſent appercevoir pluſieurs dégrés de liquidité, par leſquels
elles paſſent, avant que d'arriver au
dernier ; & dans chaque art où l'on
employe ces matiéres, l'ouvrier eſt
attentif à ſaiſir celui qui convient le
mieux à ſes vûes : le Chandelier, par
exemple, ſe garde bien de plonger ſes
méches dans du ſuif trop chaud ; celui qui fabrique les cierges, ne verſe
ſur les ſiennes que de la cire à peine
fondue ; & avec ces attentions l'un &
l'autre viennent à bout d'appliquer en
peu de tems couche ſur couche, ce
qui ne ſe feroit pas, ſi la matiére
étoit trop liquide. On doit chauffer
avec ménagement les maſtics qui
ſont compoſés de cire, de poix, de
réſine, &c. mêlées avec quelque poudre peſante, comme la cendre, ou le
ciment ; parce que, quand on pouſſe
la fuſion trop loin, la partie graſſe devient ſi liquide, que la matiére peſante qu'on y a mêlée, pour donner de
la dureté & de la conſiſtance, s'en

sépare, & tombe au fond du vaisseau.

Le beurre & les graisses que l'on fait fondre dans les cuisines, boüillent ordinairement assez vîte, & avec beaucoup de bruit; parce que ces matiéres se trouvent presque toujours mêlées avec des parties d'eau, ou avec quelques jus d'herbes ; dès qu'elles ont atteint un certain dégré de chaleur (qui ne les feroit pas boüillir cependant, si elles étoient pures ;) l'humidité qu'elles couvrent, ou qu'elles renferment, se convertit en vapeur dilatée, & forme une infinité de vésicules qui crévent avec éclat.

Il y a des matiéres qui passent tout d'un coup de la consistance de solide, à une liquidité, qui paroît aussi complette qu'elle puisse l'être, quoiqu'il y ait encore loin de cet état à l'ébullition : telle est l'eau, par exemple, qui dans le moment qu'elle cesse d'être de la glace, est sensiblement aussi fluide, qu'elle paroît l'être, quand elle commence à boüillir : ces deux termes comprennent cependant 80 dégrés entre eux ; tels sont aussi la plûpart des métaux qui coulent aussi-bien dans les premiers instans de leur fusion, qu'après avoir fouffert un plus grand feu.

Il eft probable néanmoins que ces matiéres, comme toutes les autres, fe liquefient de plus en plus jufqu'à un certain point, que leurs molécules fe di-
vifent & fe fubdivifent à mefure que le
feu les pénétre; mais apparemment
que leurs parties, lorfqu'elles commencent à fe défunir, font déja fi petites, que chacune d'elles échape à
nos fens; au lieu que dans la cire,
dans les réfines, dans les gommes,
&c. que l'on fait fondre, la défunion
fe fait de loin en loin, & nous laiffe
appercevoir les portions de matiére
qui changent de pofition refpective-
ment les unes aux autres.

Il paroît qu'après l'ébullition com-
mencée la chaleur ne fait plus de progrès, non-feulement dans l'eau, comme nous l'avons déja remarqué en
plufieurs endroits, mais généralement
dans tous les corps qui peuvent fe li-
quefier; ainfi quand on eft parvenu à
faire boüillir de l'huile, de la cire, du
foufre, du mercure, &c. en les chauffant on a fait prendre au liquide toute
la chaleur dont il eft fufceptible, les
circonftances reftant les mêmes. On

ne doit pas confondre à cet égard l'é-
bullition avec la simple liquefaction,
comme je vois qu'on a fait dans quelques ouvrages modernes, ni dire spécialement que les métaux ne s'échauffent plus après la fusion : il n'y a point
de Fondeur qui ne sçache le contraire,
& qui ne se repente de tems en tems
d'avoir coulé sa matiére trop ou trop
peu chaude : la beauté des miroirs
qu'on fait servir aux télescopes, dépend moins de la composition du métal, (qui n'est plus un secret,) que
du dégré de chaleur dans lequel il faut
saisir la matiére en fusion, pour la jetter dans le moule : enfin quelle différence n'y a-t-il pas, par rapport au dégré de chaud, entre l'eau qui cesse d'ê-
tre de la glace & celle qui commence
à boüillir?

On ne voit pas communément que
l'action du feu fasse boüillonner les
métaux fondus dans le creuset : & ce
n'est pas leur pesanteur seule qui met
obstacle à cet effet, comme on le pourroit croire, puisque le mercure, qui ne
le céde qu'à l'or pour le poids, bout
autant que les autres liquides, lorsqu'il est chauffé suffisamment. Mais s'il

eft vrai, comme il y a toute apparence, que l'ébullition d'une liqueur chauffée foit caufée par des petites portions de la maffe que le feu convertit en vapeur, & qu'il dilate fubitement en forme de groffes bulles, il eft tout fimple que la feule action du feu ne caufe dans le métal fondu aucun foulévement de cette efpéce ; car on fçait que les métaux ne s'évaporent qu'en fe décompofant, & que ces altérations, quand elles arrivent, commencent par la fuperficie : l'étain fe calcine, le plomb devient litarge, le cuivre & le fer fe couvrent de fcories : tout cela fe fait à la vérité par l'évaporation des foufres & des parties graffes, mais la vapeur qui en réfulte, ne part point du fond du vaiffeau, comme il faudroit qu'elle en vînt, pour foulever la maffe & caufer des boüillonnemens.

Ce qui prouve bien que le métal en fufion eft auffi propre à boüillir que tout autre liquide, pourvû que le feu, en le pénétrant, y trouve quelque matiére, qui puiffe devenir vapeur, & s'enfler, c'eft qu'il n'y en a aucun qui ne boüille fortement, lorfqu'on y plon-

ge un corps capable de s'y brûler &
de fumer, un morceau de bois, par
exemple, ou quand on le verfe dans
un moule qui contient quelque humidité : fi la vapeur eft abondante, ou
dilatée par un grand dégré de chaleur, comme il peut arriver, quand
c'eft du cuivre ou du fer que l'on
coule, ces boüillonnemens font plus
que fenfibles, ils font dangereux, car
ils peuvent faire jaillir au loin la matiére ardente qui les envelope.

L'ébullition d'un fluide qui s'échauffe, n'eft pas toujours caufée par le feu
qui pafle du dehors au-dedans ; c'eft
quelquefois par une chaleur inteftine,
par une fermentation, que certaines
parties fe dilatent fubitement & plus
fortement que les autres, qu'elles deviennent des globules de vapeur, &
qu'elles s'enflent : alors la maffe eft
foulevée & interrompue par des boüillons, comme fi cet effet venoit du fond
& des parois d'un vaiffeau expofé au
feu ; c'eft ainfi que le vin nouveau bout
dans la cuve ; c'eft ainfi qu'on voit
boüillir l'eau dans laquelle on fait
éteindre de la chaux.

Enfin une matiére fondue par l'ac-

tion du feu, & qui bout pendant un
certain tems, perd sensiblement de sa
masse, ou s'évanouit totalement, c'est
le dernier effet qui nous reste à examiner.

VII. EXPERIENCE.

PRÉPARATION.

IL faut bien broyer & mêler ensemble trois gros de salpêtre fin, bien séché, deux gros de sel de tartre, & pareil poids de fleur de soufre; le tout
sera mis dans une cuillier de fer que
l'on posera sur des charbons médiocrement allumés : *Voyez la Fig.* 19.

EFFETS.

A mesure que ce mêlange s'échauffe, on le voit se roussir, & ensuite se
noircir par les bords; il devient liquide, & il fume un peu; on apperçoit
quelques petites flammes bleues à la
superficie : & un instant après il se dissipe subitement & totalement avec un
bruit effroyable.

EXPLICATION.

LES changemens de couleur, la
vapeur, & la petite flamme qu'on ap-

perçoit à la superficie du mélange,
tandis qu'il continue de s'échauffer,
viennent principalement du soufre qui
se fond, & qui brûle plus aisément
que le salpêtre & le sel de tartre. Le
soufre fondu aide & accélére la fusion
des deux autres matiéres, qui s'en
iroient aussi en vapeurs & en flamme, à
mesure qu'elles se fonderoient, si elles
n'étoient pas plus fixes que lui. Mais
comme elles ne doivent céder qu'à un
dégré de chaleur beaucoup plus grand,
& que l'explosion des parties de feu
renfermées dans les corps, est toujours
d'autant plus forte qu'elle a été retardée davantage, comme nous l'avons
déja observé ; ces trois matiéres fondues, intimement mêlées & chauffées
au-delà de ce qu'elles peuvent l'être,
sans se dissiper, s'enflamment & s'évaporent toutes à la fois, & avec une extrême violence ; l'air frappé subitement par un grand volume de flamme
& de vapeur, retentit à proportion de
la secousse qu'il reçoit.

Il y a bien de l'apparence que le sel
de tartre, qui entre dans la composition de cette poudre *fulminante*, est la
principale cause de son impétueuse inflammation :

flammation : étant plus fixe que ils
deux autres matiéres auxquelles il se
trouve uni, c'est lui probablement que
retarde leur dissipation, & qui donne
le tems aux parties de feu qu'elles renferment de se déployer toutes ensemble, & avec toute leur force. Ce qui
rend cette conjecture très-probable,
c'est que le fer & l'or deviennent aussi
fulminants, lorsqu'ayant été dissous par
l'eau régale, & précipités en poudre
fine par une forte lessive de sel de Tartre, on les expose au feu dans une
cuillier, sur une pelle de fer, ou simplement sur le bout d'une lame de
couteau.

Quand on fait ces sortes d'expériences, il faut se tenir un peu à l'é-
cart, de peur que la vapeur enflammée, ou quelque partie de la matiére encore en grumeaux, ne jaillisse
au visage, ou dans les yeux, ce qui
seroit d'une dangereuse conséquence :
on doit aussi prendre garde que le feu
ne soit pas trop ardent ; car ce qui
touche le fond de la cuillier se trouvant trop tôt fondu, & assez chaud
pour partir, il n'y auroit que cette
portion qui feroit effet, le reste seroit

simplement chaſſé , ſans fulminer.

APPLICATIONS.

ON peut regarder comme une régle générale que toute matiére, de
quelque nature qu'elle ſoit, peut faire
des exploſions violentes & fulminer,
ſi elle eſt capable de ſe convertir ſubitement & totalement en vapeur ou
en flamme , ou bien ſi elle eſt contenue de maniére que ſes parties expo-
ſées à l'action du feu, ne puiſſent céder que toutes enſemble : il m'eſt arrivé quelquefois de lâcher un peu trop
tôt la vis qui retient le couvercle de
la marmite de Papin , dont j'ai parlé
dans la douziéme Leçon : * l'eau qui

*Tom. 4.
pag. 40.

y étoit renfermée, & qui avoit encore aſſez de chaleur pour s'évaporer
en totalité , eſt ſortie alors comme un
ſouffle impétueux qui ne dura pas plus
qu'un éclair, & qui eût ſans doute
jetté fort loin le couvercle , s'il eût été
entiérement libre. De pareils effets
ont fait dire à d'habiles Phyſiciens, que
par le moyen de la vapeur de l'eau fortement dilatée , on feroit ſauter les
murs d'une ville , comme on le fait
avec la poudre à canon , ſi cette dila-

tation pouvoit fe faire auffi promptement , & avec autant de facilité que
celle du foufre & du falpêtre.

Ces deux derniéres matiéres mêlées,
& long tems broyées avec de l'eau &
du charbon de bois , fe réduifent en
une efpéce de pâte , dont on forme
des petits grains en les faifant paffer
par des efpéces de cribles : ces petits
grains bien féchés font ce qu'on appelle *poudre à tirer*, ou *poudre à canon*;
invention précieufe & utile , fi nous
n'en abufions pas , & qui feroit trop
d'honneur à l'efprit humain , s'il y
avoit été conduit, non par le hazard,
comme il y a tout lieu de le penfer ,
mais par des recherches raifonnées.
L'Auteur , le lieu , & le tems de cette
belle découverte ne font pas bien
connus ; cependant on convient affez
communément , que l'ufage des armes à feu n'eft pas plus ancien en Europe que le commencement , ou même le milieu du quatorziéme fiécle(a).

La plûpart des Phyficiens qui ont
parlé de l'explofion de la poudre, ont

(a) Quand les Européens ont commencé à
commercer avec les Chinois , ils y ont trouvé
l'ufage de la poudre établi.

attribué ce merveilleux effet uniquement à l'air qui s'y trouve comme in-
corporé par l'action des pilons, & à
celui qui remplit les petits espaces que
les grains rassemblés comprennent entr'eux. » Cet air, disent-ils, extrê-
» mement & subitement dilaté par
» l'action du feu violent qui agit de
» toutes parts sur lui, s'étend avec
» une incroyable vîtesse, & chasse
» devant lui tout ce qui lui fait obs-
» tacle. »

Ces raisons doivent entrer sans
doute dans l'explication des effets de
la poudre enflammée ; & je n'ai garde
de les contester ; mais je ne les crois
pas suffisantes, je pense qu'il faut y en
ajoûter quelqu'autre. Une charge de
poudre qui s'enflamme feroit - elle
fondre du verre ? C'est bien tout au
plus ; mais le dégré de chaleur qu'il
faut pour cela, ne peut dilater l'air
que des deux tiers de son volume ;
celui qui sort d'une arquebuse à vent,
& qui s'étend bien davantage, ne
chasse pourtant point une balle de
plomb à beaucoup près avec autant
de force qu'en a cette même balle
quand elle sort d'un fusil ordinaire.

Je fçais bien que M. Bernoülli, cité par M. Varignon *, ayant mis le feu avec un verre ardent à quatre grains de poudre ; renfermés dans un long tuyau de verre fcellé par en haut, ouvert & plongé par en bas dans un vafe plein d'eau, jugea par l'abäiffe- ment de l'eau dans le tuyau, que cette poudre brûlée avoit rendu un volume d'air égal à 200 de ces grains qu'il avoit enflammés ; & je conviens que cette induction, s'il n'y a rien à en rabattre, donne beaucoup de force à l'opinion de ceux qui attribuent à l'air feul les grands effets de la pou- dre. Mais comment accorder cette expérience avec celles de M. Halles *, d'où il conclut avec toutes les appa- rences de vérité, que les matiéres ful- fureufes que l'on brûle *abforbent de l'air, bien loin d'en engendrer*, pour me fervir des expreffions de ce célébre Auteur ? N'eft-on pas tenté de croire que dans le tube de M. Bernoülli, il refte après l'inflammation quelque vapeur qui augmente un peu le vo- lume de l'air, avec lequel elle fe mêle, & qui fait baiffer la furface de l'eau?

Quoi qu'il en foit, une des princi-

XIV.
Leçon.
* *Mém. de l'Académie des Scien- ces*, 1696. *tom.* 2 *pag.* 274.

* *Stat. des Végét. c.* 6.

Q q iij

pales caufes des effets de la poudre ;
à mon avis , c'eft fa prompte conver-
fion en vapeur , & la dilatation de
cette même vapeur par l'embrafement ; plus ce changement d'état eft
prompt & complet, plus l'explofion
eft forte : le mêlange que nous avons
vû fulminer dans la derniere expérience , feroit probablement autant
d'effort que la poudre, fi dans le moment qu'il éclate il fe trouvoit renfermé comme elle au fond d'un canon de métal ; & la poudre feroit en
plein air autant de bruit que cette
compofition , fi fon inflammation
étoit inftantanée & générale comme
la fienne : mais il eft vifible que les
grains ne s'allument que fucceffivement, & par-là leur effort eft partagé.
Dans une arme à feu, où la poudre
eft retenue entre la culaffe & la bourre , il s'en allume davantage dans un
tems fort court ; auffi éclate-elle avec
plus de force & avec plus de bruit.
Comme il faut à la poudre un peu plus
de tems pour fortir d'un long tuyau
que d'un plus court, il s'en enflamme
davantage, (toutes chofes égales d'ailleurs) dans une piéce de canon que

dans un mortier, dans un fuſil que
dans un piſtolet; auſſi la même meſure de poudre a-t-elle plus ou moins
d'effet, tant pour la force, que pour
le bruit, ſelon la longueur de l'arme
qui en eſt chargée.

Puiſque l'inflammation de la poudre eſt plus compléte, quand ſa ſortie
eſt retardée, il eſt facile de comprendre pourquoi un coup de mouſquet
fait plus de bruit, & cauſe plus de
recul, quand la charge a été excef-
ſivement bourrée, ou qu'une balle de
calibre a été forcée dans le canon à
coups de baguette; car il s'enflamme
alors une plus grande quantité de poudre, ainſi l'exploſion doit être plus
grande; & comme l'effort de cette
matiére enflammée ſe partage entre
la bourre & la culaſſe, celle-ci doit
en ſoutenir d'autant plus que l'autre
céde moins promptement.

Il s'enflamme encore une plus
grande quantité de poudre lorſque la
lumiére du canon eſt percée, de façon qu'elle porte le feu à la partie antérieure de la charge; mais les armes
alors ont trop de recul, & ſont incom-
modes dans l'uſage; on aime mieux

XIV.
Leçon.

Q q iiij

que le coup foit un peu moins fort, &
pour cet effet, on perce la lumiére
des fufils de chaffe, à peu près au
milieu de l'endroit où fe loge la
poudre.

Mais de quelque maniére que l'on
charge une piéce de canon ou un fufil, il y a toujours une partie affez
confidérable de la poudre qui ne
prend point feu, & qui eft chaffée dehors par celle qui s'enflamme : ce qui
le prouve bien, c'eft qu'on en ramaffe
par terre devant les batteries qui ont
tiré un certain tems, & que les
grains fe retrouvent entiers dans la
peau des perfonnes qui ont reçû de
fort près des coups de feu dans le
vifage. Cependant on auroit tort de
conclurre de-là, qu'il ne peut s'enflammer qu'une certaine quantité de
poudre dans une arme, & que ce
qu'on y auroit mis de trop en fortiroit
fans effet : cette conféquence qui feroit très-dangereufe dans la pratique,
eft fouvent démentie par des fufils
qui crévent pour avoir été trop chargés ; & l'on eft dans l'ufage d'éprouver les canons en y mettant double
charge, ce qui fuppofe, comme il
eft vrai, que d'une plus grande quan-

tité de poudre il s'en enflamme davantage. Ce seroit auffi une économie
mal entendue, que de mefurer la poudre qui entre dans une piéce d'artille-
rie, fur l'eftimation de la quantité qui
s'enflamme ordinairement ; car jamais
tout ne prend feu, d'où il fuit que le
coup fera trop foible, fi la charge ne
contient que ce qu'il faudroit fi elle
s'enflammoit totalement.

VIII. EXPERIENCE.

PREPARATION.

Choififfez une chandelle de fuif de
7 à 8 lignes de diamétre, & qui ait
déja été allumée. Mefurez-en la longueur, & après l'avoir allumée de
nouveau, la méche étant mouchée,
examinez-en la flamme dans un lieu
où l'air foit bien tranquille pendant
la nuit, où les fenêtres de la chambre
étant fermées, vous obferverez ce
qui fuit.

EFFETS.

1°. Le haut de la chandelle fe creufe
un peu, & prend la forme d'un petit
godet, dont la furface intérieure pa-

roît couverte d'une couche légére de fuif fondu.

2°. Du milieu de cette cavité s'é-léve la méche où l'on diftingue deux parties , dont une blanche , & une noire : l'une & l'autre font baignées de fuif fondu , mais dans la derniére qui eft la plus haute , on remarque plufieurs petits bouillonnemens , fur-tout à l'extrêmité.

3°. La partie noire de la méche eft enveloppée d'une flamme qui s'éléve d'un pouce ou environ au-deffus , & qui prend la forme d'une pyramide à peu près conique , dont la bafe feroit pofée fur celle d'un hémifphére.

4°. Cet hémifphére de flamme , qu'il faut confidérer comme étant en-filé par la méche , a la couleur d'un bleu violet : la partie qui eft immé-diatement au-deffus , eft d'un blanc un peu roux , & celle qui la fuit juf-qu'à la pointe eft très-claire & très-brillante.

5°. Mais indépendamment de ces trois parties qu'on peut appeller le corps de la flamme , l'œil attentif ap-perçoit encore tout autour une petite vapeur enflammée , tantôt plus , tantôt moins étendue, & qui ternit un peu le sommet de la pyramide.

6°. Quand la chandelle a brûlé ainsi pendant un quart-d'heure, ou davantage, on trouve que sa longueur est sensiblement diminuée. La partie noire de la méche devient plus longue, & la flamme moins lumineuse.

EXPLICATIONS.

On me reprocheroit peut-être d'avoir traité sçavamment des minuties, si on ne vouloit considérer dans les faits dont je viens de faire mention, que le peu de nécessité qu'il y a de les faire connoître, ou même le peu d'importance dont ils sont en eux-mêmes; mais ces espéces de phénoménes, qui n'en sont pas, aux yeux du vulgaire accoûtumé à les voir, méritent bien l'attention de ceux qui cherchent à se rendre raison de tous les effets naturels, rares ou communs, dont la cause est obscure. Et si, pour entrer dans cet examen, je me suis fixé à l'exemple familier d'une chandelle qui brûle, la moindre réflexion fera voir, qu'en expliquant l'inflammation & la dissipation d'un peu de cot-

ton pénétré de fûif, je mets mon Lecteur à portée d'entendre celle de toutes les matiéres combuftibles qui dif-
paroiffent à nos yeux après avoir fervi
d'aliment au feu.

Lorfqu'on a mis le feu aux fils de
cotton qui fervent de méche à la chandelle, la chaleur qui en réfulte fait
fondre les premières couches de fuif
& les convertit en une liqueur qui fe
porte, par deux raifons, vers la
flamme qui eft au-deffus ; premiérement, parce que les fils de cotton af-
femblés & un peu torts, font l'office
de tuyaux capillaires ou d'éponge ;
fecondement, l'air étant fort raréfié
par le feu dans la partie fupérieure de
la méche, la preffion de celui qui péfe
au-deffous peut bien faire monter ce
qui s'y trouve de liquide.

L'extremité de la chandelle étant
un cercle de matiére fufible, & la chaleur qui régne dans la méche allumée
étant plus près du centre que de la
circonférence, il fe fait une efpéce
d'excavation, au fond de laquelle fe
raffemble le fuif à mefure qu'il fe
fond.

Du fuif fimplement fondu eft en-

core bien loin du dégré de chaleur
qu'il lui faut pour boüillir & s'enflammer ; il ne peut l'acquérir que quand
il est suffisamment éloigné de la chandelle qui est froide ; & voilà pourquoi
il y a toujours une partie de la méche
qui reste blanche, qui ne s'allume pas,
quoiqu'elle soit pleine de matiére
combustible.

Le suif ayant acquis une chaleur suffisante, bout enfin dans la partie supé-
rieure de la méche ; & comme le
boüillonnement des liqueurs touche
de fort près à leur évaporation,
cette matiére se convertit en vapeur
& se dissipe : c'est pourquoi après un
certain tems la chandelle paroît sensiblement diminuée, & de poids & de
longueur.

Quand des parties grasses sont ainsi
divisées & réduites en vapeur, il ne
leur manque plus qu'un petit dégré
de feu pour s'enflammer, comme on
le peut voir en approchant une chandelle allumée d'une autre chandelle
qu'on vient d'éteindre, *Fig.* 20. Quant
à l'inflammation qui continue de faire
briller la vapeur, je crois qu'elle vient
du feu qui se développe des parties

mêmes de la matiére évaporée, &
qui éclate avec d'autant plus de force,
qu'il a eû befoin d'être excité plus
fortement pour en fortir.

Si tout ce qui compofe une chandelle & fa méche étoit également
combuftible, & que toutes les parties qui s'exhalent en vapeurs fuffent
au dégré de chaleur qu'il faut pour
les embrafer, la flamme feroit toute
d'une même couleur, elle feroit également brillante dans toutes fes parties : mais les matiéres les plus inflammables font toujours mêlées de
quelqu'autre fubftance qui ne l'eft
point, ou qui l'eft moins. Le fuif &
la méche que l'on fait brûler, par
exemple, outre la partie purement
combuftible, qui fournit une flamme
brillante & pure, contiennent des
particules aqueufes, & d'autres encore plus groffiéres qui ne peuvent
produire que de la fumée ou du charbon ; de-là viennent la noirceur de la
méche, & cette couleur rouffe qu'on
remarque à la pointe de la flamme,
& un peu au-deffous du milieu. Ces
fuliginofités peuvent encore légitimement s'attribuer aux parties graffes

mêmes qui furabondent dans la flamme, & qui n'y font que paffer fans s'y
allumer, foit parce qu'elles n'ont
point acquis un dégré fuffifant de chaleur, foit parce qu'elles ne font pas
atténuées au point où elles doivent
l'être pour prendre feu.

Quant à la couleur bleue ou violette que prend la flamme de la chandelle dans fa partie la plus baffe, on
peut l'attribuer au foufre qui fe confume, foit que ce foufre fe trouve
naturellement dans le fuif & dans le
cotton, foit qu'il s'y compofe par l'u-
nion de quelque acide avec la partie
graffe.

La flamme d'une chandelle eft donc
un fluide embrafé & lumineux, qui
tend à s'étendre & à fe diffiper; comme fa tendance n'eft pas déterminée
vers un point plutôt que vers l'autre,
nous devons croire qu'il prendroit de
lui-même une figure fphérique, ou à
peu près, fi des caufes extérieures ne
l'obligeoient à fuivre une certaine direction, & ne changeoient l'arrangement naturel de fes parties. Cette vapeur ardente eft plongée dans l'air,
autre fluide plus pefant qu'elle; felon

les loix de l'hydroſtatique elle doit ſe
porter de bas en haut, comme elle
fait, par ſa légéreté reſpective, de
ſorte que ſi la vapeur embraſée &
détachée de la méche n'étoit pas ſuivie ſans interruption par d'autres portions de vapeur ſemblables, on ne verroit qu'une petite flamme preſqu'arrondie de toutes parts, s'élever environ à la hauteur d'un pouce, & s'é-
teindre preſque auſſi-tôt. Mais comme
l'écoulement & l'embraſement ſont
continuels, on devroit voir la flamme
ſous la forme d'un cylindre, terminé
en haut par une convexité, & nous
pouvons préſumer qu'elle auroit effectivement cette figure, & non celle
d'une pyramide à peu près conique,
qu'on lui voit preſque toujours, ſans
une autre cauſe dont je vais faire mention.

L'étendue de la vapeur qui s'exhale autour & par l'extrémité de la
méche, n'eſt pas bornée à ce que
nous voyons de lumineux, & que
nous appellons la flamme. Elle va
plus loin, & par le haut ſur-tout, on
s'en apperçoit à pluſieurs poüces de
diſtance. Pourquoi donc cette vapeur
une

une fois allumée ne conferve-t-elle
pas fon inflâmmation & fa lumiére
autant qu'elle a d'étendue ? c'eft qu'à
mefure qu'elle s'étend, elle devient
plus rare, & par-là plus fufceptible
d'être refroidie & éteinte par l'air qui
l'environne, de forte qu'il n'y a que le
noyau, pour ainfi dire, la partie la
plus denfe qui réfifte à ce refroidiffement, & qui conferve affez de chaleur, pour refter enflammée & pour
luire. Deux expériences peuvent fervir à prouver ceci. 1°. Si l'on approche deux chandelles allumées l'une
de l'autre, de maniere qu'il n'y ait que
quelques lignes de diftance entre les
deux flammes ; on apperçoit entre-
elles une petite vapeur enflammée,
Fig. 21. qui felon toute apparence,
n'eft autre chofe que la portion éteinte
qui reprend feu par le nouveau dégré
de chaleur, que les deux flammes, en
s'approchant, font naître dans l'efpace
qui les fépare ; & cela eft d'autant
plus vraifemblable, que les deux flammes alors s'allongent confidérablement. 2°. Que l'on reçoive la flamme
d'une groffe chandelle dans un tuyau
de verre mince qui ait 7 à 8 lignes de

diamétre , & environ quatre pouces

de longueur, *Fig.* 22. On la voit aussi-
tôt s'allonger considérablement ,
ayant presque autant de volume en
haut qu'en bas, apparemment, parce
que gardant mieux sa chaleur dans ce
tuyau qui s'échauffe lui-même , que
dans l'air qui se renouvelle continuellement, les parties enflammées demeurent plus long-tems dans cet état.

Il paroît donc certain que le volume
de la flamme est restraint & diminué
par le refroidissement que lui cause
l'air ambiant. Mais comme cette
flamme est un véritable écoulement ,
un fluide qui partant de la méche s'a-
vance de bas en haut , dans un autre
fluide qui le refroidit , & qui en
éteint toujours des portions ; il est
comme évident que la partie inférieure, celle qui s'enflamme actuellement, doit être plus grosse que les
autres qui sont au-dessus , qui ont
déja souffert des refroidissemens , des
extinctions : on doit convenir aussi
que la flamme doit diminuer de grosseur de plus en plus à mesure qu'elle
monte , puisqu'en montant elle fait
toujours de nouvelles pertes. Repré-

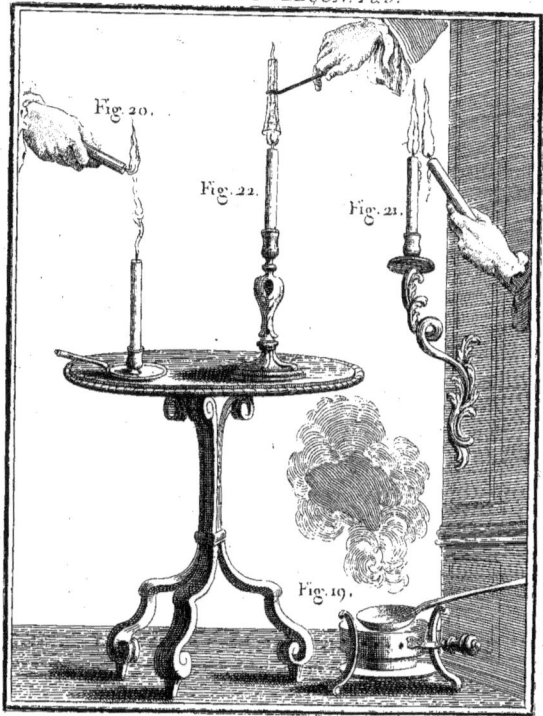

Fig. 20.

Fig. 22.

Fig. 21.

Fig. 19.

fentez-vous un cylindre pofé vertica-
lement, dont on retrécit de plus en
plus le diamétre depuis la bafe jufqu'en-haut; que doit-il refter après ces
retranchemens, finon une pyramide
conique, ou une figure telle que nous
la repréfente la flamme d'une chandelle ?

Si vous ajoûtez encore au refroidiffement caufé par l'air le frottement
que doit éprouver un fluide qui en pé-
nètre un autre, vous concevrez aifément que, fi celui qui fe meut, devoit
être, felon l'origine de fon écoulement, un jet cylindrique, il s'amincit
& devient pyramidal par les ralentiffe-
mens fucceffifs que fouffrent les parties de fa furface, de la part du fluide
ambiant; telle eft la figure que nous
repréfente l'eau qui traverfe l'air, après
être fortie d'un vaiffeau, dont le fond
eft percé d'un trou rond. *Fig.* 23. Rien
n'empêche de penfer que la flamme
éprouve de pareils frottemens, en s'é-
levant dans l'air, & que cette caufe
concourt, & ajoûte à l'effet, dont il
eft ici queftion.

Enfin la partie noire de la méche
devient plus longue, parce que le feu

suit l'abaissement du bout de la chandelle qui s'use, en lui fournissant son
aliment, & la lumiére devient terne,
parce que le fluide lumineux est alors
interrompu par un gros charbon noir
qui ralentit son activité.

APPLICATIONS.

ON appelle communément matié-
res *combustibles* ou *inflammables* toutes
celles que le feu détruit, après les avoir
fait briller sous la forme de flamme ou
de charbons ardens ; telles sont la plûpart des substances végétales, animales, & une partie des fossiles : mais
comme presque tous les corps que
l'on fait brûler, ne se consument point
entiérement, & qu'outre la fumée qui
ne disparoît pas aussi-tôt que la flamme, il reste encore des parties fixes
qu'on nomme *cendres*, & sur lesquelles il semble que le feu n'ait plus aucun pouvoir ; on a considéré tous les
mixtes qui peuvent s'allumer, comme
renfermant en eux une certaine matiére, seule capable de prendre feu &
d'entretenir l'inflammation, & que l'on
a nommée pour cette raison *aliment du
feu, pabulum ignis.* Boerhaawe, & avec

lui plusieurs habiles Physiciens attribuent cette propriété à l'huile, qui entre comme principe dans presque tous
les mixtes & sur-tout dans ceux du
régne végétal & du régne animal; de
sorte qu'un corps est plus ou moins
combustible, selon que la dose de ce
principe y est plus ou moins grande;
c'est pour cela, dit-on, que les matiéres grasses ou huileuses s'allument plus
facilement que les autres, & se brûlent d'une maniére plus complette.

On ne peut nier que cette doctrine
ne s'accorde fort bien avec ce que
nous voyons tous les jours : mais en
recevant cette vérité, devons-nous y
mettre la précision avec laquelle il
semble qu'on nous l'offre? l'huile légére & volatile est-elle la seule matiére vraiment inflammable? les autres
principes auxquels elle est unie, ne le
seroient-ils pas aussi par un dégré de
feu plus considérable que celui qui suffit pour elle? L'idée que je me suis
faite de l'état naturel du feu dans les
corps, me détermine pour l'affirma-
tive; & pour justifier mon opinion,
qui paroîtra peut-être un peu singu-
liére, il faut que je résume ici en peu

de mots ce que j'ai déja insinué en plusieurs endroits de cette Leçon, & de la précédente.

Je pense, comme la plûpart des Physiciens d'aujourd'hui, qu'il y a du feu par-tout & en tout : que cet élément occupe les vuides que laissent entre elles les molécules d'un corps solide ou fluide, & qu'il les distend plus ou moins, selon le dégré actuel de son activité. Outre ce feu, qu'on peut regarder comme ambiant par rapport aux petites masses, qui composent un corps, je crois encore que la plus petite portion de matiére, de quelque espéce qu'elle soit, (j'en excepte seulement les atômes, s'il y en a,) renferme au-dedans d'elle-même un peu de ce même feu, qui ne peut se mettre en liberté, se déployer, & briller, qu'après avoir rompu son enveloppe, mais qui ne la rompra & n'en dissipera les parties, qu'après qu'il aura reçû un dégré de force proportionné & supérieur à la résistance des liens qui le retiennent. Or comme les parties de la matiére sont plus ou moins difficiles à désunir suivant l'espéce, dans un mixte qu'on fait brûler, les molécules d'un

certain ordre pourront céder à la puiffance interne, qui tend à les diffiper,
parce que le dégré de feu qui régne
actuellement dans la maffe totale, fuffit pour occafionner cet effort victo-
rieux, tandis que d'autres réfifteront,
non qu'ils ne renferment auffi une pareille caufe de défunion, mais feule-
meut parce que cette caufe n'a pas reçû
du feu qui agit au-dehors, une intenfité
fuffifante, pour avoir fon effet.

Ainfi tout eft inflammable en ce
fens : le charbon qui refte fimplement
rouge, lorfqu'il eft allumé, demeure
en cet état, parce que de couche en
couche, le feu renfermé dans les molécules de la fuperficie, fe développe
lentement, & ne fait que diffoudre des
parties qui ont peine à fe quitter, &
qui lui réfiftent bien autrement que
celles qui fe font d'abord évaporées
en flamme & en fumée ; le fel même
& la terre qui font la cendre de ce
charbon brûlé, & qui fe préfentent
prefque toujours fous la forme & la
couleur d'une poudre grife, rougiront
auffi comme le charbon, fi l'on y applique un dégré de feu qui anime fuffifamment celui qui eft retenu dans

ces parties fixes, & qui le fasse briller à travers de ses enveloppes. Disons plus, je suis persuadé que l'eau même deviendroit ardente & brillante de lumiére, si les parties élémentaires qui composent ses molécules, & que je suppose aussi renfermer entr'elles une petite portion de feu, pouvoient se désunir avec autant de facilité, que les molécules mêmes en ont à quitter la masse, pour s'évaporer.

Quoi, dira-t-on, l'eau est aussi l'aliment du feu ?

Ne disputons point des mots : si l'on entend, par aliment du feu, ce qui s'enflamme le plus aisément, ce qu'il y a de plus propre à entretenir ou à augmenter ces embrasemens dont nous faisons ordinairement usage dans nos cuisines, ou pendant la nuit pour nous éclairer; certainement les matiéres grasses, spiritueuses, sulfureuses, ce qui en contient une grande quantité, méritent ce nom par préférence à tout : mais si l'on attache à cette expression une idée plus étendue, qu'on appelle aliment du feu, une matiére que cet élement puisse dissoudre, une matiére que l'action du feu puisse faire

paroître

paroître toute embrasée, une matiére
enfin dont une plus grande quantité
fasse un plus grand feu, quand toutes
ses parties sont animées du même dégré de chaleur, j'avoue que je ne connois point de corps à qui je me croye
en droit de refuser ce nom. Un grain
de sable & une petite goutte d'huile
contenant l'un & l'autre une portion
de feu, je crois voir clairement que
cette cause interne opérera la dissolution de ces deux petits êtres, quand elle
aura acquis assez de force, pour vaincre la ténacité de leurs parties ; avec
cette différence seulement, que l'huile
cédant plus aisément, se dissipera en
une vapeur lumineuse ; au lieu que le
sable plus fixe s'entrouvrira, pour laisser briller au-dehors le feu qu'il renferme, & se divisera en une infinité de
parties qui ne se dissiperont point.

La couleur de la flamme varie suivant les différentes matiéres que l'on
brûle ; l'esprit-de-vin pur, & en général celui que l'on tire de tous les végétaux, donne une flamme légère &
d'un blanc brillant ; celle de l'huile &
de la graisse est un peu jaune, & celle
du soufre est bleue ; quand on allume

un corps mixte qui contient de toutes ces matiéres, la flamme qui s'en éléve, doit participer plus ou moins de toutes ces nuances qui se combinent encore avec des traits de vapeur noire ou de fumée ; en voilà assez pour rendre raison de toutes ces couleurs qu'on observe dans la flamme d'un fagot ou d'une bûche bien allumée.

A l'occasion de l'expérience rapportée ci-dessus de la flamme d'une chandelle, qui remplit presqu'entiérement un tube de 3 ou 4 pouces, je remarquerai que le feu qu'on fait dans l'âtre d'une cheminée, ne devient dangereux que quand la flamme s'éléve assez pour entrer dans le tuyau : car alors il ne faut plus estimer sa hauteur, suivant celle qu'elle auroit hors de cette circonstance ; il faut penser qu'elle s'allonge considérablement par les raisons que j'ai dites, & qu'elle est à portée d'allumer la suye jusqu'à une très-grande distance.

Quand on fait une lampe avec de l'esprit-de-vin bien déflegmé, la méche, si elle est de coton, ne se convertit point en charbon noir, comme celle d'une chandelle, ou d'une lampe d'hui-

le, parce que la flamme eſt trop légère
& trop évaporable; auſſi n'eſt-il pas néceſſaire qu'une méche brûle, pourvû
qu'elle ſoit toujours imbibée de la matiére qui doit entretenir la flamme ; on
voit par-tout des réchauds d'eſprit-de-
vin, dont les méches ſont faites de petites lames d'argent liées en faiſceaux,
& un peu éparpillées par le haut.

Les méches trop longues ou trop
lâches font fumer les lampes, parce
qu'elles fourniſſent au feu plus de matiére qu'il n'en peut conſumer ; le ſuperflu ne s'allume point, & s'exhale
en fumée noire : les méches trop ſer-
rées ne pompent point aſſez de matiéres , la flamme languit, & celles
qui ſont trop courtes, portent au feu
le ſuif & l'huile, avant qu'ils ayent aſſez de chaleur ; elles ne peuvent réuſ-
ſir qu'avec l'eſprit-de-vin, qui s'enflamme, lorſqu'il n'eſt encore que médiocrement chaud.

L'expérience de la chandelle nouvellement éteinte , qu'on rallume par
ſa vapeur , me donne lieu d'avertir
qu'il eſt très-dangereux d'approcher
avec une bougie allumée, ou avec toute autre flamme, d'une matiére graſſe,

réfineufe, ou fpiritueufe, qui eft for-
chaude, & qui fume ; le feu pourroit
y prendre de fort loin , & caufer bien
du défordre , on ne voit que trop fouvent des accidens de cette efpéce, fur-
tout depuis que la fabrique & l'em-
ploi des vernis font devenus la pro-
feffion , ou l'amufement d'un grand
nombre de perfonnes.

Mais que deviennent enfin tant de
matiéres que l'inflammation diffipe &
fait difparoître tous les jours à nos
yeux, après les y avoir fait briller
pendant quelques inftans ?

Comme rien ne s'anéantit, & que
les efpéces ne s'épuifent point, malgré la confommation qui s'en fait tous
les jours, nous devons croire que tous
ces corps divifés & décompofés par
l'action du feu , au point de n'être plus
rien de ce qu'ils étoient , quant à la
forme fenfible, fe difperfent dans l'atmofphére , comme dans un grand réfervoir , où la nature reprend , felon
fes befoins , & felon fes vûes, tous ces
matériaux , pour les employer à de
nouvelles productions.

IV. SECTION.

Des principaux moyens d'augmenter
& de diminuer l'action du feu.

IL est ici question du feu usuel, c'est-
à-dire, de celui dont nous faisons communément usage, de l'embrasement
d'une matiére qui se dissipe en flamme
& en fumée, & dont il ne reste que
la cendre ou rien après l'inflammation ; tel est un feu de bois, de charbons, d'huile, d'esprit - de-vin, &c.
Quant aux rayons du soleil, en faisant
voir dans la Leçon précédente, qu'ils
font un vrai feu, j'en ai dit assez pour
faire comprendre que la chaleur qu'ils
font naître, doit augmenter à mesure
qu'ils se rassemblent en plus grand
nombre sur un même endroit, ce qui
dépend de la multiplication, de la
grandeur, ou de la perfection des instrumens qui les font coincider.

J'observerai seulement à l'égard des
rayons rassemblés par les miroirs de
dioptrique, ou de catoptrique, que
l'intensité de leur action ne croît pas

seulement en raison de la denfité qu'ils acquiérent en s'approchant de leur foyer commun, mais encore felon quelque autre progreffion que l'on ne connoît pas bien ; de forte que, fi l'on divifoit, par exemple, en parties éga-les l'axe du cône lumineux, dont la bafe eft appuyée au miroir, * le même corps placé fucceffivement à toutes ces divifions, n'y prendroit pas des dégrés de chaleur toujours propor-tionnels au nombre des rayons que fon dégré de diftance lui feroit rece-voir : on fera fondre au foyer ou fort près du foyer, un morceau de métal qui ne s'échaufferoit que médiocre-ment, s'il étoit porté un peu plus loin, ou le nombre des rayons qui frapperoient fa furface, ne feroit pour-tant pas confidérablement diminué ; il femble que les rayons, en fe ferrant réciproquement, prennent une nou-velle force, indépendamment de celle qui réfulte de leur plus grand nombre.

*13. Leçon.
Fig. 10. &
11.

Nous connoiffons principalement trois maniéres par lefquelles on par-vient à augmenter l'action & les effets d'un même feu, je veux dire, d'un feu entretenu avec la même matiére,

1°. En augmentant la quantité de cette matiére, qui lui fert d'aliment; 2°, en concentrant fon action, ou en empê-chant qu'elle ne s'étende, & ne fe dif-fipe dans un trop grand efpace: 3°, en dirigeant vers un même endroit cette action, ou les parties embrafées qui s'exhalent.

La premiére maniére d'augmenter le feu eft tellement ufitée & connue, que je ne crois pas devoir m'y arreter ; on fçait qu'une botte de paille étant un fois allumée, fi l'on y en ajoûte une deuxiéme, une troi-fiéme ou davantage, le feu s'aug-mente, & la chaleur s'étend à propor-tion ; cependant il faut faire attention qu'une matiére, quoique choifie dans l'ordre de celles qu'on nomme com-munément combuftibles, ne prend pas toujours feu, & n'augmente pas un embrafement commencé, à moins que le feu auquel on l'ajoûte, ne foit pro-portionné à fon volume, & à fon dégré d'inflammabilité : inutilement amafferoit-on de très-groffes bûches autour d'un très-petit feu de paille, elles n'en feroient que noircies ; & nous avons déja remarqué qu'une mé-

che de coton enveloppée par la flamme de l'efprit-de-vin, fe conferve toute
entiére. C'eft qu'il y a des flammes
plus chaudes, plus actives les unes
que les autres ; & pour les entretenir,
il faut des matiéres, dont le dégré
d'inflammabilité leur convienne : ce
dégré d'inflammabilité dépend non-
feulement de la nature du corps combuftible, mais encore de fon volume
& de fa denfité. Le bois par lui-même
eft inflammable au point de pouvoir
s'allumer par de la paille qui brûle ;
mais fi ce bois eft en groffes bûches,
il faudroit y appliquer un feu de cette
efpéce pendant bien du tems pour
l'entamer ; car un corps ne s'embrafe
qu'après avoir reçû un certain dégré
de chaleur, & fi fa fuperficie expofée
à une foible flamme, s'entretient froide
par la quantité de la maffe, il n'en ré-
fultera tout au plus qu'une inflammation légère & fuperficielle.

Ce que je viens d'obferver, fuffit
pour rendre raifon de l'extinction d'u-
ne bougie, ou d'une chandelle, que
l'on tient un moment renverfée, ou
que l'on plonge dans une liqueur inflammable, mais froide ; de l'extinc-

tion du bois verd médiocrement allumé, dont on ne foutient pas l'embrafement par d'autre plus fec; dans
l'un & dans l'autre cas le feu ne manque point d'aliment; mais dans le premier, cet aliment n'a pas le tems de s'é-
chauffer affez; & dans le fecond, il ne
le peut pas, à caufe de l'humidité qu'il
renferme.

Je paffe à la feconde maniére d'augmenter l'action du feu, & j'entreprends
de faire voir qu'une même flamme,
ou un même brafier chauffe beaucoup
plus, quand fa chaleur eft retenue par
des obftacles qui l'empêchent de s'é-
tendre, que quand on la laiffe libre de
fe répandre au loin & d'une maniére
vague.

PREMIERE EXPERIENCE.

PREPARATION.

A A, *Fig.* 24 eft un vaiffeau à peu
prés cylindrique de Tole ou de Le-
ton, ouvert de toute fa largeur par
en-haut, & en-bas, par une petite arcade de 2 pouces $\frac{1}{2}$ de haut fur 2 pouces $\frac{1}{4}$ de large; outre cela il eft encore
percé de trois autres trous beaucoup

plus petits que le précédent, égale-
lement efpacés fur la rondeur du vaiffeau, & tous trois à la hauteur du fommet de l'arcade.

Ce premier vaiffeau reçoit fucceffivement deux efpéces de capfules, ou
cuvettes de métal, qui s'y enfoncent
à peu près jufqu'au tiers de fa hauteur;
dans l'une des deux on met de l'eau,
& dans l'autre du fable bien fec.

On fait paffer par l'arcade le canal
d'une lampe à trois méches que l'on
allume, & que l'on tient un peu courtes, & en forme de pinceaux, afin
qu'elles ne fument point; le réfervoir
B de cette lampe contient de l'huile
d'olives.

E F F E T S.

LA capfule pleine d'eau ayant reçû
pendant un demie-heure la chaleur
de la lampe, fi l'on y plonge un thermométre, on s'apperçoit par l'afcen-
fion de la liqueur dans le tube, que le
dégré de chaleur n'eft pas fort éloigné de celui de l'eau bouillante.

La cuvette qui contient le fablon,
ayant été expofée un pareil tems au
feu de la lampe, on voit en y plon-

geant un thermométre de mercure,
que le dégré de chaleur eft plus grand
que celui de l'eau précédemment é-
prouvée.

EXPLICATIONS.

TOUT le monde conviendra volontiers que l'eau & le fable ne fe fuffent jamais autant échauffés, fi l'on fe
fût contenté de les tenir fimplement à
6 pouces au-deffus de trois petites
flammes femblables à celles de notre
Expérience ; il n'eft pas douteux que
ce grand dégré de chaleur que l'une
& l'autre ont reçû, ne foit dû principalement au foin qu'on a pris de renfermer ce petit feu dans le vaiffeau cylindrique , qui portoit la capfule ; & je
vais tâcher d'en expofer les raifons.

Le feu, en vertu de fa force expanfive, tend à s'étendre de tous côtés,
il détermine de même toutes les parties des corps qu'il défunit, & qui s'exhalent avec lui ; ainfi les trois petites
méches de la lampe, qui brûlent enfemble, doivent être confidérées comme le centre d'une fphére d'activité ,
dont les rayons vont frapper les parois
du vaiffeau A A , mais à caufe de la

forme de ce vaiffeau les rayons de feu ou de chaleur font réfléchis vers l'axe de l'efpace cylindrique qu'il renferme, & leur action fe trouvant comme concentrée, en agit avec d'autant plus de force fur tout ce qui l'environne ; de-là il arrive que les parois du vaiffeau & la cuvette qui le couvre, s'échauffent confidérablement.

Cette concentration de chaleur ne dépend pas beaucoup de la figure du vaiffeau ; on auroit à peu près le même effet, quand il feroit quarré : elle vient principalement de ce qu'on oppofe un obftacle aux rayons qui tendent à fe diffiper, en fe prolongeant ; & qui fe diffipent en effet, quand on leur en laiffe la liberté, comme l'expérience l'apprend.

La cuvette avec ce qu'elle contient, s'échauffe plus lentement, mais davantage que les parois du vaiffeau ; parce qu'elle oppofe plus de matiére à pénétrer, & que l'action du feu continuée augmente, comme je l'ai déja fait entendre, à proportion des réfiftances qu'elle a à vaincre.

C'eft par cette derniére raifon que le fable s'eft échauffé plus que l'eau ;

car le feu qu'il renferme, étant plus ======
lent a se mettre en action, en devient XIV.
d'autant plus fort, quand ce qui le re- Leçon.
tient vient à céder.

APPLICATIONS.

LA Chymie, cet art merveilleux,
qui sçait approfondir les secrets de la
nature, en décomposant ses ouvrages,
employe dans presque toutes ses opérations un feu, dont l'action est réglée
par des fourneaux : & ces fourneaux
ne font autre chose que des vaisseaux
différens entre eux par la matiére, dont
ils font faits, par leur grandeur, par
leur forme, mais qui se ressemblent en
ce qu'ils renferment une certaine quantité de matiére embrasée, dont ils retiennent la chaleur, pour l'obliger d'a-
gir fur quelque substance qu'on veut
chauffer intimement. C'est dans un
traité de Chymie qu'on doit chercher
la construction & les usages de ces fortes d'instrumens, le choix des matiéres qu'on y doit brûler, & les régles
qu'il faut suivre, pour obtenir tel ou tel
dégré de feu relativement aux différentes vûes qu'on s'est proposées. Je
me garderai bien d'entrer dans ce dé-

XIV.
Leçon.

tail, qui m'écarteroit trop de mon sujet ; mais je crois faire plaisir au Lecteur, en lui faisant connoître un fourneau qui peut se placer par-tout, sans causer d'incommodité, qui exige peu de soin, peu de dépense, & peu de sçavoir, & avec lequel cependant on peut faire en petit beaucoup d'opérations agréables & utiles.

Le corps de ce fourneau, qui a environ 9 pouces de hauteur sur 6 à 7 de diamétre au plus large, est tout-à-fait semblable par sa figure au vaisseau *A A* * de notre derniére Expérience ; il renferme, comme lui, le feu d'une lampe à trois méches, dont le réservoir est rempli d'huile d'olives à bas prix ; on allume toutes ces méches, ou seulement une partie selon le dégré de feu qu'on veut avoir ; & si l'on prend soin qu'elles soient courtes, convenablement serrées dans les petits tuyaux par lesquels elles passent, pour atteindre l'huile, & que le bout qui brûle, ait la forme d'un pinceau qui a perdu sa pointe, elles pourront brûler pendant cinq ou six heures, & même davantage, sans fumer, & sans faire sentir aucune mauvaise odeur.

* Fig. 24.

Le fourneau ainſi allumé reçoit une eſpéce de boüilloire de fer blanc, *fig.* 25 , que l'on emplit d'eau boüillante par l'orifice *C*, dans laquelle eſt plon- gée & arrêtée une cucurbite d'étain *D*. Au col de cette cucurbite on joint un chapiteau de verre , ou de métal *E* , que l'on couvre d'un réfrigérant *F* garni d'un petit robinet , pour facili- ter le renouvellement de l'eau qu'on y met. On adapte enſuite au bec du chapiteau un petit matras , dont on fait porter la boule ſur un ſupport qui ſe hauſſe & ſe baiſſe à volonté , comme on le peut voir par la *fig.* 26 , qui répréſente toutes ces piéces en- ſemble.

Au lieu de la cucurbite au bain ma- rie , dont je viens de parler , on peut ajuſter au fourneau un bain de ſable , *fig.* 27 , dans lequel on place une cu- curbite de verre avec ſon chapiteau *G* , &c. ou bien , une cornue *H* , que l'on couvre encore de ſable , & d'un couvercle un peu formé en dôme , qui ſert comme de réverbere. *Voyez les fig.* 28. & 29.

Avec un fourneau de cette eſpéce on peut mettre à profit la lumiére que

bien des gens font garder pendant la
nuit dans leur appartement ; il ne s'a-
git que de fubftituer aux lampes ou
aux bougies qu'on employe communément à cet ufage , celle dont je
viens de faire mention, l'huile que l'on
brûle prefque toujours en pure perte
fervira à faire aller le petit fourneau ,
& le lendemain au matin on en trouvera le produit.

Le bain de fable eft commode pour
entretenir chaud le boüillon ou la
boiffon d'un malade, le caffé, le thé,
& autres potions ; pour tenir en di-
geftion certaines drogues qu'on doit
prendre par forme de reméde ou autrement, pour faire des évaporations
lentes, &c.

Enfin , rien n'eft plus commode
que cet inftrument, pour faire des effais de diftillations, & pour extraire
l'huile effentielle des plantes aromatiques. On met dans la cucurbite du
bain marie, par exemple, une poi-
gnée de fleurs de lavande avec une
pinte d'eau-de-vie , on la couvre
de fon chapiteau & du refrigérant
qu'on emplit d'eau fraîche : deux méches allumées, ou trois, fi l'on veut
aller

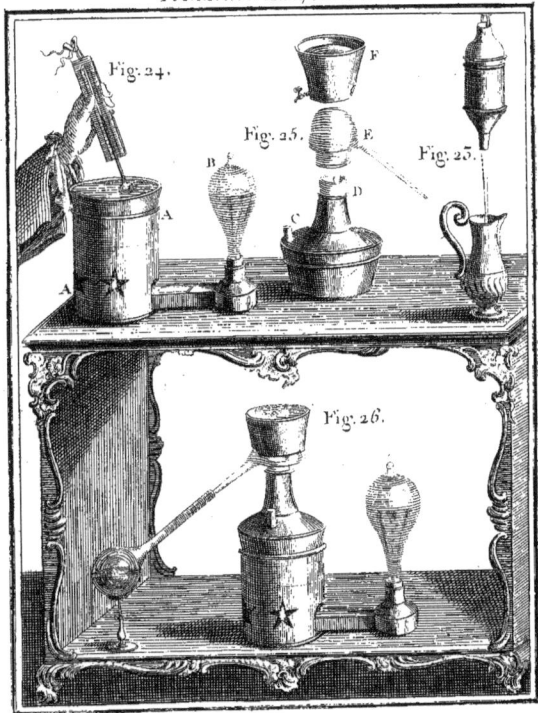

Fig. 24.

Fig. 25.

Fig. 23.

Fig. 26.

aller plus vîte, font diftiller environ
une chopine d'un efprit-de-vin fort
chargé d'odeur , & qui ne fent point
le feu.

On doit fe fervir de la cucurbite au
bain de fable pour des matiéres plus
pefantes , ou qui feroient capables de
gâter la cucurbite d'étain , comme le
vinaigre , la térébenthine , &c.

La cornue au bain de fable , avec
le réverbere & trois méches allumées ,
fervira pour diftiller des matiéres encore plus pefantes , comme le mercure, s'il étoit queftion de le bien purifier ; ou pour diftiller l'eau forte citrine qui enflamme les huiles effentielles des plantes , & qui eft une
diftillation de falpêtre fin, bien féché
& mêlé avec l'huile de vitriol.

Le forgeron jette de l'eau par af-
perfion fur le charbon de terre , dont
il entretient le feu de fa forge , quand
il s'apperçoit qu'il brûle un peu trop
à la fuperficie ; par ce moyen , dont
l'expérience lui a fait connoître l'utilité, il forme une efpéce de voûte toujours éteinte , fous laquelle , comme
dans un fourneau de réverbere, le feu
fe concentre & exerce fon action pref-

Tome IV.   T t

XIV.
LEÇON.

qu'uniquement fur le métal que l'on
fait chauffer.

Les étuves font encore des efpéces
de fourneaux, dans l'intérieur def-
quels la chaleur d'un peu de braife allumée, s'applique commodément à
un grand nombre de corps, que l'on
veut entretenir chauds & fecs : c'eft
ainfi que l'on conferve dans les offices
des fruits confits, des caramels & autres préparations de fucre, que l'humidité de l'air auroit bien-tôt gâtées;
c'eft par ce moyen encore que ceux
qui employent des vernis gras, finif-
fent préfentement dans l'efpace de
quelques jours, & dans les faifons les
moins favorables, des ouvrages pour
lefquels il falloit autrefois plufieurs
mois d'un tems choifi.

Un paravent déployé & placé dans
une grande chambre, auprès & vis-
à-vis de la cheminée, ne fert pas feulement à garantir les perfonnes qui fe
chauffent de l'air froid que le feu attire : il refléchit la chaleur, il l'arrête,
il empêche qu'elle ne fe diffipe; en un
mot, il fait en quelque façon l'office
d'une étuve, à cela près que l'air fe
renouvelle par en haut, dans l'efpace
qu'il renferme.

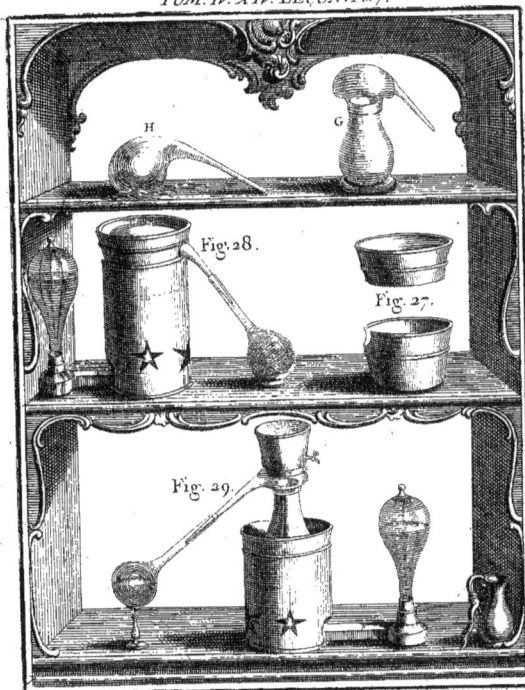

TOM. IV. XIV. LEÇON. Pl. 7.

II. EXPERIENCE.

PREPARATION.

Il faut avoir une grosse chandelle
allumée, dont on incline un peu la
méche; & avec un chalumeau de verre
ou de métal recourbé & pointu par
un bout, on souffle sur la flamme dans
telle direction qu'on le juge à propos.
Voyez Fig. 30.

EFFETS.

CETTE flamme qui brûle ordinairement sans bruit, qui n'a qu'un pouce
& demi tout au plus de longueur, &
qui seroit à peine capable de faire rougir une épingle ou une aiguille à coudre, lorsqu'elle est soufflée de la maniére que je viens de le dire, fait un
bruissement assez considérable (a),
s'allonge de plusieurs pouces, & brûle
avec tant d'activité, qu'elle amollit
ou fait fondre très-promptement le

(a) C'est ce qui arrive le plus communément ; mais cependant quand le chalumeau
est très-menu, & que l'on souffle médiocrement, on n'entend point de bruit.

verre, & les métaux les plus durs.

EXPLICATIONS.

Je confidére toutes les parties de la flamme comme autant de petites portions de la matiére combuſtible, qui ſe briſent & qui éclatent par l'effort du feu qu'elles renferment, & qui ſe met en liberté : toutes ces petites exploſions particuliéres en font une totale qui frappe l'air environnant, & qui fait du bruit lorſqu'elle eſt ſubite ; mais qui ſe paſſe en ſilence quand elle ſé fait lentement, ou quand une fois la flamme a fait ſa place dans l'air. Il n'en doit pas être de même ſi l'on force l'air d'entrer dans la flamme : les parties qui éclatent à chaque inſtant doivent porter ſur lui leur effort, & les ſecouſſes qu'il reçoit doivent ſe faire entendre : voilà au moins ce qui me paroît vraiſemblable. On peut encore conſidérer qu'il y a toujours dans l'air des parties humides, qui lancées avec lui dans un feu très-actif, doivent faire (toute proportion gardée) ce que nous voyons que fait une goutte d'eau qui tombe ſur un fer chaud , c'eſt-à-dire , un frémiſſement qui retentit.

L'allongement de la flamme eſt viſiblement cauſé par l'impulſion du vent qui entraîne avec lui , celles des parties embraſées qui ſe diſſiperoient du côté d'où il vient : on peut ajoûter encore , que ce qui ne ſeroit que vapeur éteinte ou fumée , devient de la flamme , parce que l'activité du feu eſt augmentée.

La flamme ſoufflée devient un feu plus actif, pour deux raiſons : premiérement , parce que le vent condenſe les parties embraſées dans la direction qu'il leur fait prendre , puiſqu'il entraîne du même côté des parties qui n'iroient pas ſans cette détermination , & qu'il fait prendre feu à d'autres qui s'exhaleroient en fumée ; ſecondement, parce que pouſſant la flamme , il ajoûte au mouvement qu'elle a naturellement, & par lequel elle agit ſur les autres corps.

APPLICATIONS.

L'EXPERIENCE qu'on vient de voir, eſt une pratique fort connue & très-uſitée dans pluſieurs arts. Les Orfé-

vres qui font particuliérement la bi-
jouterie, & ceux qu'on nomme *Met-
teurs en œuvre*, foudent la plûpart de
leurs piéces au chalumeau, ils les
tiennent dans le creux d'un charbon
de bois tendre, & ils dirigent deffus
la flamme allongée par le fouffle : de
cette maniére, ils font bien plus maîtres du feu, & ne rifquent pas de fondre des parties délicates, qu'on auroit bien de la peine à ménager & à
fauver, fi l'on fe fervoit de charbon
allumé pour les chauffer.

Les horlogers, les faifeurs d'inftrumens de Mathématiques, &c. qui trem-
pent la pointe de leurs forets en les
plongeant dans le fuif, les font rougir
auparavant dans la flamme d'une chandelle, qu'ils foufflent auffi avec un
chalumeau ; cette façon de tremper
eft très-commode, en ce qu'on eft
maître de ne chauffer que le petit bout
de l'inftrument, la feule partie qui
doive être dure.

C'eft auffi par le vent qui fort d'un
chalumeau recourbé que les émailleurs animent le feu de leur lampe :
mais au lieu de fouffler avec la bouche, ce qui eft impraticable dans bien

des cas , & très-pénible quand le travail est d'une certaine durée , la plûpart se servent d'un soufflet à double
ame , fixé sous la table qui porte la
lampe , & que l'on fait mouvoir avec
le pied en appuyant sur une pédale.
La *Fig.* 31. représente non-seulement
l'appareil de cet art charmant , qui
sçait faire prendre au verre & à l'émail
tant de formes agréables , & imiter si
joliment les fleurs & autres productions de la nature ; elle met encore
sous les yeux le portrait assez ressem-
blant du plus adroit & du plus ingénieux Artiste que nous ayons en ce
genre (a) : Je sens tous les jours combien je lui suis redevable d'avoir bien
voulu me mettre un peu au fait de
son art ; pour lui en marquer ma re-
connoissance , je profite avec plaisir

(a) Jean Raux , Emailleur du Roi , a eû
l'honneur d'amuser de son travail presque tous
nos Princes dans leur jeunesse , & d'en donner
des leçons à beaucoup de Seigneurs , tant
François qu'Etrangers ; son portrait fut es-
quissé par un Officier de la Cour de Monseigneur le Dauphin tandis qu'il travailloit devant ce Prince en 1739. C'est d'après cette es-
quisse qui m'est tombée entre les mains que
j'ai fait graver la *Fig.* 31.

d'une occafion que j'ai de perpétuer fa mémoire.

La lampe des Emailleurs, animée par le vent d'un foufflet, nous fait voir en petit ce qui fe paffe dans les forges. Combien n'y auroit-il point à perdre, & pour le tems & pour la dépenfe, s'il falloit traiter les métaux, comme on traite le verre, par exemple dans les verreries, avec un feu qui prend prefque toute fa force de la quantité & de la durée : d'ailleurs avec le feu d'une forge qui peut être très-fort, quoiqu'en petit volume, on a encore l'avantage de ne chauffer fur une barre de fer que l'endroit où l'on a affaire.

Le feu foufflé eft encore plus actif que celui qui eft contenu & concentré dans un fourneau; ainfi lorfqu'il s'agit de pouffer l'action du feu auffi loin qu'elle peut aller par des moyens connus, il faut oppofer entre eux plufieurs foufflets fur un même brafier ; c'eft ainfi qu'en ufent les Chymiftes, pour accélérer la fufion des matiéres dures, ou pour éprouver jufqu'à quel point elles font fixes.

Sans employer des foufflets, on a
foin

foin de conſtruire preſque tous les
fourneaux, de maniére que l'air attiré
par le feu, paſſe avec une certaine
vîteſſe de la partie embraſée à celle
qui ne l'eſt pas, ou qui l'eſt moins ;
alors l'action du feu eſt augmentée par
ce courant d'air, qu'on eſt maître de
modérer à ſon gré, en ouvrant plus
ou moins les iſſues par leſquelles il
doit ſortir.

Un tel courant d'air bien ménagé
peut forcer la fumée de deſcendre
dans le braſier & de s'y convertir en
flamme, comme cela arrive dans une
eſpéce de poële inventé autrefois par
M. Daleſme *, & renouvellé dans ces
derniers tems par des perſonnes qui
n'en ayant pas bien étudié les inconvéniens, propoſerent d'en placer dans
les appartemens : dès les premiers eſ-
ſais, on reconnut que l'uſage en étoit
pernicieux, & que s'ils ne rempliſſent
point l'air de fumée groſſiére, ils le
chargent d'exhalaiſons plus ſubtiles,
mais toujours capables de nuire aux
perſonnes qui le reſpirent.

Après ce que je viens de dire, il
eſt preſque inutile de parler de l'uſage
où l'on eſt de ſouffler le feu des ap-

XIV.
Leçon.

* Journal
des Sçav.
1686. pag.
116.

partemens pour le mieux allumer, ni des juftes raifons que l'on a de craindre le vent dans les incendies : tout cela eft fondé fur ce que l'impulfion, de l'air chaffe le feu fur fon aliment, ou l'y retient, ce qui lui fait faire plus de progrès ; & fi l'on voit quelquefois un fouffle violent éteindre la flamme, c'eft qu'alors ce vent non proportionné diffipe & le feu & la vapeur qui eft prête à s'enflammer, comme je l'ai déja dit ailleurs. *

* Tom. 3.
pag. 293.

Mais n'y a-t-il que l'air agité qui puiffe animer le feu ? Tout autre fluide qui n'auroit pas beaucoup de denfité, une vapeur qui couleroit avec rapidité, ne feroit-elle pas la même chofe? Oüi, affurément, & fi l'on en doutoit, on pourroit très-facilement s'en convaincre, en préfentant la flamme d'un flambeau ou un gros charbon bien allumé au bec d'une éolypile, dans laquelle on feroit boüillir de l'eau : le jet de vapeur qui en fort fait précifément l'effet d'un foufflet; on me dira, peut-être, que cette vapeur contient beaucoup d'air, mais j'ai déja prévenu

* Page 89.

cette objection *, en rapportant une expérience bien fimple, par la-

quelle on voit clairement que cela
n'eſt pas.

Cette expérience conſiſte à plonger le bec de l'éolypile dans un verre
d'eau froide : s'il en ſortoit de l'air ,
ſans doute qu'il ſe montreroit ſous la
forme de globules , ce qui n'arrive
pas ; mais au lieu de cela on apperçoit
un fluide qui trouble un peu la tranſ-
parence de l'eau , & qui fait entendre
un frémiſſement tout-à-fait ſemblable à celui d'une liqueur qui commence à boüillir : ce bruit qui a d'a-
bord un ton aſſez aigu , devient plus
grave & plus ſourd à meſure que l'eau
s'échauffe : & enfin la vapeur continuant toujours de ſe répandre dans
cette eau , & de la rendre plus chaude , parvient à la faire boüillir , & l'on
n'entend plus alors que le bruit ordinaire du boüillonnement : cette expérience, qui m'a paru curieuſe, s'accorde aſſez-bien avec ce que j'ai dit
ci-deſſus , pour expliquer l'ébullition
des liqueurs.

LA ſuppreſſion des moyens par leſquels on entretient & on anime le
feu , eſt la cauſe la plus ordinaire de
ſon ralentiſſement ou de ſon extinc-

tion : une bougie & une lampe ceſ-
ſent d'éclairer dès que la méche ne
trouve plus de cire ou d'huile à pom-
per ; le feu d'un poële ou d'une cheminée ne donne plus de chaleur quand
il manque de bois , & ſouvent il languit ſeulement , parce qu'on néglige
de le ſouffler. Mais indépendamment
de ces cauſes , il en eſt d'autres
qui agiſſent plus promptement , &
dont on ne manque pas de faire uſage
quand on eſt preſſé d'arrêter les pro-
grés du feu , ou de les ralentir. J'ai fait

*Tom. 3.
pag. 285. &
ſuiv.*

voir dans la dixiéme Leçon * que
les matiéres les plus combuſtibles ne
peuvent prendre feu ni reſter enflammées que dans un air libre , & j'en ai
dit les raiſons. Je dois ajoûter ici que
la privation d'air , le vuide tel qu'il le
faut pour éteindre le feu , ſe fait bien
ſans machine , & ſouvent ſans qu'on
penſe à le faire : il ne faut qu'appliquer à la ſurface du corps embraſé
une matiére qui ne prenne point feu
elle-même ; en voilà aſſez pour écarter l'air , pour empêcher qu'il ne touche & qu'il n'entretienne l'inflammation.

Celle de toutes les matiéres con-

hues, qu'on peut interpofer ainfi avec
le plus de fuccès, c'eft l'eau ou fa vapeur, comme je l'ai fait connoître
dans la douziéme Leçon *. Mais elle
n'eft pas la feule capable de cet effet ;
il fuffit que ce qui touche le feu, quoiqu'inflammable de fa nature, ne s'allume point ; & cela peut arriver ou
par la grandeur du volume, ou par
l'épaiffeur de l'enduit ; une grande
quantité d'huile froide jettée tout-à-
coup fur un petit feu l'étouffe au lieu
de l'augmenter : un charbon ardent
fe noircit & s'éteint fur un morceau
de bois dur d'une certaine épaiffeur :
& tout cela eft fondé fur ce principe,
qu'un corps qui brûle actuellement
n'en peut faire brûler un autre, s'il n'y
trouve, ou s'il n'y fait naître une chaleur pour le moins égale à la fienne; or
cette condition n'a pas lieu dans une
matiére combuftible, mais froide ,
dont la quantité n'eft pas en proportion convenable avec le feu qu'on y
applique, ni à l'égard de l'eau, qui,
lors même qu'elle bout, eft toujours
beaucoup moins chaude qu'une matiére qui brûle.

Par les expériences que j'ai rappor-

tées dans la section précédente ; j'ai
fait voir que cet effet du feu , qu'on
nomme *embrasement* ou *inflammation*,
s'augmente comme de lui-même ,
lorsque le corps embrasé se trouve uni
avec une quantité proportionnée de
matiére capable de s'embraser aussi.
Il n'en est pas de même de la simple
chaleur; elle ne se communique point
sans s'affoiblir , & cette diminution,
dont nous ignorons le dernier terme ,
se nomme *refroidissement*.

Comme les corps s'échauffent plus
promptement & avec plus de facilité les uns que les autres , aussi ne
se refroidissent-ils pas tous également
dans un tems donné. Leur dégré de
densité , plus ou moins de cohérence
entre leurs parties, les différens principes qui constituent leur essence, sont
autant de causes d'où dépendent apparemment ces différences ; & quoiqu'avec le tems diverses espéces de
matiéres prennent la température du
lieu où elles sont placées, cependant
les unes y arrivent plutôt , les autres
plus tard.

On peut dire en général (sauf les
exceptions que l'expérience pourra

faire connoître) que la chaleur se
communique en raifon des maffes ;
c'eft-à-dire, qu'un pouce cube de fer,
par exemple, appliqué fur un morceau de bois qui auroit les mêmes di-
menfions avec moins de chaleur, fe
refroidiroit moins par cet attouchement, que ne feroit le cube de bois ,
fi plus chaud que le fer, il s'appliquoit
à lui pour l'échauffer. Auffi reffent-on
plus de froid aux mains , quand on a
touché du marbre ou du métal pendant l'hiver , que quand on a manié
du bois ou des étoffes , quoique la
température de tous ces corps foit
véritablement la même. Car le refroidiffement de la main n'eft autre chofe
que la perte qu'elle a faite d'une partie de fa chaleur, en la communiquant , & cette communication eft
proportionnelle à la denfité du corps
touché.

Quand les matiéres qui fe touchent
ou qui fe mêlent font de même nature , la chaleur fe communique de la
plus chaude à celle qui l'eft moins en
raifon des volumes ; c'eft-à-dire , que
deux quantités égales d'une même liqueur , l'une chaude & l'autre froide,

V v iiij

étant mêlées ensemble ; la première partage également avec la seconde ce qu'elle a de chaleur plus qu'elle ; un exemple rendra ceci encore plus intelligible.

III. EXPERIENCE.

PREPARATION.

DANS un vaisseau cylindrique fort mince, de fer blanc, par exemple ; je mets une pinte d'eau, qui n'a que dix dégrés de chaleur, & par-dessus je verse une autre pinte d'eau qui en a 40, & avec un thermomètre de mercure, j'examine promptement quel est le dégré actuel du mêlange.

EFFETS.

LA liqueur du thermomètre plongé se fixe au 25. dégré au-dessus du terme de la glace.

EXPLICATION.

DE quelque manière qu'on veuille considérer la chaleur, soit qu'on la regarde comme un mouvement imprimé aux parties d'un corps, soit qu'on

reconnoiffe en elle l'action d'un fluide
fubtile qui tend à fe répandre uniformement, on doit toujours s'attendre
à ce que l'on voit par le réfultat de notre expérience.

Suivant la premiére idée, la pinte
d'eau la plus chaude eft animée par
un mouvement de quarante dégrés,
qui excéde de trente celui de l'autre :
c'eft cet excès qui fe partageant également entre deux maffes égales, qui
ont chacune 10 de mouvement commun, fait que chacune d'elles fe trouve en avoir 25, à peu près comme fi
un corps pefant deux livres, & ayant
quarante dégrés de vîteffe en rencontre un autre de même poids qui fe
meut dans le même fens avec une vîteffe de 10 dégrés feulement ; tous
deux après le choc continuent de fe
mouvoir avec 25 dégrés, qui réfultent de 10, leur vîteffe commune, &
de 15, qui eft la moitié de l'excès de
40 fur 10, comme on l'a vû par les
expériences de la quatriéme Leçon.

* Tom 1.
pag. 333. &
fuiv.

Si l'on veut que la chaleur d'un
corps foit l'effet d'une matiére qui
le pénétre & qui fe répand dans fon
intérieur; cette matiére, comme tous

XIV.
LEÇON.

les fluides, cherchant à remplir uniformement tous les espaces auxquels elle peut atteindre, toutes choses égales d'ailleurs, doit se raréfier à proportion de l'étendue qu'elle occupe; ainsi elle doit être une fois plus rare, avoir une action une fois plus foible, lorsqu'au lieu d'une seule pinte d'eau elle vient à en occuper deux : avant le mélange il y avoit dix mesures de feu d'un côté, & 40 de l'autre; les deux pintes d'eau étant mêlées ensuite, ont dû partager également entr'elles les 30 mesures, qui font l'excès de 40 sur 10 : & de cette répartition il a dû résulter une chaleur qui étoit l'effet de 10 & de 15, dont la somme est 25.

J'ai fait un grand nombre d'expériences de ce genre, dans lesquelles j'ai varié les dégrés de chaleur & les quantités d'eau que je mêlois ensemble; j'ai pris d'ailleurs toutes les précautions que j'ai pû imaginer, pour avoir des résultats fort exacts; & j'ai toujours vû, comme je l'ai déja dit, qu'entre deux portions de la même matiére, l'excès de la chaleur de l'une sur l'autre se partageoit en raison des volumes, & que le dégré de chaleur des deux portions mêlées dépendoit de cette répartition & du dégré commun de chaleur, c'eſt-à-dire, de celui qu'avoit la portion la moins chaude avant le mêlange. (*a*)

Je ne me trouve point d'accord ici avec le célébre Boerhaawe, qui dit formellement * que la chaleur réſultante de deux portions égales d'une même matiére, inégalement chaudes, & mêlées enſemble, eſt toujours la moitié de la quantité dont la chaleur de l'une ſurpaſſe celle de l'autre, & qui en cite des exemples. « Si vous » mêlez enſemble, dit-il, une livre » d'eau boüillante qui a 212 dégrés » de chaleur, avec une autre livre » d'eau, qui commence à n'être plus » glace, & qui n'a que 32 dégrés; ces » deux eaux mêlées auront une cha- » leur de 90 dégrés, c'eſt-à-dire, la » moitié d'une chaleur de 180, dif- » férence de 212 à 32. (*b*) S'il diſoit

* Elem.
Chem. t. 1
p. 144.

(*a*) J'appelle ce dégré, *commun*, parce qu'il eſt dans l'une & dans l'autre portion avant le mélange; dans l'eau moins chaude, il y eſt ſeul; dans l'autre, il y eſt avec la quantité que j'appelle *l'excès* d'une chaleur ſur l'autre.

(*b*) Le thermométre employé dans cette

que la chaleur de ce mêlange eſt de
90 dégrés ajoûtés à la chaleur commune, qui eſt 32, cela iroit fort bien
avec ma théorie, & avec ce que l'expérience m'a fait voir : car ayant ré-
pété celle-là même que je viens de
citer d'après lui, j'ai trouvé que la liqueur d'un thermométre, ſemblable
à celui dont il s'eſt ſervi, ſe fixoit au
122. dégré, c'eſt-à-dire, à 90 au-
deſſus de 32.

L'erreur de fait, que je ne crois pas
être de mon côté, me feroit volontiers
croire, qu'il faudroit ſuppléer aux pa-
roles de Boerhaawe, comme je viens
de le faire, & que ſon expreſſion n'eſt
défectueuſe que par la faute du Co-
piſte ou de l'Imprimeur ; mais il paroît que ce grand homme n'a compté
en effet, que ſur la moitié de l'excès
d'une chaleur ſur l'autre, car il prétend que le dégré commun périt dans
le mêlange, ce qui lui paroît très-difficile à comprendre : *valdè ſubtile eſt
intellectu quòd gradus caloris communis*

expérience, eſt celui de Fahrenheit, qui exprime le terme de la glace par 32, & celui de
l'eau boüillante, par 212.

pereat. * Et je vois par des Ouvrages,
où l'on a fuivi fa doctrine, que cet
endroit a été entendu, comme je viens
de l'expofer, & comme il fe préfente
naturellement. « L'effet le plus fingu-
»lier de ces mêlanges, dit un Auteur
»refpectable*, effet qui paroît entié-
»rement inexplicable, c'eft que
»deux quantités égales, mais inégale-
»ment chauffées d'un liquide quelcon-
»que, prennent par la mixtion un dé-
»gré de chaleur, qui eft *la moitié de la*
»différence de la chaleur que ces deux
»portions du même liquide avoient avant
»d'être mêlées. Ainfi une livre d'eau
»qui tient le thermométre à 43 dégrés,
»étant mêlée avec une autre livre
»d'eau boüillante, qui le tient à 212,
»fera monter le thermométre après la
»mixtion, à 90 : or 90 eft la moitié
»de la différence de 32 à 212. »

Il paroît par l'aveu même de Boerhaave (*a*), qu'il n'a point fait ces
expériences lui-même : & quoiqu'il fe
foit fervi pour les faire d'un homme
fort intelligent, j'ai peine à l'excufer

XIV.
LEÇON.
* *Ibid pag.*
145.

* *Differt.*
fur la Natu-
re & la pro-
pagation du
Feu , in-8°
1744. *pag.*
78.

(a) *Experimenta modò memorata inftituit mi-*
hi celebris Fahrenheitius. Elem. Chem. tom. 1.
p. 145.

de s'en être tout-à-fait rapporté aux yeux d'autrui, fur-tout lorfque les ré-fultats qu'on lui offroit, le conduifoient à des affertions dont on pouvoit tirer des conféquences tout-à-fait étranges, & vifiblement fauffes. Jugeons-en par celle-ci : felon cette doctrine, on pourroit refroidir de l'eau médiocrement chaude, en y mêlant d'autre eau, qui le feroit davantage ; & en voici la preuve : fuppofons qu'une pinte d'eau ait 20 dégrés de chaleur, & qu'on verfe deffus une autre pinte d'eau qui en ait 50 : fi la chaleur du mêlange doit être *la moitié de l'excès de 50 fur 20*, ce mêlange n'aura donc que 15 dégrés de chaleur, c'eft-à-dire, qu'il fera de 5 dégrés plus froid que n'étoit celle des deux pintes d'eau la moins chaude : ce qui n'eft, comme l'on fçait, ni vrai, ni vraifemblable.

APPLICATIONS.

COMME deux corps folides qui fe touchent, deux liquides qui fe mêlent partagent entr'eux la quantité de chaleur, que l'un a plus que l'autre, de même un corps dur plongé dans une

liqueur l'échauffe ou la refroidit, selon qu'il eſt plus ou moins chaud
qu'elle. Les Sauvages les plus reculés
de l'Amérique, qui n'ont que des vaiſſeaux de bois pour faire cuire la viande ou le poiſſon, font boüillir l'eau, en
y plongeant ſucceſſivement de gros
cailloux qu'ils ont fait rougir dans le
feu. La neige & la glace pilée ſe fondent en refroidiſſant les bouteilles
pleine de vin qu'on y a plongées ; &
l'air diminue d'autant plus la chaleur
des corps, qu'il ſe renouvelle plus
ſouvent à leur ſurface. Ces faits, & une
infinité d'autres que je ne rappelle
point, ſont des conſéquences ſi néceſſaires & ſi palpables du principe
établi ci-deſſus, qu'il ſeroit ſuperflu
de m'y arrêter davantage.

Le refroidiſſement n'étant autre
choſe qu'une diminution de chaleur,
on doit s'attendre de voir ceſſer dans
un corps qui ſe refroidit tous les effets
du feu dont j'ai parlé ci-deſſus : ce
qui étoit de la flamme ne devient plus
qu'une fumée épaiſſe, l'évaporation
ſe ralentit, ou ceſſe entiérement, les
matiéres liquefiées s'épaiſſiſſent & reprennent peu à peu leur premiére

confiſtance, & le volume augmenté par la dilatation, ſe renferme dans des limites plus étroites.

Quand tout cela ſe fait lentement, les parties ſe rapprochent proportionnellement, & dans l'ordre que la nature ou l'art a mis entr'elles ; toute la maſſe reprend ſon premier état, elle redevient telle qu'elle étoit avant qu'elle éprouvât l'action du feu, à moins que cette action ne lui ait enlevé une partie de ſes principes. Mais un refroidiſſement trop prompt a quelquefois des effets fort différens ; en ôtant aux parties la mobilité reſpective, ou la ſoupleſſe que le feu leur avoit donnée, il les fixe avant qu'elles ayent pû s'approcher ſuffiſamment & ſe ranger dans l'ordre qui leur convient ; de-là il arrive que le corps qu'elles compoſent, quoique dur dans ſes molécules, ne prend qu'une conſiſtance imparfaite, parce que ces molécules n'ont pas aſſez de liaiſon entre elles. J'en puis citer deux exemples bien remarquables, le premier eſt l'effet de la trempe ſur l'acier ; on peut voir ce que j'en ai dit en parlant du reſſort.* Le ſecond eſt un phénoméne

*Tom. 1.
P. 139. &
ſuiv.

aſſez

aſſez ſingulier , que les Phyſiciens
examinent depuis long-tems , & dont
ils ont à peine entrevû la cauſe : voici
le fait.

Les Verriers prennent au bout d'u-
ne canne de fer un peu de verre fondu
qu'ils laiſſent tomber tout liquide dans
un ſeau plein d'eau fraîche ; il s'en
forme une petite larme, telle qu'on la
voit repréſentée par la *Fig.* 32, dans
le gros de laquelle on voit toujours
comme une ou pluſieurs petites bulles d'air. On peut frapper aſſez fortement avec un marteau ſur cette larme
ſans la caſſer ; mais ſi l'on en rompt la
queue, tout ſe briſe avec éclat & ſe
réduit en une eſpéce de gros ſable ,
dont chaque grain vû au microſcope
paroît fendu de tous les côtés.

Ceux qui ont commencé à raiſon-
ner ſur ce phénoméne l'ont attribué
aux efforts de l'air, ſans dire ni pourquoi , ni comment cela ſe faiſoit ; apparemment parce qu'ils prenoient
pour de l'air ces eſpéces de bulles
qu'on apperçoit dans l'épaiſſeur du
verre : mais d'où viendroit cet air dans
une matiére auſſi ardente , & à quel

Tome IV.   X x

point n'y feroit-il pas raréfié & affoibli, s'il y avoit été enveloppé? l'air n'agit donc point intérieurement ; & celui du dehors n'a pas plus de part à cet effet ; car on réuffit également bien, en rompant de ces larmes dans le vuide ou dans l'air libre.

Ces prétendues bulles d'air ne font autre chofe que des efpaces abandonnés par la matiére qui fe condenfe. Ne fçait-on pas, & n'avons-nous pas vû que tout corps, qui de liquide devient folide, diminue de volume? Cette diminution ne pouvant avoir lieu qu'autant que les parties ont affez de mobilité pour fe rapprocher, fi la folidité commence brufquement & par la fuperficie, les parties du dedans en fe portant vers cette furface folide, ne manquent pas de laiffer quelque vuide au milieu d'elles; c'eft ainfi que fous la croute du pain, la mie en fe cuifant fe trouve interrompue par une infinité de petites cavités. De même, je conçois que le verre fe durcit d'abord extérieurement par la fraîcheur de l'eau qui le touche, & que le dedans venant enfuite à fe condenfer, il

reſte vers le centre un eſpace qui n'eſt
rempli par rien qui ſoit auſſi denſe que
l'air.

Je ne puis douter que le refroidiſſement de ces larmes ne ſe faſſe de couche en couche depuis la ſuperficie
juſqu'au centre , & que la chaleur du
dedans ne ſubſiſte aſſez long-tems ,
pour donner lieu aux parties de ſe
rapprocher & de ſe ſerrer davantage :
je les ai vûes rouges au fond du ſeau
pendant plus de ſix ſecondes , & je
me ſuis aſſûré que ce dégré de chaleur n'étoit qu'interne , en les recevant dans ma main , que je tenois
plongée dans l'eau.

Il n'eſt pas beſoin que le verre ait
la forme d'une larme ſolide pour produire l'effet dont il eſt ici queſtion ;
on voit quelque choſe de très-ſem-
blable , avec une petite phiole qu'on
peut comparer à une poire creuſe ,
Fig. 33. & dont le fond eſt beaucoup
plus épais que le reſte : aſſez ſouvent
ces petits vaiſſeaux ſe caſſent d'eux-
mêmes avant que d'être entiérement
refroidis ; mais quand ils reſtent entiers , on eſt ſûr de les faire éclater

X x ij

en y laiſſant tomber un petit gravier ,
ou un fragment de pierre à fuſil, ce
que ne fait pas une petite balle de
plomb, quoique plus peſante.

Il eſt très-probable que le verre ne
ſe caſſe ainſi, que parce que les couches qui compoſent ſon épaiſſeur ont
été condenſées & rendues ſolides
comme en pluſieurs tems; les couches extérieures s'étant durcies avant
les autres, celles-ci en ſe condenſant
les ont obligées de ſe plier vers elles,
à peu près comme un arc qui ſe tend
par le racourciſſement de ſa corde.
Lorſque le choc d'un corps aigu, une
rupture faite exprès, ou une ſecouſſe
violente, donne lieu aux parties in-
ternes de ſe quitter, les couches extérieures qu'elles tenoient en contraction, ſe débandent comme autant de
reſſorts, & toutes ces lames élaſtiques
étant compoſées de parties mal jointes, à cauſe du refroidiſſement ſubit
qu'elles ont ſouffert, elles ſe briſent
en ſe débandant, ce qui arrive aſſez
ſouvent à des corps élaſtiques d'une
matiére fragile, qui ne peuvent pas
ſe prêter à toute l'étendue de leur

réaction, parce qu'il eft rare qu'ils
foient auffi flexibles dans un fens que
dans l'autre.

Ce qui augmente la vrai-femblance
de cette explication , c'eft qu'une
larme de verre qu'on a fait rougir fur
des charbons ardens , & les petites
phioles épaiffes par le fond , qu'on a
tenues dans l'arche de la verrerie pour
les y faire refroidir très - lentement,
ne fe brifent plus quand on en fait l'é-
preuve ; & j'ai remarqué en général
que les vaiffeaux de verre , dont l'é-
paiffeur étoit grande & inégale , fe
caffoient fouvent d'eux - mêmes , &
qu'on ne pouvoit les mettre à l'abri
de cet accident , qu'en les faifant re-
cuire long - tems & fortement à la
verrerie , auffi-tôt qu'ils ont été formés : or il eft comme vifible que ce
recuit donne lieu aux couches extérieures de fe plier fans contrainte au
gré des autres , & aux parties qui les
compofent, de s'arranger & de fe joindre plus folidement.

Puifque le froid n'eft autre chofe
qu'une moindre chaleur, on ne doit
point le confidérer comme une qua-

lité abfolue, mais feulement relati-
ve : tel corps eft froid à l'égard de
celui-ci, qui paroîtra chaud par rapport à celui-là : de la neige pure qui
fait defcendre la liqueur du thermométre fortant d'un air tempéré, la
feroit monter très-fenfiblement, fi
cet inftrument avoit été plongé pendant quelques-tems dans un mêlange
de glace & de fel : les caves que nous
trouvons chaudes pendant l'hiver, &
froides pendant l'été, ne nous paroiffent telles que par la différence
qu'il y a entre leur température, qui
eft toujours à peu près la même, &
celle de l'air que nous venons de
quitter quand nous entrons dans ces
foûterreins. On peut faire fur cela
une expérience bien fimple, & en
même-tems bien convainquante ; que
l'on prenne foin d'avoir une de fes
mains très-froide, & l'autre bien
chaude, & qu'on les plonge fucceffivement dans un feau plein d'eau
de puits nouvellement tirée ; cette
eau fera infailliblement jugée chaude, lorfqu'on la touchera avec la
main froide, & froide au contrai-

re , lorfqu'on y plongera la main
chaude.

La congélation de l'eau eft un des
plus finguliers phénoménes du refroidiffement ; je crois avoir rapporté dans la douziéme Leçon tout
ce qu'on en fçait de plus curieux
& de plus intéreffant ; il ne me refte
fur cela qu'une réflexion à faire , c'eft
que l'eau qui fe géle , n'eft qu'un
exemple particulier de ce qui arrive
par le froid à une infinité d'autres
matiéres : une bougie, à proprement
parler , eft un bâton de cire glacée ;
la Statue équeftre d'Henri IV. fur
le Pont neuf , eft une glace de bron-
ze, à qui l'on a fait prendre cette
forme dans un moule. Les vîtres &
les miroirs de nos appartemens font
des lames, ou des plaques de verre
gelé : enfin, tout ce qui devient liquide par l'action du feu , & qui fe
durcit en fe refroidiffant , ne différe
de l'eau & de la glace à cet égard ,
que parce que fa congélation arrive
plutôt ou plus tard, qu'elle fait une
maffe plus ou moins dure , moins
tranfparente ou opaque , &c. & je ne

crains pas de dire que ces idées ne pourront paroître étranges qu'à ceux qui n'auront point affez réfléchi fur la caufe la plus ordinaire & prefque générale de la liquidité & de la folidité des corps.

Fin du quatriéme Tome.

Fig. 33.

Fig. 32.

Fig. 31.

Fig. 30.

٥٦٠

TABLE
DES MATIERES
Contenues dans le quatriéme Volume.

XII. LEÇON.

Sur la nature & les propriétés de l'Eau.

Tome IV. Y y

XIII. LEÇON.

De la nature & des propriétés du Feu.

Y y ij

Fin de la Table des Matiéres du Tome quatriéme.

LEÇONS
DE
PHYSIQUE

2

TOME II

www.ingramcontent.com/pod-product-compliance
Lightning Source LLC
Chambersburg PA
CBHW031736210326
41599CB00018B/2602